풍력발전사업

개발 기초 이론

김준철 · 고정우 · 문봉수 · 허종철 · 이동욱 · 오정배 공저

문운당

감사의 글

우리나라에서 특정 산업 분야를 전공으로 학습하고, 그 분야로 사회생활을 시작한 뒤에도 변치 않고 십 수년간 해당 분야에서만 계속해서 몸담는 경우는 아마도 꽤나 드문 일이 아닐까 싶다. 필자는 그러한 사람 중 한 사람으로서 개인적으로 상당한 행운이라고 생각하고 있으며, 앞으로도 계속 풍력 산업에 몸담고 기여했으면 하는 바람이 있다.

필자는 학부와 석사시절 풍력 터빈 기술에 대한 전문적 지식과 더불어 풍력 산업 전반에 대해 배울 수 있었다. 그 이후 좋은 기회를 빌어 독일계 풍력 기술 컨설팅 기업에서 첫 직장생활을 시작하게 되었는데, 독일에서 현지 전문 인력들과 함께 사업 타당성 조사에 있어 필수적인 풍자원 분석과 풍력단지 설계 분석 관련 업무를 수행하였다. 귀국 후에는 풍력터빈 제조사에서 근무하면서 풍력터빈 판매, EPC 공사관리 등 다양한 실무를 경험하였고, 풍력사업 개발/투자업계로 자리를 옮긴 후에는 국내, 북미 대형 풍력단지 개발사업을 수행하다 현재는 국내 풍력단지 재개발(Repowering) 및 베트남 해상풍력 개발사업을 담당하고 있다.

이렇듯 필자는 학업과 커리어를 엔지니어로 시작하였지만, 이후 판매/공사관리를 거쳐 국내외 현장에서 개발사업을 수행한 소중한 경험을 통해서 경제적 개념에 따른 재무적 타당성 검토 / 프로젝트 파트너십 조율 및 이해 당사자들간 협상 / 제반 인허가 준비/확보 등 풍력 사업 전반에 걸친 핵심적인 노하우를 쌓을 수 있었다.

풍력 사업을 개발하고, 건설하고, 운영하는 데에는 수많은 고려요소들이 있을 것이다. 필자가 강조하고 싶은 부분은 일부에 대해 전문가라고 하더라도 전체를 볼 수 있는 지식과 경험이 없다면 사업을 진행하는 데에는 많은 무리가 있을 것이라는 점이다. 필자 또한 그러한 경험과 시행착오를 겪은 바가 있기에, 부디 풍력 사업 전반에 대한 필자의 경험과 노하우를 담은 이 책이 풍력 사업을 처음 접하는 사람 뿐만 아니라 특정 분야에만 종사하던 관계자 분들께도 조금이나마 보탬이 되었으면 좋겠다는 바람이다.

필자는 평소 업무에 있어서 공유의 가치를 높은 우선순위에 두고 있다. 비밀정보가 아니라면 나의 경험을 묻는 사람들에게 대부분 솔직하고자 한다. 그것이 실패라 할 지라도, 나의 경험을 통해 업계에 누군가에게 작은 도움이 될 수 있다면 그리고 그 누군가 또한 다른 사람들에게 자신의 소중한 경험을 공유할 수 있다면 결국은 풍력산업에 긍정적으로 기능하는 것이라고 믿는다. 이는 결국 내가 몸담은 산업이 더 나은 방향으로 나아가게 되는 것으로, 나에게도 좋은 영향을 끼치게 되는 것이다.

이번 집필을 통해 그간 주변 사람들에게 구두로만 전달해주던 단편적인 지식 전달에서 벗어나 보다 체계적으로 풍력사업 추진에 기본적으로 꼭 필요한 부분을 저서로 정리하게 되었다. 본서에 기술된 부분이 정답이 아닐 수 있으나, 사업 전체를 이해하는 데에 가장 기본이 될 수 있는 부분들을 담고 있다고 생각된다. 이미 풍력사업 개발을 하고 있거나 개발을 계획하고 있는 회사의 실무자들에게 바로 필드에서 활용할 수 있도록 현장 경험 위주로 정리하였고, 풍력사업 개발 경험이 없는 실무자들은 본 교재를 통해 전체적인 그림을 그려볼 수 있으면 하는 바람이 있다.

저자에게 처음으로 집필 제안을 해준 공동 저자 고정우 박사와 집필 중 많은 조언과 격려를 아끼지 않으셨던 ST인터내셔널 신재생사업본부 명창용 본부장님, 영양/영덕 풍력발전 김용훈 대표님, 신재생팀원들(장승호,이호준,강호진,김경일,허운회)에게 이 자리를 빌어 깊은 감사의 말씀 전한다.

마지막으로 사랑하는 아버지, 어머니, 그리고 가족들, 항상 남편을 응원하고 지지해주는 아내 윤정에게 감사의 말씀을 전하며, 세 아들 우혁, 우성, 우빈이에게 아빠가 잦은 출장으로 평소 많이 놀아주지는 못하지만 항상 너희를 사랑한다는 말을 전하고자 한다.

늦은 여름과 이른 가을 사이에서
저자 김준철
2023.08.31.

머리말

기존 재정사업(공공분야 주도)과 프로젝트 파이낸스(Project Finance; PF)사업의 가장 큰 변화는 무엇일까? 저자는 바로 발주처의 변화에 있다고 생각한다. 과거 SOC(Social Overhead Capital, 사회기반시설)사업의 발주처는 공공분야(정부, 지방정부, 공기업)이었다. 하지만, PF 사업은 프로젝트 수행을 위해 별도로 설립된 특수목적회사(Project Company/Special Purpose Company), 일명 SPC라는 페이퍼 컴퍼니가 발주처가 된다.

수정자본주의 경제시스템에서 공공분야의 개입 강화(뉴딜정책)로 대형 SOC 사업 추진하여 일거리 창출을 이루어 냈으나, 시간이 경과하며 공공분야(경쟁이 없는 독점적 권리) 위주 사업추진은 SOC 시설물 적기 공급 실패, 사회적 이슈 증가, 비효율과 고비용 문제, 전문성 결여만을 야기시켰다. 그 원인은 공공분야는 감사에 대응하는 것이 우선시 되며 결과보다는 절차의 공정성이 중요시 되었다. 정년보장은 책임 회피를 위해 절차의 추가(분리발주, 설계와 시공의 기간 상이로 의사소통의 부재)와 이에 따른 담당자 분리등으로 고비용과 비효율 및 사회적 분쟁(사업의 장기, 공기 지연과, 총사업비 금액 초과 문제, 책임소재 불명확화로 발주처, 설계사 및 시공사의 소송 증가)만 야기하였다. 신자본주의 경제시스템의 도입과 동시에 진행된 공기업 민영화 바람은 이런 문제점에서 시작된 현상이었다.

PF 사업은 특정 프로젝트의 사업성(미래의 현금흐름)을 평가하여 SPC에 자금을 공급한다. 일명 민투법으로 시행되는 부분적 PF사업(재정지원)인 SOC 사업과 달리 IPP 사업인 풍력 사업은 완전한 PF 사업으로 자기자본 중 금융권 투자비용까지 고려 시 총 사업비의 약 90%가 금융권에서 투입된다.

완전한 PF 사업을 민간에서 추진하기 위해서는 예측 가능성이 중요하다. 인허가 획득 및 기간에 대한 예측, 민원 보상비에 대한 예측이 전재되어야 한다. 금융권은 사업의 수익보다는 원금과 예정된 이자 상환이(원리금상환) 중요하기에 사업수익은 보수적으로 판단하며, 건설 및 준공에 대한 책임은 EPC社가 운영과 가동률에 대한 책임은 O&M社가 확약을 해야만 가능하다. 즉, 발주처인 SPC는 경제적, 법률적으로 출자사들과 완전히 독립되어 외부의 압력에 영향을 받지 않아야 한다. SPC는 프로젝트에 대한 책임과 권한은 최소화하고 프로젝트 생애주기 전과정에 이해를 바탕으로 해당 사업에만 발주처의 역량을 집중하여 최소비용 최단기간에 사업을 추진하여야 한다.

탄소중립 사회 실현은 거스를 수 없는 상황에서 풍력산업 활성화는 반드시 이루어 내어야 하는 과제이다. 본 교재는 풍력산업 활성화를 위해 프로젝트 생애주기 전과정에 필요한 기술과 지식 및 경험을 공유하고자 집필되었다. 본 교재가 풍력산업 활성화에 기여하였으면 한다.

국내 해상풍력 사업의 활성화를 위해 교재를 개발하고 출판하라면서 적극적으로 권유하고 자료의 사용을 허락해 주신 제주한림해상풍력(주) 최수호 前본부장님, 김성은 前본부장님 및 공동저자로써 참여까지 해주신 문봉수 前대표이사님 감사한 마음을 전달합니다. 또한, 수 년간 주중 저녁 및 주말에 일정 시간을 할애해 주고 응원해준 와이프 향숙, 아들 예준, 영서에게도 고마운 마음을 전달합니다.

2023.08.31. 저자 고정우

목 차

Chapter 4 국내풍력사업 민원 및 인허가, 정부 정책 변화와 제언

Chapter 5 비전문가를 위한 재무모델 기본 및 경제성 분석을 위한 기본 개념

Chapter 6 풍력 사업의 기술용역 종류 및 계약 방식의 고찰

Chapter 부록

Table 목차

그 림 목 차

Chapter 1

서론

1. 서론

공공영역(정부 혹은 공기업)이었던 발전사업 개발 분야를 민간에 개방한(민간사업자의 전기사업허가 신청) 이후 수많은 민간 사업개발자(Developer)들에 의해 발전사업 개발을 진행하고 있다. 기존 전통 발전사업은 소수 발전공기업 개발자들에 의해 개발되던 것에 비해 재생에너지는 규모와 기술 난이도 면에서(육상풍력과 태양광 사업) 기존 전통 발전사업에 비해 단순하기도 하고 기존 발전공기업과의 기술력 격차(해상풍력사업)가 적기 때문에 많은 민간 사업개발자들이 재생에너지 발전 분야에 뛰어들고 있는 상황이다.

그 동안 정부 혹은 공기업에서 추진하던 방식과 동일하게 민간사업개발자들은 기획 단계, 개념설계 단계 등 발전사업 허가 신청에서부터 시공 직전까지 인허가와 민원(사업성, 공사성, 운영상 민원으로 분류되어야 하나 국내 재생에너지 민간발전 분야에서는 주민수용성이라는 이름으로 통합됨) 해결을 진행해야 하고 이 과정에서 경제성 분석(회계적 분석, 세법에 대한 이해)을 통한 사업성 확보에 대한 노력도 기울여야 한다. 또한, 사업을 초기 단계부터 시작하기에 법률적 검토, 금융 조달, 보험 분야까지 프로젝트 생애주기에 걸쳐서 필요한 다방면에 대한 이해가 뒷받침되어야 사업을 추진할 수 있다. 이런 일련의 사업개발의 1차 성공을 갈음할 수 있는 것은 금융조달 완료, F/C(Financing Close)라는 금융 약정 체결까지 이루어져야 사업이 본 궤도에 올랐다라고(금융투자자 금액 포함 약 90% 사업비용이 금융권으로부터 조달됨) 말할 수 있다.

민간 사업개발자로 성공하기 위해서는 첫째로, 발전사업허가부터 F/C 완료까지의 경험이 먼저 축적되어야 한다. 두 번째로, EPC(Engineering, Procurement & Construction) 계약 체결 후 공사 착공부터 공사 준공까지 각종 변수에 대한 대응 능력을 축척하여야한다. 세 번째로, 운영단계관리(O&M; Operation & Maintenance에 대한 이해 및 운영 단계의 위험 대처 능력) 및 철거까지를 포함한 프로젝트 생애주기 동안 경험이 축적되어야 한다. 이를 통해 프로젝트 전 기간 동안에 수행했던 많은 일들을 정리하고 단계별로 앞으로 준비해야 할 일들에 대해 사전에 고려하면서 사업을 끌고 나갈 수 있어야 한다. 또한, 외부로부터 도움을 받았던 각종 기술/금융/법무 자문 용역들에 대한 관리 경험과 지식을 조직에서 흡수하여 외주 용역 관리를 최소화하고 빠른 의사결정을 통해 개발 기간과 비용의 절감 효과를 가질 수 있도록 노력해야 한다.

또한, 프로젝트의 개념설계 및 기본설계는 자체 수행이 가능할 정도로 자체적으로 엔지니어링 능력을 향상 시켜야 한다. 마지막으로 민간 사업개발자의 본연의 업무영역을 벗어나 프로젝트 생애주기 관련 모든 영역에 대한 이해(인허가와 민원 해결, EPC 계약 체결, 공사 관리, O&M 관리 등)와 검토 능력을 확보하여야 한다.

과거 국가 재정사업 위주에서 민간 주도의 사업으로 프로젝트들이 점점 변화하고 있고 이것은 민간 주도의 프로젝트 파이낸싱(PF: Project Financing)을 기본으로 하여 재원을 확보하고 사업을 만드는 민간 사업개발자들이 생겨났기 때문에 가능했다.

국가 재정사업 주도 당시 프로젝트 생애주기의 한 분야만 담당하였던 회사들의 지속적인 회사의 성장을 위해 민간 사업개발자로 변화되는 것은 당연한 시대적 상황이다. 따라서 프로젝트 생애주기 전체를 관리할 수 있는 사업 개발/관리 능력, 인력 및 경험을 보유하여야 한다. 또한, 프로젝트 상황에 따라 사업 진행에 문제가 있는 프로젝트(개발 중, 금융약정 전, 건설 중, 운영 중)를 인수하여 사업을 성공적으로 다시 추진할 수 있을 역량(DD: Due Diligence, M&A: Mergers and Acquisitions)까지 확보하여야 한다. 신규 프로젝트에 과거 프로젝트의 문제점을 개선하고 새로운 대안 또는 해결책을 지속적으로 적용하며 개선해 나아갈 수 있을 때 진정한 사업개발자로 생존을 할 수 있다.

이런 이유로 인해 단기간 내에 진정한 사업개발자(인력 또는 회사)를 양성하는 것은 매우 힘든 일이다. 진정한 사업개발자라고 할지라도 프로젝트 생애주기 동안 필요한 모든 과정(기획, 설계, 민원, 보험, 금융조달, 시공, 운영 등)에 대하여 업무를 수행하고 사업을 성공시키기는 매우 힘들다. 그래서 여러 경험과 인력 확보를 통해 프로젝트 생애주기 동안의 모든 분야에 대해 협업을 통해 진행하는 경우가 일반적이다. 협업을 위해서는 각 업무에 대한 충분한 이해와 의사소통 능력을 기반으로 동업자들과의 협업과 의사결정을 빠르게 유도할 수 있고 그래야만 사업을 성공적으로 마무리할 수 있을 것이다. 이것이 진정한 사업개발자이다.

그럼, 공공분야에서 민간분야로 발전사업을 개방한 이유는 무엇일까? 다양한 이유가 있겠지만 저자의 판단으로는 예산의 한계와 실행해야 하는 인력에 한계, 사업의 지연으로 인한 적기 사회간접시설의 준공 불가 때문일 것이라 생각된다. 또한, 정부 입장에서는 민간에서 사업을 주도하다 사업이 실패하여도 경제적, 시간적 비용을 모두 민간 분야의 매몰비용으로 처리하기 때문에 공공분야에서는 손해보는 접근 방식이 아니다. 선진국으로 진입할수록 공공주도 사업(재정사업)은 축소될 수밖에 없으며 민간의 자본을 활용한 SOC[1] 사업 형태로 추진될 수밖에 없다.

---

1) Social Overhead Capital ; '사회적 간접자본', '사회자본', '간접자본' 등으로 불리기도 한다. 일반적으로는 도로, 철도, 항만 등의 산업발전의 기반(Infrastructure)이 되는 여러 가지 공공시설을 통틀어 지칭한다. 공공분야(정부, 지자체, 공기업)의 통제하에 있는 사업 기업의 생산 활동과 국민생활의 편의를 향상시키며 반드시 있어야 하는 시설로써 이용료(통행료, 상하수도요금, 전기요금)를 부과할 수 있는 사업을 의미한다.

일반적이라고 할 수는 없으나 일부 공공주도로 사업 진행 형태를 보면 초기에는 모든 업무를 정부나 지자체 중심으로 진행하다가 경험과 관리 능력이 보유되면 정부 주도에서 공기업 주도로 변환하여 진행하는 경우도 있다. 공기업 주도로 진행하는 사업까지를 재정사업 기간이라 한다. 그리고 이런 재정사업 기간에는 개발과 건설 및 운영까지 공공의 영역에서 주도적이고 공개적인 정보(설계비 산정, 건설비 산정 기준, 운영비 산정 기준 등등)들을 만들고 설계 및 조사를 수행하면서 민간 기업에 참여 기회를 줌으로써 경험 축척에 기회와 고용 증가를 제공하게 된다.

정부는 공공주도의 시범 사업에 민간업체를 참여시키면서 하나씩 업무와 Risk를 민간에 이양하며 경쟁에 의한 가격하락을 유도하여 나간다. 민간업체들도 최종적인 목표는 IPP(민자 발전 사업자: Independent Power Producer) 사업을 진행하는 것이라 할 수 있으며 이를 위해서 사업 추진에 중요한 부분인 인허가 절차의 이해 및 사업 가능성(사업성, 개발가능성) 예측, 사업 일정 수립, 민원 해결(민원 보상 협의), 금융조달, 전력판매계약 체결, EPC 공사계약 체결 등 다양한 능력을 쌓아야 한다.

국가에서 IPP 사업 형태로 SOC 시설을 건설한다는 것은 선진국으로 진입하였다는 것을 의미한다고 생각된다. 이는 경제적뿐만 아니라 정치, 국민 의식의 성장도 같이 수반되어야 한다. 즉, 사회적 토론과 협의가 가능한 사회, 상호 간에 신뢰하고 예측가능한 사회에서만이 실현 가능한 형태이다. 이것은 투명한 주민수용성 확보와 예측 가능한 인허가 취득 유무와 취득 기간일 것이다. 이것은 사업을 추진하는데 있어서 사업 성공의 주요 열쇠이나 아직 육상/해상 풍력 사업인 경우 주민수용성 확보와 인허가 부분에서 충분히 사회적 협의가 이루어졌다고 이야기하긴 힘이 드나 점차 개선되고 있다고 보인다.

PF[2] 사업은 민간 자본이 사업에 필요한 대부분의 사업비용을 충당하게 된다. 특히, 풍력 IPP 사업의 경우, 미래 현금 흐름만을 고려하여 자본을 빌려준 대주단 입장에서는 예측하지 못한 Risk에 대한 우려 때문에 검증된 풍력발전기, 검증된 공사공법, 검증된 기술만을 요구한다. 따라서 이런 PF 사업의 특성상 지속적인 기술 개발을 통해 비용 절감을 이루기 위해서는 국가 주도(공기업 주도)의 국책사업을 통해 신기술, 신공법을 적용 및 관련 분야 연구가 지속되어야 한다. 이를 통해 토목 분야에서 말하는 프로젝트 생애주기 비용이 절감(Life Cycle Cost), 발전사업에서 말하는 LCOE[3] 절감을 이룰 수 있도록 노력해야 한다.

결국, 국책사업은 새로운 비즈니스 영역을 개척하기 위해 반드시 필요한 사업이며 이는 재정 또는 세금의 지출을 통해 이루어지기 때문에 사업 추진 시 사업에 대한 기대 효과를 명확히 하며 이를 통한 관련 산업의 활성화를 이룰 수 있는지 고민하며 추진해야 한다. LCOE 절감에 따른 발전사업 경쟁화도 있겠지만 궁극적인 목표는 제조업의 성장, 일자리 창출이며 관련 산업에 대한 경쟁력 강화로 보조금(정부 지원) 없이도 사업이 추진 가능토록 육성하는 것이다. 이것은 풍력 IPP 사업 육성을 통해 경쟁력 있는 발전사업 민영화 진행과 발전사업 전반에 걸쳐 있는 산업의 육성이다.

이런 환경 속에서 많은 국가들은 육/해상풍력사업의 지속적 비용절감(LCOE)을 위해 다양한 신기술이 접목된 사업에 국가 예산을 투입하여 국책사업을 진행하고 있다.

---

2) 프로젝트 파이낸스(Project Finance) 사업은 SOC 사업을 대상으로 정부의 재정한계로 인해 복지확대를 위해 적시에 기반시설 확대 또는 개선을 위해 민간 자본을 투입시켜 건설 또는 개선하는 사업

3) Levelized Cost of Electricity, 균등화 발전비용, 전기 발전원별로 프로젝트 생애주기(기획, 개발, 인허가, 민원, 건설, 금융비용, 운영, 철거등 모든 비용 대비 해당 발전원이 생애 동안 생산한 전력생산량에 대한 비교, 즉; 풍력 또는 해상풍력이 1kW/h를 생산하는데 드는 비용)

국책사업은 공기업 위주로 Risk가 있는 신규 풍력 발전 터빈(국산 풍력 터빈), 신공법, 신기술, R&D 등을 채택하여 풍력 발전 터빈 제조, 시공, 운영에 대한 노하우를 축적하고 관련 산업계를 육성하는 것이 첫 번째 목적이다. 신규 사업 초기 진입에 따른 금융권의 각종 과도한 Risk를 제거하면서 규모의 경쟁을 이루고 국내 산업을 육성하는 것이 두 번째 목적이다. 마지막으로 중요한 목적은 국내 여러 업체에 대한 지원으로 경쟁 구도를 유지하게 하며 실적이 적은 후발 주자들도 새로운 기술을 바탕으로 경쟁력 있는 사업을 만들 수 있는 콘텐츠(Contents)를 제공할 경우 충분히 성장할 수 있는 환경을 만들 수 있는 방법이라 생각한다.

IPP 사업과 관련되어 기존의 사업영역에서 프로젝트 생애주기 전 과정에 걸쳐 업무의 영역을 확대 또는 새로운 분야로 진출하여 성공한 회사들이 있다. 외국 사례 중 기존 전통 발전소를 운영하던 회사에서 재생에너지 분야에 개발 단계부터 직접 참여하여 개발, 건설, 운영에 걸쳐 성장한 회사들로는 Nextera, Iberdrola, EDP 등이 있고, 순수 Developer로 시작하여 IPP까지 사업을 확대한 Pattern, Frist Wind 등이 있다. 또한 EPC社에서 Developer로 변신에 성공한 벡텔社 같은 경우도 있다.

위 회사들은 기본설계, 인허가 취득, 금융 조달, 민원 해결 등 많은 역무를 직접 수행하면서 점점 사업 범위를 확대해 나가고 있다.

한 가지 예로 전통적인 EPC 업체들은 공사 수주 환경(공공분야 발주 축소와 시기에 따른 발주량 변동 심화)의 변화에 따른 수주량 지속 유지 유무가 불명확해지면서 수주 잔고에 대한 불확실성을 낮추기 위해 직접 사업을 개발하게 되는 경우도 있는데, 사업개발을 진행하게 되면 개발비는 사업 당 총사업비의 2.5 ~ 5.0%를 투자하였지만, 그 사업이 성공하면 EPC 수주 확보를 통한 공사 수익과 사업 참여에 대한 지분 수익까지 누릴 수 있어 성공적인 모델이라 할 수 있다. 따라서 최근 많은 국내건설사(EPC 수행업체)들이 초기 개발 단계부터 사업에 참여하여 직접 개발하는 사례가 점점 많아지고 있다.

사업 개발자들은 프로젝트 생애주기 전체에 관련된 여러 업무영역(설계, 금융, 법률, 운영 등)에 대한 경험이 있는 전문가를 육성하고 보유하여야 한다. 이를 통해 기술적 검토 및 설계뿐 아니라 민원 대응, 인허가 취득, 수익성 검증 및 예측을 정확하게 할 수 있으며 이는 사업에 성공 가능성을 높이는 방법이기도 하다.

사업 개발자 입장에서 풍력 IPP 사업을 개발하는데 있어 사업 경험 공유 및 위험 분석 등의 대한 정보가 공유되고 있지 않고 관련된 서적을 찾기도 쉽지 않다. 필자의 생각으로는 이것은 국내 풍력 IPP 사업의 역사가 짧고 산업이 크지 않기 때문이라 생각된다. 또한, 민간 분야에서 PF로 진행되는 SOC사업, 부동산 개발 사업 같은 것들도 PF와 관련된 대부분의 Risk Management에 관한 책들로 금융권 입장에서 쓰여지거나 Project의 Risk에 대해 시공 단계부터 기술되는 책들은 많이 있으나 사업 개발자 입장에서 바라 본 사업개발 과정에서의 Risk의 정도 사업의 기술적, 경제적 타당성, 인허가 등의 진행 과정의 어려움을 설명해 주지는 않고 있다.

이에 대해 필자들의 국내외, 육/해상 풍력 사업 개발, 시공, 운영 업무 경험을 바탕으로 관련 내용을 공유하고자 한다.

2장에서는 재정 시대에서 PF 시대로의 변천과 정책의 변화를 설명하였다. 초기 재정사업(대부분의 사회기반시설은 정부에서 건설하고 운영하였고, 정부의 예산으로 시설을 건설하고, 주로 정부가 투자하는 기관을 통해 위탁 운영하는 형태의 사업)[4]에서 민간 기업이 주도적으로 개

4) 민간투자사업 업무 매뉴얼, 2006년 1월 기획예산처, 한국개발연구원

발하고 건설하고 운영하는 IPP 사업을 추진하는 PF 시대로의 변화에 배경 등에 대해 이야기해 보려고 한다. 과거 정부 재정을 바탕으로 하여 추진하는 사업들은 입찰은 기본으로 하여 건설 단계에서 건설사 위주로 이익을 가져가는 구조로 사업에 참여하기 위해서는 입찰에 들어가야 하고 그 입찰은 경쟁 구도가 생성된 이유로 수주 환경은 최저가 입찰 형태로 진행되었다. 지금도 일부 사업에 대해서는 정부 주도로 추진하는 사업이 동일한 방식으로 이루어진다.

초기 발전사업들도 정부 주도로 추진되어 사전 조사, 인허가 및 설계를 공공분야에서 추진하였고 운영 또한 공공분야에서 책임지고 수행해 왔다. 이러한 방식은 정부에 재정 부담으로 모든 SOC 사업을 동시 다발적으로 진행할 수 없게 되고 그러면서 일부 발전 분야, 도로, 항만 분야에 걸쳐 민간업체들이 참여할 수 있도록 확대시켰고 민간 자본이 투입되어 SOC 시설이 적기 건립이 가능해지면서 PF사업이 등장하게 되었고 결국 IPP 사업 형태로 변화해 가고 있다.

3장에서는 프로젝트 파이낸싱(Project Financing)과 프로젝트 파이낸싱의 위험을 개발자의 입장에서 서술하였다. 정부 재정 시대에서 민간 금융권에서 자금을 조달하는 PF 시대로 변화하면서 금융권에서 바라보는 사업의 위험과 PF 사업의 특징을 살펴봤다. PF 사업의 특성상 미래 현금 흐름을 담보로 돈을 조달하는 것이기 때문에 건설 단계의 비용 예측과 운영 단계에서 고려되는 비용에 대한 예측이 정확하던지 예산 변동폭이 적어야 하고 만약 예상하기 힘들면 가장 보수적인 관점으로 비용 산정을 하고 예상 사업성을 분석해야 한다. 따라서, 많은 사업 경험이 있는 전문 개발자들이 더 많은 PF 자금을 모집할 수 있고 그 자금을 바탕으로 많은 사업을 할 수 있는 시장으로 바뀌고 있다.

이런 이양 과정의 초기 형태 사업을 PPP(Public−Private Partnerships) 사업이라고 한다. PPP 사업은 사업의 전 과정에 있어 정부와 민간의 지속적인 협력을 통하여 사회기반시설과 관련된 공공서비스를 제공하며, 정부는 계획수립(Plan), 평가(Evaluate), 실시계획 승인(Approve), 사업수행 지원(Support)을 담당 및 인허가와 사업성 민원을 담당하였으며 민간은 시설의 설계(Design), 건설(Build), 자금 조달(Finance), 운영(Operate)을 담당하여 왔다.[5] PPP 사업은 최종 이용자가 정부와 지자체이다. IPP 사업은 완전한 PF 사업으로 볼 수 있으며 PPP 사업은 정부의 지원금이 있는 부분적 PF 사업이라고 볼 수 있다. 부분적 PF인 PPP사업은 IMF 사태를 경험하면서 국내에 국제적 SOC 사업 기준이 적용되었다고 볼 수 있다.

PPP 사업 유형들의 변화 과정(BTL, BTO, BOO등) 및 최종 IPP 사업으로 추진 과정에서 프로젝트의 Risk는 점점 민간으로 이양된다. 초기에는 건설 단계에 대한 자율과 책임이 이양된다. 이후, 운영단과 수요에 대한 예측에 대한 Risk가 민간에 이양된다. 마지막으로 기획, 인허가, 사업성 민원까지 민간에 이양되어 간다.

PF 시대로 접어들면서 PPP 사업에 참여하여 사업 경험을 쌓았던 회사들이 각자 자신의 전공 분야 전문성을 바탕으로 전략적 협력을 통해 사업 개발하다 최종적으로 직접 개발 사업을 진행하는 사업 개발자가 되어 사업을 주도하고 있다. 예를 들어 건설회사들은 건설 시공권 확보와 사업 운영 수익률을 목적으로 사업에 참여하고 이를 CI(Construction Investor)/ EPCI(EPC Investor)라 하고, 운영 관리를 목적으로 사업에 참여하여 초기부터 투자하여 진행하다 운영 단계가 되면 운영 관리 역무 권리를 갖고 운영 관리를 통해 운영 관리 수익을 창출하는 O&MI(Operation and maintenance Investor) 등 다양하다.

5) 함께 만드는 더 나은 미래 민자투자사업, 기획재정부, 공공투자관리센터

4장에서는 국내외 해상풍력 정책을 비교하였으며 국내 해상풍력사업의 지연 이유와 해상풍력 시장이 성장하지 못하는 이유를 분석해 보았다. 과거 후진국에서 중진국으로 진입하면서 우리나라는 선진국을 Bench Marking하는 Fast Follow였다. 높은 교육열과 낮은 인건비에 더해서 빠른 기간 압축 성장을 하였다. 하지만, 이해관계자들과 협의를 통해 사업을 추진하는 민주주의 성숙도는 경제 발전만큼 성숙하지 못하였고 그에 따라 주민수용성 확보에 큰 어려움을 겪고 있는 해상풍력사업들이 많은 실정이다.

현재는 목적성이 정당하다고 하고 정부 정책이라고 무조건적으로 지자체나 주민들이 사업을 동의하지 않는 시대이다. 사업 추진에 의해 손해나 불편이 유발되는 이해관계자들을 충분히 설득하고 동의를 획득해야만 정책과 사업이 진행 가능하다. 다수의 이해관계자들과 협의와 동의 절차를 이끌어내는 민주주의의 성숙함과 보상금만 노리는 일부 단체들에 이기주의 등, 여러 부분에서 소통과 합의를 진행해야 하는 부분에 대한 성장통을 겪고 있는 것 같다. 현재 재생에너지 발전사업에서 발생하는 주민수용성 문제는 이런 원인의 결과로 판단된다. 이런 성장통은 선진국의 경우 SOC 사업에서 단계별로 공공 부분의 지원과 Risk를 순차적으로 민간에 이양하며 필요 시설과 혐오 시설의 설치에 대한 이해관계자들의 협의와 동의를 통해 성숙해 오고 있는 것이다.

국내 발전사업(재생에너지발전)의 경우 이런 과도기적 사업 형태를 거치지 않고 정부 주도의 개발 형태인 전원개발촉진법[6]에 의거한 개발에서 민간 주도의 IPP 사업 형태로 변화가 이루어졌고, 이런 일련의 정부

6) 1978년 경제성장을 위한 산업 발전에 필수적인 안정적이고 원활한 전력공급을 위해 제정된 법으로 개인 사유지의 출입 및 일시 사용, 지장물 제거 및 사유지의 수렴도 가능하며 인허가의 의제 처리가 되는 강력한 법이나 석유파동과 같이 에너지 요금 급등의 문제, 전력망 블랙아웃 등의 문제 제기 시에는 주민수용성 확보가 수월해져 사업 추진에 탄력을 받으나 선진국으로 진입하여 주민 수준의 향상되면 과거와 같이 정부 주도로 강력하게 사업 추진은 불가능하게 됨

정책 변화와 유럽의 정책 변화를 비교하여 수록하였다. 정부가 주도적으로 진행하는 PPP 사업과는 달리 풍력발전사업은 IPP 사업으로 인허가 및 사업성 민원과 같은 사업에 Risk 요소를 민간이 주도적으로 해결하면서 사업을 진행해야 하는 사업이다. 이런 Risk가 큰 사업임에도 정부의 지원 및 사업성에 대한 불확실성은 크며 이 중 사업성에 영향이 큰 전력 구매 단가 예측의 어려움 가장 큰 문제이다. 이와 관련된 내용을 본 교재에 수록하였다.

5장에서는 재무나 회계, 금융 쪽 전문가가 아닌 사업 개발자가 알아야 할 최소한의 경제성 분석에 대한 개념, 용어 설명 및 재무 모델에 대한 이해를 도모하고자 한다. PF 사업의 경우 일반적으로 DSCR(Debt Service Coverage Ratio) 이라고 채무 원리금 상환능력 비율을 사업별로 매출과 총 사업비를 통해 분석한 후 자기자본 비율과 타인자본 비율을 설정하게 되고 그 비율(Gearing Ratio)이 설정되면, 총 자본에서 재무적 투자자의 타인자본과 자기자본을 분리하여 생각하게 되고 개발사는 총 사업비 중 자기자본만을 갖고 사업을 진행하게 된다. 달리 말하면 전체 사업비가 없어도 사업을 진행할 수 있고, 풍력 산업인 경우 약 30 ~ 20% 미만의 자기자본만으로도 사업을 진행할 수 있고, 이것은 지렛대 효과(Leverage Effect)라고 하는 투자 수익률을 극대화하기 위해 투자 금액 중 일부를 부채로 조달해서 더 많은 투자 수익률을 끌어내는 것이고 이것은 동일 투자 재원을 갖고 더 많은 사업을 추진 할 수 있는 장점도 있다. 그러나 자세히 들여다보면 대출이 가능한 사업인 만큼 금융권에서 대출에서 제약 조건이 많고 금융협상이 어렵고 PF에 대한 경험과 이해가 충분해야 한다.

또한, 국내는 한국형 PF라 정의를 내려야 하는 독특한 형태를 가지고 있다. 금융 분야에서는 교과서적인 금융투자가 아닌 보다 보수적인 투자를 하고 있다. 이에 풍력 발전사업의 사업 개발자의 Risk 및 최소한의 지식 및 경험에서 나온 공유 가능한 내용을 서술하여 본 교재가 풍력 사업을 보다 활성화시키고 발전하는 밑거름이 되기를 기원한다.

6장에서는 사업 개발자가 SPC(Special Purpose Company; 특수목적법인[7])를 설립하여 사업을 추진하는데 있어 외부 업체를 고용하여 각종 자문을 받게 되는데 이때, 해상풍력 사업에 맞게 진행되어야 할 역무별 자문사들과 그 자문사들이 수행해야 할 업무에 대해 기술 자문 용역 : 전기 · 건설 감리, OE(Owner's Engineering; 사업주 기술 자문 용역), MWS(Marine Warranty Survey; 해사 검정 보증인) 등과 역무에 대하여 해외 사업과 국내 사업 경험 위주로 정리하여 설명하였다.

7장에서는 해상풍력사업에서의 유지보수 역무에 대한 정리와 O&M 계약 형태와 계약 구조에 따른 사업자 입장에서의 장 · 단점을 기술하였고, 해상풍력 유지보수 계약에 들어가야 하는 유지보수 전용 선박에 대한 부분과 O&M 계약에 꼭 들어가야 하는 역무를 정리하여 수록하였다.

본 장의 부록은 현업에서 혼돈을 많이 일으키는 용어로 반드시 알고 있어야 하는 용어에 대한 정리이다. CAPEX와 OPEX에는 보험료도 포함이며 건설사 및 O&M 외에도 SPC에서도 각 기간에 보험을 가입한다.

---

7) PF 사업은 SPC의 미래 현금 흐름을 기초로 대출이 실행되는 사업으로 단일 목적 사업에만 인력과 자원을 집중하여 업무를 추진하며 관련 출자사들과도 법률적 · 경제적 종속관계의 단절 전제, 외부의 압력 등에서 자유로운 회사를 의미 단, 자본주의 원칙에 따라 지분비율에 따라 의사결정이 이루어짐

1장 부록 [기본 용어의 정리]

: 구체적인 용어는 교재에 자세히 기술

- CAPEX : 건설 기간까지의 모든 비용을 의미, 미래의 이윤을 창출하기 위해 지출된 비용으로 인허가 비용, 조사 및 설계비, 공사비, 부대 경비, 보상비, 각종 기술자문용역 비용 등(돈을 벌기 위해 투자한 비용)

※ CAPEX의 개념으로 총 공사비, 총 사업비, 총 투자비 용어 혼용 사용

– 총 공사비 : 공사비, 부대경비, 보상비, 예비비의 합
– 총 사업비 : 총 공사비(공사비, 부대경비, 보상비, 예비비의 합) + SPC 운영비(상업운전 개시 전)의 합
– 총 투자비 : 총 사업비(공사비, 부대경비, 보상비, 예비비+ SPC 운영비(상업운전 개시 전)의 합) + 금융비용(건설이자)

- OPEX : 운영기간 중 발생하는 비용, CAPEX를 통해 취득한 자산을 유지/보수하거나 운영하는데 들어가는 비용, O&M 비용과 SPC 운영비의 합

- 자기자본 : 사업수행을 위해 필요한 총 재원 조달(총 투자비) 금액 중 출자자(주주)가 출자금의 형태로 투자(납입)하는 금액이며, 일반적으로 총 재원 조달 필요 금액 중 1 순위로 투입됨

- 타인자본 : 사업수행을 위해 필요한 총 재원 조달(총 투자비) 금액 중 주주가 출자금의 형태로 투자(납입)하는 금액 외에 외부 금융 기관 등으로부터 조달하는 차입금을 의미하며, 일반적으로 자기자본 납입 이후에 투입

※ 자기자본 비율이 높을수록 금융권은 원리금 회수에 대한 Risk가 적다고 판단하며 금융권 보증 및 요구조건도 완화됨, 따라서 Risk가 큰 사업이거나 매출 구조가 확정적이지 못할 경우, DSCR에서 결정되는 자기자본 비율과 상관없이 외부 조달 비율이 작을 수 있다. 외국에서는 초기부터 사업에 참여하는 FI들도 많이 있으며 이때 FI는 자기 자본적 성격으로 동업자적 입장에서 같이 사업개발을 참여하며 상황에 따라 FI 주도 사업이 개발되기도 한다. 한국형 PF 시장에서는 FI는 금융 조달이 성공할 것이라 판단되는 시점(금융 약정 체결 이전 시점까지는 Risk가 가장 큰 개발기간) 이후 FI를 제외한 모든 출자사들의 자기자본이 소진된 이후 출자를 진행함

Chapter 2

IPP 사업의 이해

2. IPP 사업의 이해

IPP[8] 사업을 이해하기 위해서는 SOC[9](Social Overhead Capital : 사회간접자본) 사업이 발주 형태와 정부의 재정지원 방식에 대한 상황을 이해하여야 한다. 결론부터 이야기하면 IPP 사업은 정부나 지자체 입장에서는 사업 실패와 재정지원에 대한 부담이 가장 적고 사업 진행에 대한 모든 Risk를 민간에 넘겨주는 형태이며 민간 사업자의 입장에서는 안정된 발전사업에 참여하여 수익을 창출하는 형태의 사업 유형이다.

정부의 재정 부담 등을 고려할 때, SOC 사업 형태인 발전사업(육 · 해상풍력발전 사업)은 PPP[10](Pubic Private Partnership : 민관 합작투자 사업)나 IPP 형태의 사업으로 진행하는 것이 타당하나 민간에서는 경제의 원리에 의해 Low Risk Low Return, High Risk High Return이 되어야만 민간 자본의 투자가 이루어지고 현재 국내 재생에너지 시장 환경과 같이 사업 개발자(Developer)에게 High Risk Low Return 형태로 변화하고 있어서 정부에서는 민간 자본이 유입 될 수 있는 다양한 제도적 뒷받침이 있어야 만이 민간에서 재생에너지사업을 위해 시간과 자금을 투자할 수 있을 것이다.

---

8) Independent Power Producer : 민간발전사업자, Pubic Private Partnership : 민관 협력 사업

9) Social Overhead Capital : 생산 활동과 소비 활동을 직간접적으로 지원해 주는 자본의 하나로서, 도로·항만·공항·철도 등 교통시설과 전기·통신, 상하수도, 댐, 공업단지 등을 포함하고 범위를 더 넓히면 대기, 하천, 해수 등의 자연과 사업이나 교육등의 사회제도를 포함한다. [출처 : 서울시 도시계획용어사전]

10) Public Private Partnership; 민관합작투자사업(PPP)이란 민간은 위험 부담을 지고 도로 등의 공공 인프라 투자와 건설, 유지나 보수 등을 맡되 운영을 통해 수익을 얻고 정부는 세금 감면과 일부 재정 지원을 해주는 방식을 말한다.

특히, 풍력 사업과 같은 IPP 사업은 인허가 완료가 되는것인지, 언제 되는것인지 대한 제도적 투명성이 불명확하여 예측이 어려우며, 민원 동의에 대한 주민 수용성에 대한 정의가 민원이 발생하지 않을 조건이라는 불명확한 지침을 통해 민원에 대한 Risk는 상당히 증가하고 있다. 이에 따라 최초 계획 대비 인허 지연과 민원 보상비 혹은 민원 해결 기간 증가로 인해 사업을 포기하는 상황이 속출할 수 있다. 이 경우 향후 신규 사업을 추진하는 사업자에게도 악영향을 끼칠 수 있으며 이런 부분을 정부에서는 제도적으로 보호해 주는 시스템이 있어야 할 것으로 생각된다.

예를 들어 민원 혹은 인허가 제도상 문제로 사업을 포기할 경우 투자 원금에 대한 손실보상 제도를 만든다던지, 주민 수용성을 정부와 함께 해결한다던지 아니면 민원 보상 기준을 마련 / 민원 중재 제도 도입을 통해 민간 투자를 유도하는 다양한 제도적 뒷받침이 있어야 사업에 대한 Risk를 계량화하고 개발 기간에 대한 예측이 가능하여 민간 투자가 좀 더 활성화 될 것이라 생각된다.

미국의 EPC 업체인 벡텔社와 캐나다의 건설업체인 PCL社의 Developer로 사업 범위를 확장하면서 고민했던 부분을 출처는 명확히 기억나지 않지만 주요 내용을 인용하고 직접 같이 산업에 대해 이야기하면서 들었던 내용들까지 포함하여 설명하려고 한다. 개인적 의견도 추가 됐음을 감안하여 고민해봤으면 좋겠다.

"정부의 재정 부담 및 한계로 인하여 국가가 발전할수록 사회간접자본 시설(SOC)은 민간의 자본을 이용한 PF 사업으로 변해 가면서 정부 주도의 발주량 감소를 경험하게 되었다. 건설업은 수주 지향적 기업이라는 숙명을 피할 수 없다. 이런 변화는 수주 잔고의 불확실, 수주 능력이 예측불허에 따른 장기적 관점에서의 계획경영의 수립이 어렵고 단위

Project별 특성에 따라 예산이나 자원의 집행이 달라져야 하기 때문에 인력, 조직, 예산, 부문별 관리 등 경영 전반에 걸쳐 효율적인 업무의 집행과 System 경영의 애로가 발생한다. 따라서 New Item의 새로운 공격적 영업 전략이 될 수 있는 고유의 수주 패턴 개발이 시급하며 건설업은 설계, 시공영역만으로 존립이 불가능하고 컨설팅 엔지니어링(Consulting Engineering)을 거치면서 Developer로의 영역 확대가 필수적으로 부각되고 있다. 이에 따른 Developer형 개발사업의 기획, 제안형 사업 추구는 사업기획 타당성 분석, 설계 시공, 시설 운영 유지관리 등 일관된 사업 추진으로 컨설팅 수입에서부터 유지 관리 수입을 창출 할 수 있는 CM(Construrtion Mangement) 또는 PM(Project Management ; CM+금융조달 능력 등) System으로의 사업방식 전환이 필요하다."

최근 우리나라에서도 많은 EPC(Engineering, Procurement & Construction) 건설사들이 위와 같은 문제에 직면하면서 초기 개발 단계부터 직접 개발에 참여하여 사업을 수행하는 경우가 많아지고 있으며, 그 결과 EPC 수주를 통한 수익뿐만 아니라 사업 참여를 통한 배당 이익도 발생하기 때문에 개발 Risk는 있지만 성공 시 많은 이익을 가져다주는 사업으로 인식하고 있다.[11] 특히, 장기적인 배당 이익은 조직과 인력을 유지하는 비용으로 안정적 기업 운영을 가능하게 한다.

여기서, PM은 학술적 의미로 프로젝트 생애 주기 전 과정(사업기획, 사업성 검토, 인허가 취득, 민원 해결, EPC 계약 체결, 건설, 운영, 법률, PF 등)을 의미한다.

11) 재해위험 개선 및 이주대책사업 시행지침 개발을 위한 연구용역 보고서, 2008.03. 소방방재청

2.1 재정사업 시대에서 민간투자사업 시대로 변화

Fig 2.1은 풍력 발전 사업 프로젝트의 생애주기를 간단히 도시화하여 보았다. 과거 우리나라가 최빈국이었던 시절 풍력 발전 사업과 같은 SOC 사업을 추진하기에는 사업 경험, 기술력, 자본 등이 없었기 때문에 정부 주도로 사업 진행해 왔다. 이를 재정사업 시대 시작이라고 본 교재에서 정의하려 한다. 재정사업 시대에는 사업의 전 생애주기에 대한 Risk를 정부가 책임지고 사업을 추진했었다.

또한, 인허가와 민원에 대한 추진도 정부(혹은 지자체)에서 모든 책임을 갖고 수행하였다. 민간이 사업 경험, 자본 그리고 기술력도 없던 시절, 사업기획, 실행, 설계 등 정부가 직접 수행하며 진행하였고, 이 시대의 EPC 건설업체들은 발주처인 정부에서 배포된 설계 도서를 바탕으로 도면과 물량에 따른 견적 조사 및 물량을 산출하고 최저가 입찰을 통해 낙찰받은 건설사가 건설을 추진하였다. 따라서 개발 단계에서 잘못 설계된 부분에 대해서는 정부가 책임을 지고 추가 발주를 통해 공사를 마무리 할 수 있었으며, EPC 건설사는 시공 및 시운전 단계에 대한 일부 책임(관급자재 문제, 설계 실수, 물량변동, 물가 상승 등은 정부 책임)만 지면되는 건설업의 주 업무였다.

이를 현재까지 계속 유지하였다면 정부는 많은 재정적 부담을 갖고 SOC 사업을 추진하고 왔을 것이고 사회에서 요구하는 것 대비 많은 사업을 진행 시키지 못했을 것이다. 하지만 점차 민간 분야로 사업 단계별 역무들이 이전되면서 민간 분야에서 프로젝트 생애주기에 대한 경험과 기술을 습득하고 전 프로젝트 생애를 경험해보는 업체들이 생겨나면서 SOC 사업들이 많은 부분 민간 분야로 확대되었다.

Fig 2.1
프로젝트 생애

정부에서 진행했던 사업들이 어떻게 민간으로 확대되었는지를 살펴보면 첫째로, 기획 단계 업무는 사업 발굴, 기획, 예비타당성 조사, 타당성 조사 등 사업의 개념설계를 하는 단계로 정부는 민간 기업에 용역 발주를 통해 기획 단계를 진행하면서 사업이 추진과 상관없이 정부가 책임을 갖고 사업을 추진 해왔다. 민간 기관은 자문/제안 등 사업 추진에 대한 Risk 없이 사업을 진행하는 기획 단계를 경험하게 되고 향후 민간 기업이 직접 사업을 개발하는데 있어 정부에 용역 발주가 큰 도움이 되었다. 둘째로, 설계단계인 기본설계 및 상세 설계는 기술용역(Engineering)의 형태로 설계사인 민간에 이양되고 이때 투입되는 자금은 정부의 공적 자금을 통해 이루어진다. 개발 인허가 Risk와 민원 문제에 대해서는 정부가 책임지고 수행하며 사업을 진행하면서 변경되는 설계 부분과 추가 사업비용에 대한 부분은 정부의 책임으로 추진되며 이런 사업에 대한 Risk를 정부에서 책임짐으로써 민간에서는 간접적으로 설계단계 추진 Know-How를 배울 수 있다.

시공단계에서는 정부가 최저가 입찰 방식으로 시공업체를 선정함으로써, 최저가 입찰을 유도하여 시공비 절감을 위한 노력을 기울일 수 있도록 방향을 제시하긴 했으나 건설 기간 중 건설성 민원이 아닌 사업 관련 민원에 대해서는 정부에 책임하에 진행했기 때문에 시공 업무만 진행했던 민간 업체들은 사업 관련 민원에 대해서는 경험을 쌓으려는 노력을 할 필요가 없었다.

이러한 정부 주도의 방법은 최저가 입찰로 진행되던 시기, 건설비가 저렴하다는 장점 외에는 별로 없다는 인식이 점차 대두되었다. 이로 인해, 새로운 대안으로 프로젝트 생애 주기 비용인 LCC(Life Cycle Cost)를 기반으로 한 개념이 대두되었다. 이 경우는 건설비용이 증가하더라도 운영비용 절감 폭이 더욱 크다면 건설비용의 증가 문제를 해결할 수 있다는 관점의 변화가 이루어졌다. LCC 관점에 따라 사업 전반에 대한 생애주기 이용 비용의 최적화에 대한 고민이 시작된 것이다.

시공단계에서는 발주처인 정부가 공사에 필요한 부지확보, 건설장비, 인력 및 자재의 이동에 대한 이슈 사항을 사전 조사를 통해 문제없는 공사 여건을 제공하며 공사 수행에 있어 발주 업무 범위에 벗어나는 부분에 대해서는 정부가 책임지고 해결해 왔었다. 또한, 정부나 지자체의 예산 부족, 의회의 정부예산 승인 지연에 따른 지급 지연 사태 및 비용 지출 미준수에 따른 공기 연장 등에 의한 비용 증가에 대한 위험도 정부가 부담하며 진행해 왔었다. 민간 기업의 시공 경험뿐만 아니라 사업 추진 시 발생할 수 있는 모든 위험 상황에 대해 충분한 경험이 있어야만 향후 민간 기업이 IPP 사업을 직접 개발하고 건설하고 운영하게 될 때 큰 문제 없이 사업을 추진 할 수 있게 된다.

마지막으로, 운영 단계 및 철거 역시 사업의 주인인 정부의 부담이었다. 하지만 재정사업 시대가 발전하면서 국가의 예산으로 건설하거나 관리를 하여도, 정부가 투자하는 기관을 통해 위탁 운영이 가능하게 되어 운영 관리를 맡아서 할 수 있는 공기업이 탄생하게 되었다.

시간이 지나면서 프로젝트에 대한 경험이 있는 민간 기업들이 점차 생겨났지만 프로젝트 전 생애에 대한 경험 및 노하우를 가진 민간 기업들보다 일부의 경험을 바탕으로 하여 프로젝트를 추진하고자 하는 민간 기업들이 더 많아져서 사업 전체를 관리하는 민간 영역의 새로운 직업 또는 회사가 필요하게 되었다. 개발 단계부터 참여하는 기술 자문부터 건설 및 운영 단계에 들어서 참여하는 자문까지 다양한 용역 서비스가 있고 한 예로 가장 Risk가 큰 건설 단계에서 활용하게 되는 기술 용역서비스인 건설 사업관리(CM; Construction Management 또는 PM; Project Management)와 VE(Value Engineering), 혹은 OE(Owner's Engineer; 사업주 기술 자문 용역) 서비스들이 있다. 이런 기술 자문 용역에 대해서는 별도의 장(6장)에서 육 · 해상 풍력의 기타 기술용역들과 함께 설명하도록 하겠다.

정부는 1990년 후반 이후 부족한 기간시설 확충을 통한 산업 경쟁력 제고 차원에서 SOC 투자를 확대하기 위해 노력하기 위해 1994년 "사회간접자본시설에 대한 민간촉진법"을 제정하고, 1998년 "사회간접자본시설에 대한 민간투자법"으로 개정하여 많은 SOC 사업에 민간 투자 사업으로 진행하였으며 이런 민간 투자 사업은 프로젝트 파이낸싱(Project Financing)을 통해 사업이 추진됐다. 프로젝트 파이낸싱에 대한 내용은 5장에서 자세히 설명하도록 하겠다.

여기서 SOC에 대한 여러 정의를 열거하겠다. 첫째 서울시 도시 획 용어사전의 사회간접자본(Social Overhead Capital) 정의이다.

사회간접자본은 사회구성원 모두가 무상 또는 약간의 대가를 이용할 수 있으며, 국가의 생산 활동 · 소비 활동 등 일반적 경제활동의 기초가 되므로 재화 · 서비스 생산에 간접적으로 공헌하게 된다. 사회간접자본에 대한 투자는 규모가 크고, 투입된 자본의 회수에 오랜 기일이 소요되며, 그 효과가 사회 전반에 미치게 되는 특징이 있어, 일반적으로 개인이나 사기업이 아닌 공공기관이나 정부의 주도에 의해 이루어지는 것이 통상적이었으나 최근에 민간에 의한 투자도 활발히 이뤄지고 있다.

두 번째로, "민간투자사업의 효율성 평가 - 민자고속도로와 재정고속도로의 추진단계별 비교를 중심으로 -" 라는 석사 논문에서의 정의이다.

사회간접자본은 도로, 항만, 철도 등(신재생에너지, 발전 포함)과 같이 어떤 물건을 생산하는 데에는 직접적으로 사용되지 않지만 생산 활동에 간접적으로 도움을 주는 시설을 말한다. 사회간접자본에 대한 투자를 소홀히 하게 되면 교통체증, 항만적체 등을 유발해 생산과 추출에 직접적인 타격을 받게 된다. 최근에는 환경시설 등을 포함해 그 의미가 더욱 확대되고 있다. 사회기반시설에 대한 투자는 그 자체로서 고용의 증대, 소득 증가, 지역개발, 기술 진보 등에 기여하며, 국가경쟁력을 좌우하는 매우 중요한 요소이다.

2.2 민간투자사업의 사업 유형 검토

사회기반시설에 대한 민간투자법(이하 민투법)[시행 2019. 3. 14] 제2조(정의) 1항 "사회기반시설"이란 각종 생산 활동의 기반이 되는 시설, 해당 시설의 효용을 증진시키거나 이용자의 편의를 도모하는 시설 및 국민생활의 편익을 증진시키는 시설로서, 다음 각 목의 어느 하나에 해당하는 시설을 말한다.「전원개발촉진법」제2조 제1호에 따른 전원설비 및 「신에너지 및 재생에너지 개발 · 이용 · 보급 촉진법」제2조 제3호에 따른 신 · 재생에너지 설비로 정의하고 있다. 이는 발전 사업이면서 재생에너지사업은 사회기반 시설을 의미하며 민간투자법으로 시행할 수 있음을 의미한다.

몇 해 전 국회 본회의 심의를 통과한 포괄주의 원칙으로 인해 주무관청의 판단에 따라 사업 유형을 지정할 수 있으며 현재는 사업기반시설 유형으로 정해진 신재생 발전 사업 역시 민투법으로 진행할 수 있다. 민투법으로 진행되는 사업들은 BTO, BTL, BOT, BOO 방식 혹은 민간부문이 사업을 제안하는 경우로 사업을 진행할 수 있으나 위에 언급 한 모든 사업 유형 방식은 지방자치단체의 동의 없이는 사업을 진행할 수 없다. 국내 대부분의 민자 투자 사업은 BTO, BTL이라는 사업 유형으로 진행되었다. 하지만 신재생에너지 사업인 경우 법률에는 명기가 되어 있으나 진행해보지 않은 사업 유형이고 초기 신재생에너지 사업에 대한 이해가 부족하여 BTO, BTL, BOT 사업 방식으로 추진하고자 하여도 추진할 수가 없었다.

최근 지방정부에서는 지역 내 민간 부분이 사업을 제안하는 방식으로 신재생에너지 사업을 진행할 경우 일정 수익에 대한 이익을 지방정부에 환원하는 형태로 진행하고 지방정부는 인허가 부분에 있어 일정 부분 지원해주는 형태로 진행하는 것이 일반적이다. 그 예로 풍력이 가장 먼저 진행된 제주도인 경우 우리나라 최초의 이익공유제를 시행했고 이 제도는 제주도청이 민원과 인허가 등을 지원하고 사업이 성공하여 수익이 발생하면 일정 이익을 공유해 주고 이 이익은 인근 주민들에게 해택을 돌아가게 해주는 방식으로 진행되었다.

사업 유형에 대해서는 법에 정의되어있는 사업 유형을 정리[12)]하면 아래와 같다.

1. BTO(Build-Transfer-Operate, 건설-양도-운영) : 사회간접자본시설의 준공과 동시에 당해 시설의 소유권이 국가 또는 지방자치단체에 귀속되며 사업시행자에게 일정 기간의 시설 관리 운영권을 인정하는 방식(민간에서는 사업 기간 동안 투자비 회수)

2. BOT(Build-Operate-Transfer, 건설-소유-양도) : 사회간접자본시설의 준공 후 일정 기간 동안 사업시행자에게 당해 시설의 소유권이

12) SOC 민간투자사업의 경제성 분석에 관한 연구(-인천국제공항고속도로, 천안-논산고속도로 사례중심으로 - 논문 및 민간투자사업의 효율성 평가(- 민자고속도로와 재정고속도로의 추진단계별 비교를 중심으로 -) 내용을 기본으로 추가 보충 설명

인정되며 그 기간의 만료 시 시설 소유권이 국가 또는 지방자치단체에 귀속되는 방식(운영 기간 동안 그 해당 사업수익으로 운영자금을 충당하고, 부채를 상환하고, 지분 투자자에 대한 배당을 실시)

3. BOO(Build-Own-Operate, 건설-소유-운영) : 사회간접자본 시설의 준공과 동시에 사업시행자에게 당해 시설의 소유권이 인정되는 방식(프로젝트 준공 후, 소유권을 취득하여 운영하여 투자금을 회수하고 허가 기간 종료 후에는 소유권 양도로 이 프로젝트의 잔여 재산 처분권을 보유함)

4. BTL(Build-Transfer-Lease, 건설-양도-임대) : 사회기반시설의 준공과 동시에 당해 시설의 소유권이 국가 또는 지방자치단체에 귀속되며, 사업시행자에게 일정 기간의 시설관리운영권을 인정하되, 그 시설을 국가 또른 지방자치단체 등이 협약에서 정한 기간 동안 임차하여 사용·수익하는 방식

이외에도 포괄주의 원칙이 적용된다면 다음과 같은 사업유형들도 추가로[13] 추진될 수 있다.

- ROT(Rehabilitate-Operate-Transfer) : 민간사업자가 노후시설을 개보수하거나 재건한 후 일정 기간 동안 운영하여 투자비를 회수하고 소유권을 공공부문으로 이관
- ROO(Rehabilitate-Own-Operate) : 민간 사업자가 노후시설을 개보수하거나 재건한 후 소유권을 갖고 운영하면서 투자비를 회수
- DOT(Develop-Operate-Transfer) : 본사업과 관련한 연관 사업을 개발하여 운영하면서 투자비를 회수한 후 소유권을 공공부문으로 이전

13) 재해위험 개선 및 이주대책사업 시행 지침 개발을 위한 연구용역 보고서

- RLT(Rehabilitate-Lease-Transfer) : 민간 사업자가 노후 설을 개보수하거나 재건한 후 사업시행자에게 일정 기간의 시설관리 운영권을 인정하고 공공부문으로 이전

국내의 경우 민간투자법으로 시행된 사업은 대부분이 BTL과 BTO가 주류를 이루고 있다. 그 이유는 BTL과 BTO는 정부나 지자체가 설비/시설물의 주인이므로 수익이 기대보다 낮더라도 큰 영향이 없이 사업을 지속 할 수 있고 세금에 대한 Risk가 낮다는 점이다. 반대로 BOT나 BOO 사업 유형은 소유주가 민간이며 민간 분야는 수익에 민감하기 때문에 매출에 대한 Risk를 민간에서 지기가 어려운 면이 있어 일부 사업에 있어 BOT나 BOO 형식으로 진행 할 때 정부에서 매출 보전이라든지 운영 기간 연장으로 통한 최소수익률 보장에 대한 조건으로 민간 분야를 참여시키는 사업들도 있다.

이런 민간투자 사업(PPP; Public-Private Partnerships)은 민간의 창의와 효율을 통해 사업 사회기반 시설을 건설하고 운영함으로써 정부를 대신하여 질 좋은 공공서비스를 제공하는 것이다. 민간이 재원을 마련하여 시설을 건설하고 정부에 해당 시설을 기부채납 한 후, 정부로부터 관리운영권을 부여받아 운영 수입으로 투자금을 회수하는 형태로 사업 유형마다 조금씩 진행 방식에 차이가 있다[14].

이런 국내의 PPP 사업(BTO/BTL 사업 유형으로 진행)의 수익률을 한 번 보도록 하자. 수익률이란 상대적인 개념으로 5장에서 PF(PROJECT FINANCING; 프로젝트 파이낸스)에 대해 구체적으로 설명하겠지만, 우선 PF 방식으로 사업을 진행한다고 했을 때, 시설 건설에 필요한 자금을 민간(금융권)에서 대출을 통해 조달하게 되고 이때, 조달 금리 수준과 예상 사업 수익률을 고려하여 사업을 진행하게 된다. 아래 몇 가지

14) 기획재정부와 KDI의 민간투자사업 브로셔 참고 제작

예시로 언급하고 있는 수익률은 일반적이고 지속적인 수익률은 아니며 예로써 참고 정도로 이해했으면 한다. 그 이유는 적금 금리보다 대출금리가 높아지듯이 사업에 수익률은 당시의 금리 상황에 대한 고려가 필요하다. 또한, 은행의 대출금리보다 프로젝트의 사업성이 높아야만 사업에 대해 발생하는 각종 위험을 민간이 책임지면서 투자를 할 수 있다. 즉, High Risk High Return이 돌아와야 한다. 과거에 진행된 BTO와 BTL 사업의 수익성을 비교해보자.

- BTO(Build-Transfer-Operate) : 사업 위험이 높으며 이에 상응하는 높은 목표 수익률 제시, 민간에 수요위험 및 운영 수입 변동위험 전가(P-IRR[15] 7~8%, 2015년 기획재정부)
- BTL(Build-Transfer-Lease) : 사업 위험이 낮으며 이에 상응하는 낮은 목표 수익률 제시, 민간에 수요위험 배제 및 운영 수입 확정(P-IRR 4~5%, 2015년 기획재정부)

2.3 민간투자사업의 사업 변천 과정

KDI(한국개발연구원)가 조사한 국내 민자 사업 추진 현황(2013년 말까지의 현황)을 살펴보면 수익형 민자 방식(BTO방식)이 202건 31.42%이며 임대형 민자 방식(BTL방식)이 430건으로 66.87%이었고 이 두 사업 유형에 투입된 총 투자비는 98% (BTO : 총 투자비 69.0%, BTL : 총 투자비 29.08%)를 차지하였다. 사회기반시설에 따른 투자유형 분류를 도식화하면 아래 Fig 2.2과 같고 점점 Risk와 수익성이 높은 형태의 민영방식으로 사업들이 변화하고 있음을 KDI 조사 결과를 통해 유추해볼 수 있다.

15) P-IRR은 프로젝트 전체 투입자금 대비 수익률로 이해, 다음장에서 자세히 설명

Fig 2.2
사회기반시설의 변천 과정

Fig 2.2과 Table 2.1에서 보면 IPP사업은 사업의 기획에서부터 운영까지 모든 책임과 Risk는 민간에 전가되어 있으며 사업성 민원과 인허가 완료에 대한 Risk까지도 민간에 많은 부분이 전가되어 민간 분야에서 모든 Risk를 책임지고 추진해야 하는 Risk가 큰 사업이다.

Table 2.1
사회기반시설 투자 유형에 따른 책임 전가 변화

<table>
<tr><th rowspan="2">사업추진방식</th><th colspan="2">재정시대</th><th colspan="2">PPP</th><th>IPP</th></tr>
<tr><th>국영방식</th><th>공영방식</th><th>BTL 방식</th><th>BTO 방식</th><th>민영방식</th></tr>
<tr><td>인허가</td><td colspan="4" rowspan="2">정부 또는 지자체 주관 해결</td><td rowspan="2">대부분 민간주관 해결</td></tr>
<tr><td>민원(사업성)</td></tr>
<tr><td>건설(Risk)</td><td rowspan="2">정부 또는 지자체</td><td>공기업 (예산지원)</td><td colspan="3">민간자본</td></tr>
<tr><td>운영(Risk)</td><td>공기업</td><td>국가/ 공기업위탁</td><td colspan="2">민간자본</td></tr>
<tr><td>사업 유형</td><td>국도 상수도시설</td><td>고속도로 철도 항만 등</td><td>학교 군병영숙소 문화예술관 하수관거 등</td><td>도로 철도 항만 수처리사업</td><td>민간발전 신재생 에너지</td></tr>
</table>

따라서, PPP 사업이나 IPP 사업은 확률적으로 접근을 해야 하고 이중 성공한 사업은 높은 Risk를 감내하며 사업을 진행하여 성공했기 때문에 높은 수익을 가져가야 한다고 생각한다. 그래야만 민간 자본이 이런 큰 Risk를 감내하며 사업을 진행할 수 있다. 사업의 A to Z에 대한 모든 Risk를 검토하고 각 Risk를 잘 해쳐나가야 만이 프로젝트를 성공할 수 있기 때문에 성공률을 높이기 위해서는 많은 경험과 Know-How를 지닌 전문가들이 사업을 진행하여야 하며 그러기 위해서는 사업의 생애주기에 대한 전반적인 이해와 경험을 쌓을 수 있는 많은 사업들이 진행되어야 한다.

여기서, PPP 사업 BOO 사업 유형과 IPP 사업을 보면 민간이 건설, 소유, 운영까지 진행하는 점은 같다, 차이점은 무엇일까? Fig 2.3에 도식화한 것처럼 바로 사업성 민원 협의 과정에 대한 절차의 차이일 것이다.

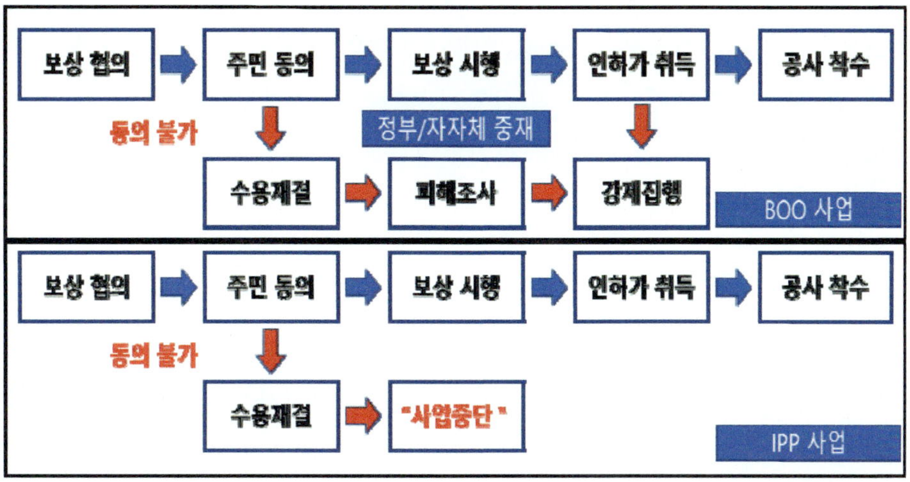

Fig 2.3
BOO사업과 IPP사업

전력 사업은 이런 중간 절차 없이 재정시대 사업 형태에서 바로 IPP 사업형태로 변화하였다. 재정시대(국영방식 및 공영방식)에서 민투법에 의한 PPP 사업 추진 방식 중 가장 Risk가 큰 BOO 사업 유형까지는 민원 보상에 대한 부분을 공공 부분에서 처리하였다. 발전 사업에 있어 이런 절차는 전원개발촉진법의 민원 해결방식으로, 협상에 의한 보상 협의가 우선이며 충분한 협의에도 주민 동의를 받지 못할 경우 정부/지자체의 중재를 통해 협상을 진행하면서 사업을 진행하게 된다. 하지만, IPP 사업은 정부/지자체의 중재 절차가 없으며 사업주가 직접 주민 동의를 획득해야 하고 만일 주민 동의가 없다면 사업 진행 자체가 불가능하다.

지금부터는 "2013 민간투자사업 종합평가(2015.01 기획재정부, KDI 한국개발연구원)"의 내용 및 저자의 생각하는 민간투자사업의 변천 과정을 이야기해 보겠다.

도로, 철도, 항만 등의 사회간접사본 시설은 전통적으로 공공부문에 의해 서비스를 제공하여 왔으나, 막대한 투자비에 비해 가용할 수 없는 재정 규모가 부족한 문제로 직면하였다. 이에 정부는 이와 같은 투자재원 부족 문제를 해결하기 위한 방안의 하나로써 이용자 부담의 원칙이 적용 가능한 시설들을 중심으로 민간자본을 유치할 수 있는 방안을 모색해 왔다. 그간 우리나라의 민간투자사업은 사회기반시설의 조기 확충으로 국민의 편익 증진에 크게 기여했다는 것은 부인할 수 없는 사실이다.

민간 자본 유치가 활성화되었던 시점은 IMF 경제위기를 극복하고 심각한 사회 기반 시설(Infrastructure)의 부족 문제와 노후화 문제를 해결하면서 대량 실업 문제를 해결하기 위해서였다. 민간 자본 유치에 의한 사업 진행은 대부분의 사업비(약 80%)를 민간에서 유치하기에 민간의 금융기관으로부터 원활한 자금 조달을 위해 자본금에 대해서는 최소운영수입보장제도(MRG; Minimum Revenue Guarantee)가 필요하였다. MRG는 결국 국민 부담으로 돌아오기는 했으나 당시 대량 실업 문제 해결 및 기반 시설 해결에 기여하였으며 당시 IMF 경제위기 상황의 금리를 생각해 보면 과연 당시 진행한 민간 자본 유치 사업의 수익률이 과도한 수익률이었을까? 당시 투자한 금융자본이 해외 자본이 아닌 국내 금융권에서 대부분을 투자하여 대부분에 금융수익이 국내 금융권으로 돌아간 상황이라 한다면, 또한, 설계 · 시공을 목적으로 한 국내 메이저 토목시공회사들이 지분을 매각하지 않고 현재까지 보유하여 많은 수익을 가지고 가는 상황이라면 현재와 같이 비판을 받을까에 대한 의구심이 든다.

운영 수입 보전금 지원으로 이슈였던 인천공항 고속도로의 경우 나무의 가지만을 본다면 운영 수입 보전금 지원이 국민 부담으로 다가올 수 있다는 것은 문제이겠지만 이를 추진하지 않았다면 인천공항이 현재와 같은 위상과 수입을 내고 있을까?

외부 차입금 조달을 통해 사업을 진행하는 민간 자본에 의해 사업을 추진하는 사업에서 Fig 2.1와 같이 프로젝트 생애에 의한 사업추진 시행 과정을 보면 개발이 완료되어 건설 단계부터 많은 자금이 소요 되고 건설 이후 시운전이 완료되어 완공되기 전까지 대주단(금융권)의 입장에서는 자금 투입 방식이 신용대출과 같다. 대주단에서는 이 단계까지 어떤 담보도 잡을 수 없으며 가장 많은 자금이 투입되기에 Risk를 가장 크게 본다. 사업이기에 시운전 단계가 마무리되어 상업운전 되기 전까지 대주단은 사업이 건설 중에 파산될 위험을 가지고 사업을 바라봐야 한다. 시운전 이후에는 상업 운전으로 수익이 발생하면 원리금 상환이 시작되므로 투자에 대한 Risk는 급격히 줄어들며, 완공된 시설물에 대한 담보를 확보하기 때문에 운영 중 원리금 상환을 할 수 없는 최악의 상황이 될 경우 담보로 잡고 있는 그 사업 시설물 자체를 매각하여 원리금 보전이 가능하기 때문에 Risk는 경감 될 수 있다. 즉, 상업 운전 이후로는 대주단 입장에서는 담보 대출의 형태가 됐다라고 볼 수 있다.

따라서, 상업 운전 전 프로젝트에 현금 흐름만을 보고 자금을 투입해야 하는 대주단 입장에서는 사업에 대한 타당성 조사가 매우 중요해졌으며, 다양한 컨설팅 업체들을 고용하여 기술, 재무 실사 등(Due Diligence) 사업에 대한 전반적인 사항을 확인하고 투자를 결정한다. 또한, 대주단에서는 High Risk를 감수하고 사업에 참여 하기 때문에 높은 수익률을 기대 할 수 밖에 없다. 따라서 PF 사업은 다른 사업과 달리 높은 금리에 대출 약정을 체결하여 사업을 진행한다.

만약 프로젝트가 계획대로 상업 운전을 시작하고 안정적으로 발전 수익이 발생하게 되면 투자에 대한 Risk는 급격히 줄어들게 되고 착공 전 건설 Risk를 고려하여 체결한 금리 수준보다 사업에 대한 Risk가 많이 경감되었기 때문에 전에 보다 낮은 금리로 새롭게 조달가능할 수 있고 이것을 Re-Financing(금융 재구조화)이라고 하며 금융 재구조화를 통해 기존의 고금리 대출에 대한 원금과 위약금을 주고 저금리 대출로 변경하는 것이 일반적인 형태이다.

중앙대학교 주재홍 박사논문 "우리나라 민간투자사업의 수익률 결정요인 분석"의 내용을 인용 및 저자의 해석에 의해 각색 보겠다.

최소운영수입보장(MRG; Minimum Revenue Guarantee) 제도는 민간투자사업의 최소운영수입을 정부가 보장해 주는 제도이다. 제도를 시행하게 된 배경에는 1997년 외환위기가 무관하지 않다. IMF 관리체제의 여파로 고금리 · 고물가 · 환율상승 · 대출기피 · 구조조정 등 재원조달 및 사업추진 여건이 악화되었고, 대규모 재원 소요가 이루어지는 SOC(Social Overhead Capital) 사업인 경우 설계 · 시공 · 자금 조달 · 운영(DBFO ; Design-Build-Finance-Operate) 등의 사업 위험이 높은 상황에서 불확실한 수익 전망으로 민간 참여를 기대하기 힘들었고, 절차를 수행하면서 각 사업 위험에 노출되기 쉽고 불확실한 수익 전망으로 민간의 참여가 저조했다. 특히, 국내 금융권의 경우 정부 보호 아래 경쟁에 노출되지 않았고 현재도 그 당시보다는 개선되었으나 아직도 해외 선진 금융권보다는 후진성을 피하지 못하고 있다고 생각된다. 최소운영수입 보장 제도와 같은 위험 보장 장치 없이는 담보 위주의 금융에 익숙한 금융기관으로부터 Project Financing(PF; 5장에서 자세히 설명)과 같은 미래에 현금 흐름을 담보로 하는 민간 투자 사업의 투자 재원을 조달하는 것은 사실상 불가능한 상황이었다.

위기를 벗어나면서 안정적인 국면에서의 금리 하락으로 인해 상대적으로 높은 수익률을 내는 민자사업에 대해 대량 실업 규제 등 여러 어려움을 해결해 준 사업형태를 과거 사업 추진 당시의 기준이 아닌 현 기준으로 과거 민자사업(민간투자사업)을 비난하는 것은 바른 자세였을까?

국내외 금융권을 비롯한 건설업 관계자들의 새로운 사업방식에 대한 Risk 우려 등으로 이에 선진 금융시스템과 프로젝트 파이낸싱에 친숙한 해외 기관들이 사업추진 당시 많은 Risk를 감내하며 성공하여 향후 많은 수익을 가지고 가는 것에 비판하는 것이 과연 타당한 것일까? 만약 이런 Risk가 큰 사업에 대해 이해도가 높아 국내기관과 산업계에서 Risk를 감당하여 많은 수익을 가져갔다면 현재와 같은 민자 사업에 대한 부정적인 인식이 형성되었을까 하는 의구심이 많다.

어떤 제도도 완벽하지 않고 시행하는 과정에 계속적인 변경 및 보완이 일어나게 된다. 준공 이후 출자자 변경, Re-Financing에 의한 투자자의 이익 극대화와 최소운영수익보장제도(MRG)하에서의 사업(1995년 ~ 2006년)에 의한 재정 부담 증가에 대한 문제점을 BTO와 BTL 사업으로 구분해 보면 다음과 같다.

- 다 음 -

▪ 수익형 민자사업 BTO(Build-Transfer-Operate)이 직면했던 문제점

MRG(Minimum Revenue Guarantee; 최소운영수입보장)에 의한 매년 재정지원 부담 증가와 요금 인상으로 인한 갈등, 여기서 한번 생각해 보아야 할 사항은 수익에 대한 초기 가정 값과 그때 수익에 대한 가정 사항보다 수익이 낮을 경우에 대한 보상에 대한 보장된 사항과 초기 예측된 수익이 미달되는 사항이 단순 예측에 잘못인지 다른 외부 요인에 의한 수익 감소인지를 돌아볼 필요가 있다. 한 예로 수익형 민자 사업으로 진행된 지하철 사업을 보면 사업 추진 당시 매출에 대한 가정 당시 노인층에 대한 요금은 50% 감면을 기준으로 정하고 추진된 사업이 정부 정책에 따라 지금은 전액 무료로 운영 되고 있다. 이 당시 법을 통과시킨 것도 국회이며 현재와 같이 노인층이라고 말하는 60세 이상의 비율이 현재와 같이 급격하게 늘어나면서 민간에서 부담스러울 수준이 되는 것을 사업 초기 예측이 되었을까?

MRG가 폐지되면서 수익에 대한 예측의 위험을 전적으로 민간투자자가 부담하게 되었으며, 이것은 재무적 투자자의 투자 기피와 건설사들의 과도한 출자금 출현 및 자금 보충에 대한 부담을 초래하였다. 또한 수익에 대한 불확실성을 보완하고자 전년도 물가상승률을 반영한 매년 요금 인상 체계 적용을 투자 조건으로 요구하게 되고 이러면서 지속적 요금인상이 이용자의 불만과 경전철과 철도 등 공공성이 높은 시설에 적용하기 어려움 등이 발생하였다. 이러한 다양한 요금정책 실현이 현실적으로 어려움이 있고 공공시설이라 요금 미인상시 재정지원금을 통한 지원이 이루어질 수 밖에 없고 이럴 경우 수요가 많을수록 미인상 요금분에 의한 높은 재정지원금 부담이 발생 할 수밖에 없는 현실이다. 수요가 예측보

다 적을 경우 사업자 파산위험 증가로 운영의 안정성 저하, 사회적 이슈 문제와 해지시지급금 발생 등에 대한 우려도 존재하고 있다.

▪ 임대형 민자사업 BTL(Build-Transfer-Lease)이 직면했던 문제점

민간 자금으로 공공시설을 건설한 뒤 완공 이후 소유권을 정부에게 이전해 정부가 민간 사업자에게 임대료를 지불하는 형태로 투자를 회수하게 때문에 민간사업에 들어간 총 투자비가 정부(또는 지자체) 부채로 계상되어 국채 또는 지방채를 발행하여 건설하는 것과 큰 차이가 없다. 민간 자본이 공공시설을 짓기 때문에 초기 투자부담은 없지만, 수요 및 수익성 예측을 잘못할 경우 모든 재정적 부담은 정부에게 돌아오기 때문에 수익에 대한 리스크가 있다.

2015년 기재부에서 발표한 민간투자사업 활성화 방안 및 민간투자사업 활성화 방안을 기본으로 그 이후 PPP 사업의 변화에 대하여 알아보고자 한다.

우리나라의 민간 투자 사업은 '97년 외환위기와 '08년 금융위기 전후에 집중투자 되어 경기회복에 큰 역할을 해왔다. 민간 투자 사업은 정부의 예산 제약 문제 해소와 타 부문 재정투자의 확대가 가능하게 하였으며 정부의 재정사업 추진에 따른 사업 지연 위험과 건설위험의 감소 및 사회경제적 후생의 증대에 기여한 사실은 부정할 수 없는 현실이다.

민간투자 사업은 미래현금흐름을 기반으로 PF 대출이 일어나기 때문에 CAPEX[16]와 OPEX[17]에 대한 모든 비용이 확정(변동성 Risk가 최소

16) 건설기간 비용을 의미, 미래의 이윤을 창출하기 위해 지출된 비용으로 공사비, 부대경비, 보상비 등(돈을 벌기 위해 투자한 비용)

17) 운영기간 중 발생하는 비용, CAPEX를 통해 취득한 자산을 유지/보수하거나 운

화)되어야만 금융권의 원리금 상환에 대한 예측 가능하게 되어 사업을 담보로 투자가 이루어지게 된다.

따라서 민간자본투자를 유도하기 위해서는 확실한 수익에 대한 보장이 선행되어야만 한다.

하지만, 사업자의 수익성을 보장해 주는 데 있어 명확한 기준과 사업비 산정과 사업성에 대한 정확한 검토가 이루어지지 않아 수익성을 크게 보장해 주는 문제와 무분별한 사업 제안이 이루어지는데 반에 규율은 제대로 시행되지 않아 정부나 지자체의 재정에 막대한 부담을 주는 등 여러 문제가 생겨나게 되어 수익에 대한 보장은 점차 없어지게 되었다.

제도의 문제점(과도한 MRG 지급, 높은 사용료로 인한 이용자, 국회, 언론 등에서 민자 사업 확대에 부정적)만을 부각하며 제도를 개선하다 보니 ′09년 최소운영수입보장(MRG) 폐지, 최근 금융환경의 불확실성 등으로 사업 리스크가 증가하고 있고 민자사업의 위험(리스크) 증가 및 수익성 악화 등으로 민자 사업 투자 제한을 가지고 왔다.

2015년도 이후 발표된 기재부의 일련의 과정은 결국, 경기 회복 · 경제 활력 제고를 위해 단기간에 가시적 성과를 나타낼 수 있는 민간투자 활성화는 선택이 아니 필수이며 민간의 적극적인 투자를 유인할 수 있는 방안 마련이 필요하게 되었다.

당시 민간에는 여유자금이 풍부하나 국내에 마땅한 투자처가 없어 사내유보금으로 적립되거나 해외에 투자하는 상황이었다. 즉, 본 장의 초반

영하는데 들어가는 비용, O&M 비용과 SPC 운영비의 합

에 언급한 Low Risk Low Return, High Risk Heigh Return이 되어야만 민간 투자가 이루어지는데 High Risk Low Return 상황이 지속되다보니 민간 투자가 위축되었으며 PF를 다루는 5장에서 설명하겠지만 우리나라 금융권의 후진성으로 의한 한국형 PF시장 특성과 고위험 사업의 투자 기피를 개선하기 위해 BTO 방식의 단점을 보완하면서 변화하는 환경에 대처할 수 있는 새로운 제3의 사업 방식이 도입되었다. 이런 배경으로 BTO-rs와 BTO-a라는 새로운 사업 방식이 탄생하게 되었다.

- BTO-rs(위험분담형): 주무관청과 사업자가 사업위험을 분담(50% 수준)하여 사업수익률과 이용요금을 낮추는 방식
  BTO-risk sharing : 정부와 민간이 시설투자비와 운영비용을 분담하여 고수익·고위험 사업을 중수익·중위험으로 변경
  사업의 성격에 따라 정부·민간 간의 분담비율 일부 조정도 가능
- 특히 공공성이 높은 사업은 BTO-a(손익공유형) 방식 적용
  BTO-adjusted : 정부가 최소사업운영비(민간투자비의 70%, 민간투자비 30%의 이자, 운영 비용)만큼 위험을 분담하고, 초과이익 발생 시 공유하는 방식

BTO-rs,와 BTO-a 사업방식에 대한 설명(민간 투자 활성화 방안 발표내용)을 도식화하면 Fig 2.3과 2.4와 같다. 여기서 주목해야 하는 것은 정부가 추가 Risk를 부담해 주는 대신 추가 이익에 대한 부분과 손실에 대해서도 비율에 따라 민간과 정부가 함께 나누자라는 개념이며 이것이 재생에너지에서의 이익 공유화의 개념의 시발점이다.

[1] **BTO-rs(위험분담형: Build·Transfer·Operate – risk sharing)**

○ 정부가 사업시행에 따른 **위험을 분담(예: 50%)**함으로써 **민간의 사업 위험을 낮추는 방식** (사업수익률과 이용요금도 인하)

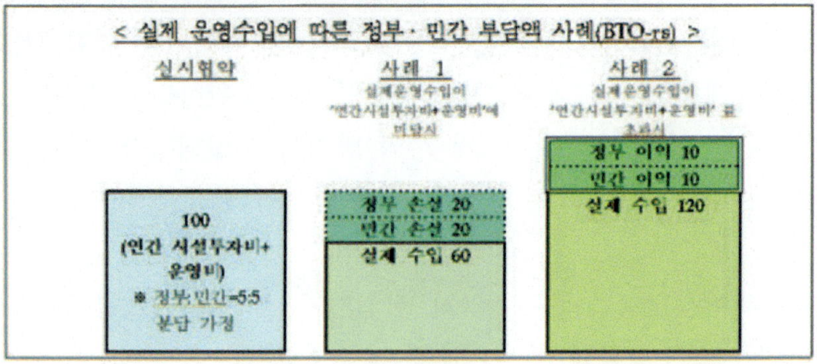

Fig 2.4
BTO-rs 사업

[2] **BTO-a(손익공유형: Build·Transfer·Operate – adjusted)**

○ 시설의 건설 및 운영에 필요한 **최소사업운영비*** 만큼 **정부가 보전**함으로써(초과이익 발생시 공유) **사업 위험을 낮추는** 방식

* 예시: ① 총민간투자비의 70%에 대한 원리금 상환액(원금 + 차입금리), ② 총민간투자비의 30%에 대한 이자(국채금리 수준), ③ 운영비용

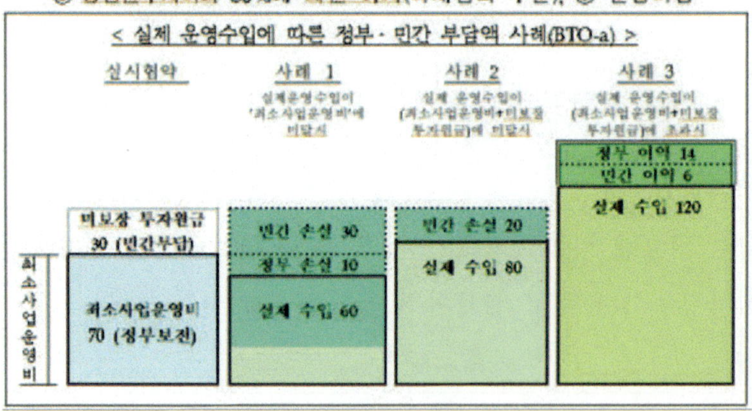

Fig 2.5
BTO-a 사업

2.4 민간투자사업의 수익률과 지원책 비교

국내에서 민투법으로 진행된 PPP 사업(BTO/BTL)의 수익률을 살펴보면, 결국, 수익률이란 금융권이 대출이자보다 상회하는 P-IRR 수익률을 확보해야 프로젝트 금융(PF)이 가능하여 사업이 진행되게 된다. 따라서, 민투법으로 진행된 PPP사업의 수익률은 경기 상황에 따른 금리 변화와 밀접한 관련이 있다. 이런 사항은 아래 Fig 2.5과 2.6에서 확인할 수 있으며 이는 KDI(한국개발연구원) 자료를 인용하였다.

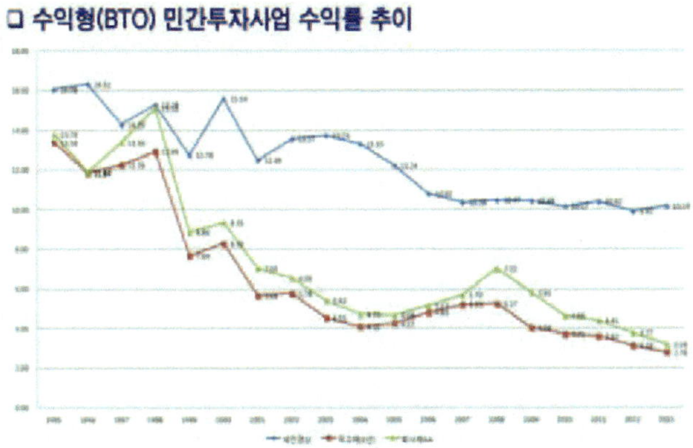

Fig 2.6
수익형(BTO) 민간투자사업 수익률 추이

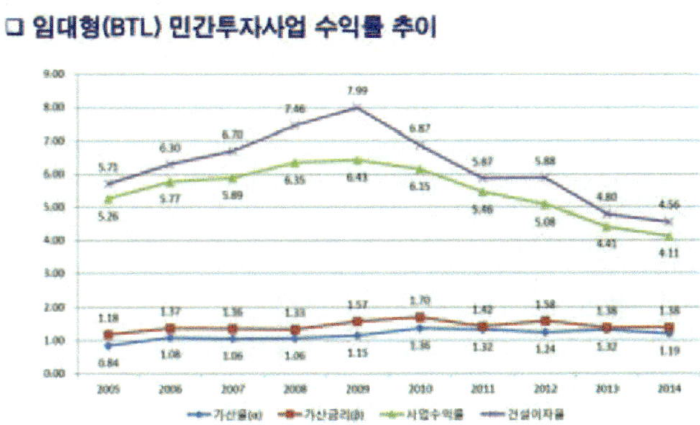

Fig 2.7
임대형(BTL) 민간투자사업 수익률 추이

KDI

- BTO(Build–Transfer–Opeate)사업 : 사업 위험이 높으며 이에 상응하는 높은 목표 수익률 제시, 민간에 수요위험 및 운영 수입 변동위험 전가(P–IRR 7~8%, 2015년 기획재정부)
- BTL(Build–Transfer–Lease)사업 : 사업 위험이 낮으며 이에 상응하는 낮은 목표 수익률 제시, 민간에 수요위험 배제 및 운영 수입 확정(P–IRR 4~5%, 2015년 기획재정부)

구 분		사 업 수 익 률
PPP	BTO	• 민간이 투자비, 운영수입, 재원조달비용 등을 감안한 기대수익률에 근거하여 자율적으로 제시 • 경쟁 등을 거친 후 협상에서 평균적인 대출 금리수준, 위험 보상률, 국내외 유사 민간투자사업의 수익률 수준 등을 고려하여 최종결정 • 실시협약에서 정한 사업수익률은 사업 시행 기간 중 원칙적으로 조정 불허 • 예외적으로 재정 지원 규모 축소 또는 사용료 인하가 전제되는 경우에는 협약 당사자 간의 합의를 통해 사업수익률 조정 가능
	BTL	• 지표금리(5년만기 국고채수익률) + 가산률(장기투자, 건설 운영 등의 프리미엄)로 하여 사업별로 자율적으로 제시 • 경쟁 등을 거친 후 협상에서 최종결정 • 지표금리는 5년마다 조정, 가산률은 조정 불가

Table 2.2
PPP 사업의 수익률

이외에도 PPP 사업의 지원 사항은 아래와 같다.

- 토지 확보 : 토지 수용권을 부여받거나 국·공유지를 무상으로 사용할 수 있음
- 건설보조금 등의 재정지원 : 사용료 적정한 수준 유지 필요시 지원 가능(총 사업비 25~50% 수준)
  - 재정지원(건설보조금)의 정도에 따라 수익성 향상(보조금에 대한 수익 고려하지 않음)
- 조세 및 부담금 감면 : 건설 용역에 대한 부가가치세는 영세율, 부동산, 취득세, 등록세 면제 소득에 분리 세율 적용

- 해지시지급금 : 사업 중단 시 협약 해지시지급금을 지급하여 최소한의 선순위 채무수준을 보장

또한, 새로운 유형의 사업 방식인 BTO-rs와 BTO-a 대한 정부의 보전 내용과 사업의 적정 수익률을 비교한 내용(민간 투자 활성화 방안 발표내용)을 Table 2.3에 표현하였다.

구 분	BTO(현행)		BTO-rs	BTO-a
민간 리스크	높음	⇒	중간	낮음
손익부담 주체(비율)	▪ 손실 · 이익 모두 민간이 100% 책임	⇒	▪ 손실 발생 시 : 정부와 민간이 50:50 분담 ▪ 이익 발생 시 : 정부와 민간이 50:50 공유	▪ 손실 발생 시 : 민간이 먼저 30% 손실, 30% 넘을 경우 재정 지원 ▪ 이익 발생 시 : 정부와 민간이 공유(약 7:3)
정부보전 내용	없음	⇒	정부부담분의 투자비 및 운영비용	민간투자비 70% 원리금, 30% 이자비용, 운영비용 (30% 원금은 미보전)
'14 수익률 수준(경상)	7~8% 대	⇒	5~6% 대	4~5% 대
적용가능 사업(예시)	도로, 항만 등	⇒	철도, 경전철	환경사업
사용료 수준	협약요금 + 물가	⇒	협약요금 + 물가	공기업 유사 수준

Table 2.3 수익률 BTO와 BTO-rs 및 BTO-a 방식 비교

2.5 PPP 사업과 IPP 사업의 비교

지금까지 재정사업에서 PPP 사업까지 변천 과정과 각종 사업 위험의 책임 주체, 사업 위험에 따른 수익률, 민간 투자사업의 지원 내용을 비교해 보았다. 민자 사업은 경제의 원리에 의해 Low Risk Low Return, High Risk Heigh Return이 적용되어야만 진행이 됨을 알 수 있었으며 위험(Risk)가 클수록 더 많은 수익을 가지고 가야 한다는 점을 설명하였다.

우리나라의 경우 수정 자본주의를 채택하고 있다. 이는 자본주의의 노동임금의 착취와 그에 따른 경제적 불평등을 세금으로 환수하여 경제적 약자에게 배분하며 노동임금 이외의 자본에 의한 수익을 인정해 주는 제도이다. 개인의 능력 및 부모의 재력과 학력 수준에 의한 불평등한 시작을 인식하여야 하는 제도이며 이를 정부는 세금과 복지 정책으로 분배할 뿐 모두가 평등한 사회는 아닌 것을 부정할 수 없지만 현재까지 나왔던 제도 중에 선택할 수 있는 가장 최선의 선택인 것이다.

민자 사업의 경우 이를 추진하는 대기업 또는 공기업 역시 그 성격에 따라 사업 추진의 목적은 완전한 사익 추구이냐 수익은 어느 정도 양보하면서 공익적 사업에 투자하느냐의 문제이지 기업은 기본적으로 수익을 창출해야 한다. 사업은 성공을 할 수도 실패를 할 수도 있다. 특히, 민자 사업의 성공률을 높이기 위해서는 사업의 기획, 설계, 시공, 운영, 금융조달, 재무, 세무 전 분야에 걸쳐 기본적인 의사소통이 가능하여야 하며 확률적으로 접근을 하기 위해 많은 사업을 투자하여 그 중 극히 일부만이 최종적으로 사업을 성공적으로 마무리할 수 있다.

사업의 성공 확률을 높이기 위해 이런 사업의 전 생애주기에 대한 A to Z의 과정에 대한 이해와 각 분야의 베테랑 인력들이 풍부한 사업개발 경험 및 각 분야의 외주화를 줄이고 자체 엔지니어링 역량을 강화하여야만 한다. 혹은 각 분야의 전문 회사들이 협업을 통하여 사업을 추진하면서 서로 모자란 분야를 보안하여 적기에 빠른 의사결정으로 사업을 추진하여야 한다. 즉, 주 전공 분야 외에 사업 전반에 걸쳐 필요한 모든 영역에 대한 이해를 갖춘 T자형 인재 육성 및 조직 육성이 중요하다고 말할 수 있다.

IPP 사업은 사업성 민원뿐만 아니라 인허가에 대한 위험(Risk)도 민간에서(단, 추진 사업법에 따라 차이가 있으며 인허가 및 민원에 대한 상세 설명은 한 4장 참조) 주도적으로 수행하여야 하며 장기간 사업개발을 진행해야 하는 위험(Risk)를 가지고 있다. PPP 사업과 비교하면 IPP 사업에 대한 지원은 미비한 것이나 다름이 없다. 이에 대해서는 Table 2.4에 정리하였다.

구 분	PPP	IPP(해상풍력)	비고
토지 확보	토지 수용권을 부여받거나 국 · 공유지를 무상으로 사용할 수 있음	민간	
건설보조금 등의 재정지원	사용료 적정한 수준 유지 필요시 지원 가능	없음	총사업비 25~50%
조세 및 부담금 감면	건설 용역에 대한 부가가치세는 영세율 부동산, 취득세, 등록세 면제, 소득에 분리 세율 적용	없음	
해지시지급금	사업 중단 시 협약 해지시지급금을 지급하여 최소한의 선순위 채무수준을 보장	없음	
산업기반신용 보증기금	사회기반시설 채권등에 대한 보증을 통해 신용위험 완화	없음	
사업의 발굴, 프로젝트의 기획 및 사업성 평가	정부(주무관청) 검토 혹은 지원	민간 수행 및 비용 부담	
사업성 민원	정부(주무관청)	민간 수행 및 비용 부담	
수익률	BTO : 7~8% (고위험) → 수요 예측 정확도 문제 BTO-rs : 5~6% (중위험) BTO-a : 4~5% (저위험) BTL : 4~6% (저위험)	수익에 영향인자인 수요 예측에는 Risk가 적지만 구매단가의 변동 Risk는 큼 (고위험)	Grid 출력제한 문제 이슈화

Table 2.4
국내 PPP사업과 해상 IPP사업 지원 및 Risk 분석

PPP 사업과 IPP(해상풍력) 사업의 Risk와 수익성을 비교하면 Table 2.5에 정리하였다. 본 내용 일반적인 내용을 중심으로 표현한 것이고 각 사업마다 약간에 차이는 있을 수 있다.

구 분		사업 Risk	수익성	비 고
PPP	BTO	사업 위험이 높음 민간 수요 위험 부담 운영 수입 변동위험	높은 위험에 상응하는 높은 목표수입률(P-IRR 7.5%) - 평균 : 7 ~ 8%	
	BTL	사업 위험이 낮음 민간 수요 위험 배제 운영 수입 확정	낮은 위험에 상응하는 낮은 수익률(최근 사업 P-IRR 3.5%) - 평균 : 4 ~ 6%	
IPP		사업 위험 가장 높음 민간이 수요, 판매, 운영 수입 등의 변동위험 부담	현 상황에서는 BTL 사업보다 낮은 수익률 (4 ~ 5% 미만 예상)	

Table 2.5
국내 PPP 사업과 IPP 사업 / 사업 Risk와 수익성

또한, PPP 사업 중 BTL 사업인 경우에 장기투자에 대한 미반영금액을 고려하여 프리미엄을 인정해 주고 있다. 미반영 비용이란 기획 단계에서부터 SPC 설립까지의 비용 중 고려하기 어려운 비용을 의미한다. 명확한 근거가 있는 비용은 SPC 설립 이후 사전 비용 정산으로 회수할 수 있으나 명확한 근거가 없는 비용 가령 민원 비용과 SPC 설립 전까지 개발사의 각종 경비를 의미한다.

이런 비용은 사업 초기 매몰 비용으로 판단하고 집행하는 High Risk가 있는 단계에서 지급되는 비용으로 단지가 크고 해상으로 인해 작업 여건에 의한 공사비 변동이 큰 사업일수록, 사전에 협의하고 해결해야 하는 프로세스가 많은 사업일수록 비용이 많이 들게 된다. 국내 해상풍력인 경우 대략 100~120억원 정도가 사전 비용으로 투입되며, 각종 인

허가와 사업 타당성 조사, 설계 및 설계를 위한 기초 조사 등의 비용은 대략 약 200억원 내외가 소요(단, 프로젝트의 지연등이 없는 경우)된다.

즉, 해상풍력의 경우 사업 착공 직전까지 비용은 약 300억원을(본 비용은 2017년까지의 개발비를 기준으로 100MW급 단지 기준임) 훨씬 초과하게 되며 사업 실패 시 민간에서 지는 매몰 비용이며 정부 재정 사업이었다면 정부에서 부담해야 하는 비용 역시 이와 유사하였을 것이다. 단적인 예로 육상 풍력의 경우 착공 직전까지 개발비용(인허가, 설계용역, 사업타당성 조사 포함)은 약 40~70억원이다.

그럼에도 불구하고 이런 IPP 사업의 대표적인 형태인 신재생에너지 사업 그 중 풍력 특히, 해상풍력에 대해서는 High Risk Low Return이 기대되어야 한다. 그에 따라 정부에서도 다양한 정책 지원과 비용 보전을 위한 다양한 제도를 고민하고 실행 하고 있는 상태이나 아직도 많이 부족한 상태이다. 우리나라가 급격한 압축 성장을 하는 과정에서 통합과 이해관계자들의 의견 대립과 이에 대한 해결 과정이라는 성장통과 이로 인한 고민을 충분히 하지 않은 상태에서 신재생에너지 확대 정책과 IPP 사업에 대한 청사진만을 제시하고 있었기 때문이다.

앞에서 언급한 것처럼 선진국으로 성장해 갈수록 정부의 재정은 한계에 직면하게 되며 이로 인해, PF로 사업을 추진할 수밖에 없다. PF가 가능한 선진국은 예측이 가능한 사회를 의미한다. 인허가 획득 및 기간에 대한 예측, 민원 보상비에 대한 예측, 수익 예측에 대한 예측이 오차 범위 안에 있어야만, 민간에서 PF 사업 중 가장 수익이 큰 IPP 사업을 Risk를 안고 추진할 수 있다. 이를 위해 주민 수용성이라는 문제는 인문학적인 과점에서의 접근 및 사회적 협의와 숙고에 의한 이해관계자들의 대타협의 전제되어야 하며 이를 통해 합리적인 보상비의 지급 및 보상비의 예측 가능성이 존재하여야만 한다. 이런 인문학적 사회적 협의 과정을 충분히 고려한 압축 성장 과정을 진행하지 않으면, 높은 초기 자본 투입에 대한 Risk와 사업에 투명성이 결여 되어 실패로 귀착될 확률이 매우 높다.

Chapter 3

프로젝트 파이낸싱과 사업의 위험

3. 프로젝트 파이낸싱과 사업의 위험

프로젝트 파이낸스(Project Finance; PF)는 프로젝트 파이낸싱(Project Financing) 또는 프로젝트 금융이란 용어로 쓰이고 있다. 기업금융과 다르게 상당 부분(약80%) 이상의 돈은 타인자본 즉, 대출에 의해 조달되어 레버리지(Leverage) 효과[18]를 극대화하는 사업의 형태이며 자기자본 역시, 사업 전 생애 주기의 위험(Risk)를 분배하기 위해 각각 분야의 전문 회사들이 투자자금(Investment)를 모아서 시행함으로써 결국 개발사 입장(Project Developer)에서 자기자본 일부를 투자하고 사업을 진행할 수 있고 사업에 현금 흐름을 담보로 진행하기 때문에 개발사 입장에서는 총 사업비를 투자하지 않아도 되며 총 투자에 대한 Risk를 줄일 수 있는 방법이기도 하다.

하지만, 많은 사업 개발자(Developer)들은 PF 대출에 대한 정확한 이해 없이 예산 집행을 기존 기업 대출과 동일시 생각하는 경향이 있다. PF 사업으로 진행되는 사업 중 특히, IPP 사업은 사업주(발주처 or SPC) 자신의 책임을 최대한 제한하는데 목적이 있으며 그에 따라 사업주의 권리 역시 크게 제한된다. 대표적인 차이는 기업 대출의 경우 단기 상환이라는 점과 대출된 자금을 어떻게 사용될지에 대한 금융권이 통제는 없다. 하지만, PF 사업의 경우 장기적으로 많은 자본이 투입되어 있으며 미래현금흐름의 원리금 상환에 대한 자금이며 SPC는 모기업과의 단절을 위해 만들어진 회사이기에 금융권에서 자금 사용처와 계획 등에 대한 통제가 가능해야만 장기적인 대출이 가능하다.

본 장에서는 풍력 사업을 위주로 프로젝트 파이낸싱에 대한 기본 개념 정리와 사업 개발자(Developer)입장에서 사업의 위험에 대해 서술하였

---

18) 레버지리 효과란 차입금 등 타인 자본을 지렛대로 삼아 자기자본이익률을 높이는 것으로 '지렛대 효과'라고도 하며 차입금 등의 금리 비용보다 높은 수익률이 기대될 때는 타인자본을 적극적으로 활용해 투자 하는 것이 유리하다.

다. 사업 개발자(Developer)라면 본 교재뿐만 아니라 전체적인 프로젝트 파이낸스에 대한 심도 있는 이론을 정리한 "프로젝트 파이낸스(10판), 2017, 한국금융연수원, 저자 반기로"의 교재를 반드시 읽어 보기를 권장한다. 본 교재는 그에 비해 풍력 산업 및 사업 개발자(Developer) 입장에서의 사업 위험과 프로젝트 파이낸싱에 초첨을 맞추어 설명하고자 하였으며, 대학에서 배운 프로젝트 파이낸싱과 현장에서 경험한 우리나라의 특수한 형태인 한국형 프로젝트에 대한 언급을 추가하였다.

3.1 프로젝트 파이낸싱(특정 사업 금융; PF)의 개념

프로젝트 파이낸싱(Project Financing)이란 특정한 프로젝트로부터 미래에 발생하는 현금흐름(Cash Flow)을 담보로 하여 당해 프로젝트를 수행하는 데 필요한 자금을 조달하는 금융기법을 총칭하는 개념이다. 기업이 아닌 프로젝트의 사업성을 담보로 국제 금융 기관이나 일반은행 자본주로부터 사업자금을 모집하고 사업 종료 후 일정 기간에 발생하는 수익을 지분율에 따라 투자자들에게 나눠주는 금융기법을 칭한다.

앞에서 언급한 "프로젝트 파이낸스(10판)" 에 언급되어있는 프로젝트 파이낸스의 정부 부분만 인용하도록 하겠다. 각 주요 기관의 프로젝트 파이낸싱에 대한 정의 및 기원에 대해서 정리가 잘 되어 있다.

- A financing of particular economics unit in which a lender is satisfied to look initially to the cash flows and earnings of that economic unit as the source of found from which a loan will be repaid and to the assets of the economic unit as collateral for the loan.
- The financing is not primarily dependent on the credit support of the sponsors or the value of physical assets involved.

- Project finance is financing the development or exploitation of a right, natural resource or other asset where the bulk of financing is not to be provided by any form of share capital and is to be repaid principally out of revenues produced by the project in question.
- Banks provide finance for a single project and takes a large part of the risk of the success of failure of that project.

프로젝트 파이낸싱은 1856년 수에즈운하 개발사업이 그 효시라 하나 1920~30년대(경제 대공황 이후) 미국에서 은행들이 차입능력이 취약한 유전개발업자들에게 장래에 생산될 석유의 판매대금을 상환 재원으로 매장된 석유를 담보로 하여 유전 개발에 소요되는 자금을 융자하는 방식에서 시작되었다. 즉, 처음에는 석유개발이나 탄광 채굴, 조선소 등과 같이 수익이 높으며 위험이 또한 큰 사업에 적용되었지만, 점차 사회간접자본 등의 건설시장까지 확대되었다.

이를 각색하여 저자의 의견을 정리하면 프로젝트 파이낸싱을 다음과 같이 정의한다. 대규모 자금이 투자되고 장기간에 걸쳐 자금 회수가 가능한 사업을 말한다. 또한, 그 해당 사업의 생애 주기에 관련된 업무만을 수행할 수 있는 특수한 목적으로 만들어진 SPC에 이루지는 대출이다.

즉, 프로젝트 자체의 현금흐름을 상환 재원으로, 프로젝트 전체 생애 주기에 필요한 설계, 시공, 운용 등에 정통한 전문적이고 대규모 기업들의 함께 사업을 개발하여 그 프로젝트만을 위한 회사를 설립하며(특수목적법인; Special Purpose Company : SPC) 그 프로젝트 회사(법률적, 경제적으로 완전히 독립된 프로젝트 회사의 설립)에 대출을 해주는 형태이다. 이 SPC라는 Project Company는 사업 기간(건설 기간 및 운영 기간) 동안 존속하며 별도 법인을 의미한다.

프로젝트 파이낸싱과 기업 대출과 다른 점은 소구권[19]의 제한이 특징이다. 이를 비소구 또는 제한 소구 금융이라고 하는데 일반 기업금융 방식에 의한 대출은 채권확보의 수단으로 차주나 보증인에게 대출 원리금 상환에 대하여 무한책임(Full-Resource : 직접적이며 최종적인 상환의 소구(Recourse)가 가능하다는 점에서 완전 소구 금융)을 지운다. 그에 반해 프로젝트 파이낸스 방식에 의한 대출에서는 대출 원리금의 상환 책임이 프로젝트 자체의 내재 가치와 예상 현금 수입의 범위 내로 한정(Non-Recourse : 비소구 금융)되거나, 출자자 등에게 일정 범위 내에서 추가로 부담하도록 제한(Limites Recourse; 제한 소구 금융)하고 있다.

일정 범위 내에 제한은 그 이상이 비용 필요시 추가 출자할지 SPC를 파산시킬지를 판단하는 과정이며 프로젝트 파이낸싱인 경우 출자사의 SPC 자금 보충이 필요할 경우 일반적으로 건설 중 자금 보충에 대해서는 대부분 출자사가 인정할 수는 있으나(예비비 역시 대출이며, 건설 중 이자가 높기에 금융비용 절감의 목적에 한정된 자금보충) 운영 중에는 불인정하는 경우가 많으며 대주에서는 상황에 따라 프로젝트의 현금 흐름이 불안정적이고 불확실성이 많다면 대출 조건으로 운영 중 자금 보충도 요구할 수도 있다.

건설 중에는 제한된 자금 보충 조건으로 진행하는 것이 경제적이다. 왜냐하면, 금융권 입장에서 준공 전과 후에 대한 대출은 성격이 다르기 때문이다.

---

19) 어음이나 수표의 지급이 거절됐을 경우 배서인 또는 발행인 등에게 변상을 청구할 수 있는 권리를 말한다. 어음이나 수표가 부도났을 경우 소유하고 있는 사람은 즉시 발행인이나 배서인에게 소구권을 청구하여 변상의 책임을 물 수 있다.

금융권 입장에서 준공 전까지 대부분의 자금이 들어가나 담보를 잡을 수 있는 담보물이 없기에 신용대출 형태로 인식하지만 준공 이후에는 담보 대출로 인식하기에 건설 중 이자와 운영 중 이자는 약 1~2% 정도 차이를 보인다. 이에, 건설 기간 중 발생할 수 있는 요소들을 예비비로 커버하는 것보다는 출자사들의 일정 한도 내에서 건설 중에는 추가 출자 조건을 넣는 것이 더 효과적이다라고 생각한다.

교과서에서는 금융권에서도 대출을 목적으로 출자를 하고 개발에 대한 Risk를 공유하여야 하지만, 대다수 국내 금융사들은 초기 사업개발 Risk를 높게 보고 있기 때문에 초기 상태부터 투자하는 경우는 극히 드물다. 최근에는 이런 국내 금융권도 변화가 시작되었다. 우선 국내의 경우 신안산선 민자 사업의 우선 협상자 지정에 최초로 FI(Financial Investor; 재무적 투자자) 주도(주관사) 컨소시엄이 참여하였으며, GTA-A의 경우도 FI 주도 컨소시엄이 선정된 최초의 사례(FI가 SPC의 대주주로 사업 개발과 경영 참여 확대)이다.

하지만, 대부분 PF 사업에서는 건설단 Risk는 주로 건설사에 전가하는 형태가 한국형 프로젝트 파이낸싱 형태로 진행된다. 다른 경우는 재생에너지 분야에서 개발 Fund를 FI 주도로 초기 개발부터 직접 참여하면서 높은 수익률을 기대하며 참여 하는 형태이다. 대부분 개발 기간이 짧고 개발 Risk 가 상대적으로 적은 태양광 사업 위주로 이루어 지만 최근에는 풍력발전 사업에도 점차 참여하고 있다.

토목 분야에서는 프로젝트 파이낸싱은 주로 민투법으로 진행되는 BTO, BTL 사업이 주로 진행되어 준공 이후 정부나 지자체에 소유물을 기부 채납하기에 운영단 Risk는 크지 않게 본다.

건축 분야에서는 부동산 개발이 PF 사업으로 진행되며 건설사에 분양에 대한 책임까지 전가되어 있고, 부동산 가격이나 미분양사태로 인해 일시적으로 회사의 존립 자체에 큰 영향을 주기도 한다. 그러나 대부분의 건설사는 우리나라 부동산 개발은 대부분 성공적이고 사업성도 높기에 건설사들은 분양에 대한 책임을 당연시 한다.

SPC(Single Purpose Company)는 일반 회사와 다른 점이 일반 회사는 계속적으로 사업을 확장하고 신규 사업 영역을 개척하지만, SPC는 다른 사업을 추가하는 것을 불가능하며 대상 프로젝트에만 전념하며 그 해당 사업이 수명이 완료되어 철거와 함께 파산을 맞이하게 되는 단일 회사(Single Purpose Company)라는 특징이 있다. 이로 인해, 대출에 대한 상환을 프로젝트 수입 내에서 자체적으로 해결해야하기 때문에 담보는 프로젝트 회사의 자산에 한정되며 출자사의 입장에서 프로젝트의 영업이 부진하여 포기하는 경우에도 출자사들의 출자한 자본금 외에는 본사의 자산에는 영향을 받지 않는다는 장점이 있다. 이에 금융권의 경우 SPC가 파산하는 경우 상당한 손실을 각오해야 한다는 점에서 대출금리는 높을 수밖에 없다.

기업 대출과 달리 자금관리계정(Escrow Account)을 설치하여 이 계정에 출자금, 대출금, 판매대금, 사용료 등 프로젝트 관련 모든 현금 수입이 입금되도록 한다. 그리고 건설비용, 운영비용, 대출 원리금, 배당금 등 모든 출금이 대주와 차주가 사전에 약정한 항목과 순서에 따라 이루어지므로 기업 경영에 상당한 영향 및 사업 전반에 대한 정보 획득이 가능하다는 이점이 있다. 이런 점이 기업 대출은 기업의 신용도 등 여러 요인에 의해 제한된 자금에 대한 단기 대출이지만 프로젝트 파이낸싱은 대규모 자금의 장기 대출이 가능하게 되는 점이다. 기업 대출의 경우 기업의 경영, 신사업에 대해서는 금융권이 관여하지 않는다.

프로젝트 파이낸싱은 출자사들의 신용도에 따라 금리가 변동되기는 하지만 금융권 입장에서는 기업 대출보다 Risk가 크기 때문에 금리 등 차입비용이 높고(사업에 대한 위험을 프로젝트에 전가하는 대신에 일반적인 기업금융보다 프로젝트 파이낸싱의 금리가 높게 책정) 사업 계획 수립 및 금융구조 추진과정에서 발생되는 각종 비용도 상당하며, 많은 계약 당사자와의 교섭, 다양한 보험의 보상 범위 확정 및 예측하기 어려운 위험 부담을 경감하기 위한 비용 등이 필요하다. 또한, 일반 대출에 비하여 구조가 복잡하고 관계 당사자가 많으며 외부 전문가의 참여(건설비의 적정성, 운영비와 유지보수 비용 등의 적정성 등에 대한 검토)가 불가피하기에 금융 조달 추진에 장시간이 소요된다.

프로젝트의 사업성이 불확실할 경우에 대출 은행이나 다른 이해관계자들과 상의하지 않고 기업이 독자적으로 감산, 포기, 매각 등을 임의로 결정할 수 없으며 다수의 신디케이션(Syndication) 참가은행 모두에게 경영에 대한 상세한 정보를 제공하여야 한다. 여기서 사업에 대한 비밀이 과다 노출될 우려가 있다. 여기서, 신디케이션(Syndication)이란? 금융권에서 대출 규모가 크고 대출 기간이 긴 사업인 경우 금융사들이 공동으로 차관단을 구성하고 대표 주간 은행사를 선임하여 대출을 실행하는 것을 의미한다. 금융사의 경우 자금 부담에 대한 Risk를 분산하는 효과를 높일 수 있는 장점이 있다.

프로젝트 현금 수입과 프로젝트 시설물이 유일한 담보대상이 되므로 대주들은 자금관리를 위해 이른바 결제 위탁 계정(Escrow Account)을 설치하고 이를 관리한다. 결제위탁계정에는 출자금, 대출금, 부가세, 환급금, 사용료 등의 운영수입 등 프로젝트 관련 모든 현금 수입이 지출 순위 및 지급 방법 등에 대하여 결정된 순서에 의하여 대주단에 의해 관리되며 건설비용, 운영비용, 대출 원리금 상환금, 배당금 등 모든 출금이 이루어진다. 이를 통해 해당 사업 이외의 사업 진행은 불가능하며 필요시 대주단에 동의를 통해 진행하게 된다.

프로젝트 파이낸싱은 현금수지에 기초한 여신으로(Cash Flow Lending) 담보는 프로젝트의 미래 현금수지이기 때문에 프로젝트의 영업이 부진한 경우에도 프로젝트 자체 자산의 처분 외에는 다른 채권 회수 수단이 없다. 프로젝트 파이낸싱의 담보는 SPC 자산에 한정되기 때문에 SPC가 상환을 못하게 되면 사업주(각 출자사)가 충분한 담보 여력을 가진 경우에도 원리금 상환의 의무가 없다.

해당 프로젝트의 현금 흐름 및 채무한계가 사업주(각 출자사) 기업의 대차대조표상에 나타나지 않으며, 이로 인해 해당 프로젝트의 성패 여부는 사업주(각 출자사)의 신용도 및 재무구조에 아무런 영향을 미치지 않는다. 이를 부외적(Off-Balanced; 장부 외 금융 Off-Balance Sheet Finance) 금융이라 한다.

프로젝트 파이낸싱은 사업 규모가 방대하고 거대한 소요자금이 요구될 뿐만 아니라 장기 대출 자금의 성격을 보이기에 금융기관 한 곳이 단독으로 자금을 공급할 경우 이에 대한 위험이 부담하기에 대표사를 두고 복수의 금융기관(대주단)으로부터 대출을 받는 신디케이션 대출을 한다. 왜냐하면 원리금 상환이 연체되면 출자사에 그 상환을 청구할 수 없고, 최악의 경우에는 대손상각[20] 처리를 해야 한다.

프로젝트 파이낸싱은 사업 개발단계부터 사업주입장에서 많은 Risk를 가지고 시작해야 하며 그 성공 확률은 선진국의 Developer 기준으로 10~20% 정도만이 Project Financing에 성공하며 나머지 80~90%는

20) 청구권이 소멸되거나 채무자의 파산, 사업 폐지, 사망, 행방불명 등으로 인해 채권을 회수할 가능성이 없을 때, 더이상 자산가치가 없는 이 부실채권을 회계상 손실, 즉 비용으로 처리하는 것을 가리키는 말이다.

실패하는 사업이다. Project Financing 협상이 가능한 수준까지 사업개발자의 사업 개발비는 총사업비의 2.5~5.0% 정도라고 한다. 즉, Risk가 상당히 크며 이런 사업임에도 불구하고 진행하는 이유는 사업의 성공 시 80% 전후의 타인자본(부채)으로 인한 재무 레버리지(Leverage) 즉, 타인자본이 기업 경영상 지렛대(Lever) 역할로 실패 프로젝트들의 투자비 회수 및 상당한 수익 창출이 가능하기 때문이다.

일반적으로 Project Financing에 성공했다고 하면 아래 Fig 3.1의 A에서 도식화한 것과 같이 P-IRR(프로젝트 전체 수익)이 6.5%라 가정하면 A 사업은 총 투자자금 대비 매년 6.5% 이자 수입이 발생하는 사업이다. 대주단의 대출 금리를 4%로 가정하며 성공시 타인자본(대주단 대출자본)이 Risk 회피로 인해 "ㄱ" 형태의 수익이 출자사의 배당금으로 환수되게 된다. 이것이 타인자본(부채)으로 인한 재무 레버리지(Leverage)라고 한다. 만약, B 사업 형태가 된다면 기업 대출은 타인자본의 원리금 상환을 보장해 주어야 하나 프로젝트 파이낸싱은 SPC를 파산하여 출자금에 대한 손실만 고려하면 된다.

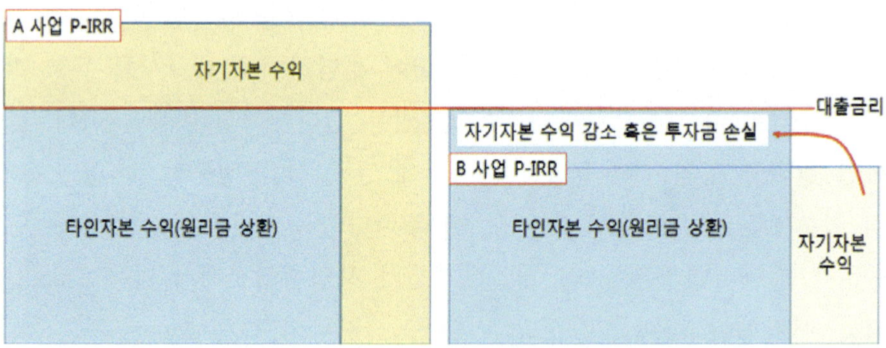

Fig 3.1
프로젝트 생애

기획, 설계, 건설에서부터 운용, 제거, 소멸에 들어가는 모든 비용(Life Cycle Cost; LCC 〈프로젝트 생애비용〉), 안전(Safety), 신뢰성(Reliability), 운영성(Operability), 환경요인에 대한 최적의 대안 도출 및 계획 변경에 따른 대처인 기획[21] 능력이 내부 인력이 수행한다면, 자기자본 수익 감소에 대한 Risk는 관리 가능한 수준으로 개발할 수 있을 것으로 필자는 보고 있다. 본 장의 내용을 요약 정리하면 Table 3.1과 같다.

21) 기획은 계획을 세우는 것 외에 실행과 검토를 포함하여 1회성 수행이 아니라 프로젝트 성공시까지 계획 → 실행 → 검토를 지속적으로 진행하며 최적의 대안을 찾아내는 능력을 의미함

Table 3.1
프로젝트 파이낸싱의 특징

<table>
<tr><th>특 징</th><th colspan="2">일반적 프로젝트 파이낸싱</th></tr>
<tr><td>독립된 회사</td><td colspan="2">• 법률적, 경제적으로 완전 독립된 프로젝트회사의 설립
• 일반적으로 법인의 형태이나 조합(Partnership)형태
• 특수한 목적(단일 사업성, Single Purpose Company)을 수행하기 위해 일정 기간(단일 사업의 건설, 운영, 철거) 동안 만들어지는 일종의 유한회사</td></tr>
<tr><td>사업특성</td><td colspan="2">• 대규모 자금이 투자되고 투자된 자금 회수가 장기간에 일어나며 사업 자체의 현금 흐름을 보고 사업에 투자 해야 하기 때문에 Risk에 대한 검토가 충분히 이루어져야 하기 때문에 일반적으로 전문 개발사(developer) 혹은 건설(EPC) 및 운영(O&M) 전문회사들이 출자사로 자금을 투자하여 사업을 진행</td></tr>
<tr><td rowspan="2">프로젝트
파이낸싱</td><td colspan="2">• 특정 기업에 이루어지는 대출이 아닌 프로젝트 자체의 현금흐름을 상환 재원으로 하며, 소구권의 제한되는 비소구 금융(non-recourse : 비소구금융)
→ 현금수지에 기초한 여신으로(Cash Flow Lending) 담보는 프로젝트의 미래 현금수지, SPC 자산에 한정되기 때문에 SPC가 상환을 못하게 되면 사업주(각 출자사)가 충분한 담보 여력을 가진 경우에도 이것에 대해서는 상환 권리가 없음(부외적(Off-Balanced) 금융)
• 프로젝트 추진이라는 특정 목적에 적합한 새로운 사업 및 금융구조를 적극적으로 조성하는 구조화 금융(Structured Finance)으로 결제위탁계정(Escrow Account)를 개설하여 수입과 지출에 대하여 지급 순위가 결정되어 금융권의 통제를 받는 철저한 자금관리가 이루어짐
• 대규모 자금 투자 및 장기 자금 회수로 인하여 복수의 금융권(대주단)에서 대출을 수행</td></tr>
<tr><td>한 국 형
프로젝트
파이낸싱
특징</td><td>• 출자자 등에게 일정 범위 내에서 추가로 부담하도록 제한(Limites Recourse : 제한소구금융) 요청이 다반사
• 대출을 위해 금융투자자로 참여하나 출자사로서의 사업 개발사로서의 역할 보다는 원리금 회수가 주목적으로 모든 Risk가 햇지 되어야 만 출자 시행 ⇒ 출자사 SPC 자금보충(일반적으로 건설 중 자금보충에 대해서는 대부분 출자사가 인정하나 운영 중에는 불인정하는 경우가 많으며 대주에서는 상황에 따라 운영 중 자금보충도 요구)</td></tr>
</table>

3.2 프로젝트 파이낸싱과 기업 금융의 비교

"재해위험 개선 및 이주대책사업 시행지침 개발을 위한 연구용역 보고서" (2008.3, 소방방제청) 및 "부동산 프로젝트 파인낸싱 Risk 프리미엄에 관한 연구"(2018, 김병국, 박사학위 논문), "우리나라 민간투자사업의 수익률 결정요인 분석" (2008, 주재홍, 중앙대학교, 박사학위 논문), "프로제트 파이낸싱 Risk 평가모형에 관한 연구" (2009, 류근문, 건국대학원, 박사학위 논문), "프로젝트 파이낸싱이 적용된 사회간접자본시설에서의 재무적 Risk분배방안" (2004, 권혁동, 중앙대학교, 석사학위 논문)을 기본으로 저자의 경험등 포함하여 각색하도록 하겠다.

금융기관의 주요한 역할은 무엇일까? 자금공급자로부터 예금을 받고 자금을 운영하고 자금공급자에게는 예금이자를 지급하며 자금 수요자들에게는 대출을 하고 대출 이자를 받는다. 여기서 예금은 단기성 성격이 강하며 언제든지 찾아갈 수 있는 자금이 주를 이루면 자금 수요자들은 대출 후 원금 및 이자 상환 기간이 상당히 장기인 성격을 보이게 되며 예금금리와 대출 금리를 조정하여 이익을 취하여 성격이 다른 자금의 만기변환의 기능을 추진한다. 이것이 금융기관이 금융 중개 역할 중 첫 번째 역할인 만기변환의 기능이다.

하지만, 예금의 성격에 의하여 일반적으로 금융권은 일반적 대출(기업금융)형태의 단기 대출을 선호한다. 또한, 일반적 기업 및 개인 대출은 돈을 어떻게 사용할 것인지에 대한 계획 및 사용 상황에 대해서는 금융기관은 통제를 하지 않는다. 대신 은행은 대출에 대한 원리금 상황에 대한 Risk를 Hedge(리스크 절감/상쇄/보완) 하고자 한다. 이런 Risk Hedge차원에서 기업 및 개인 대출에 금융권이 요구하는 것이 담보 혹은 사업주 전체자산이 그 근거가 된다.

금융 기관이 중요한 금융 중개 역할 중 2번째가 은행과 민간, 혹은 기업 간의 거래 과정에서 획득한 정보를 바탕으로 대출 가능 신용(자사) 창출을 만들고 그를 통해 이루어지는 신용(담보) 대출이다. 신용 담보 대출 역시, 대출한 돈을 어떻게 사용할 것인지에 대한 계획 및 사용 상황에 대해서는 금융기관은 통제를 하지 않는다. 즉, 기업의 대출이란 담보나 신용이 기반이 되면 채권확보의 수단으로 차주나 보증인에게 대출 원리금 상환에 대하여 무한책임(Full-Resource : 직접적이며 최종적인 상환의 소구(Recourse)가 가능하다는 점에서 완전 소구 금융)을 지운다.

프로젝트 파이낸싱인 경우, 대출 원리금 상황에 대한 상환 소구가 이루어지지 않는 구조로 금융권 입장에서 기업금융보다 Risk가 큰 만큼 높은 수익률을 요구하며 대주단의 주관사의 경우 보증료, 주관(주선은행) 수수료 등 다양한 수수료 수입을 기대할 수 있고 금융자문기관(Financial Adviser)으로 기존 지식을 이용한 용역 수행업을 업의 본질에 추가 할 수 있다. 또한, 보유한 프로젝트 파이낸싱 프로젝트들의 자산을 지속적으로 평가 할 수 있으며 기업 정보 및 사업 정보에 대한 다양한 정보를 상세히 제공받고 이를 통해 기술적 · 경제적 타당성 검토/실사(Due Diligence; D/D)능력을 배양할 수 있다. 사업주 입장에서는 상세한 기업 정보 공유는 부담으로 작용하는 사항이다.

Table 3.2에는 각 참고 문헌 및 경험에 의한 일반 기업금융과 프로젝트 파이낸싱에 대한 차이를 비교 및 정리하였다.

Table 3.2 일반기업 금융과 프로젝트 파이낸싱 비교

구 분	일반기업금융	프로젝트 파이낸싱
주적용 사업분야	• 일반 사업부문	• SOC사업(발전소, 터널, 고속도로) 및 부동산개발 등
차주	• 당해 기업(사업주자신)	• 프로젝트 Company(SPC)
담보	• 차주의 전체자산과 신용, 금용, 기관보증, 관계기업 연대보증	• 해당 프로젝트 자신 및 미래 현금 흐름(Cash Flow)
상환재원	• 차주의 전체 재원(자산과 신용)	• 프로젝트에서 발생하는 현금흐름 및 수입, 사업출자사들이 출자금(프로젝트 관련 유·무형의 자산)
사업성 및 현금흐름검토	• 차주 또는 연대보증기업의 기업 활동에 따른 현금흐름 및 기업자체의 전반적 사업성 검토	• 수익발생근거의 객관적 검증 • 판매계약 존재 등 신뢰성 확인
자금관리	• 차주가 임의로 관리	• 대주은행의 Escrow Account 관리
상환청구권 행사	• 보증시 청구권 행사 • 소구권 해사 가능	• 사업주에 대한 청구권 배제나 제한(비소구 또는 제한된 소구)
대규모 자금조달의 용이성	• 채무지급능력에 따라 제한 • 한 개의 금융기관 단위 차입	• 소구권 제한으로 대규모 자금조달 가능(수개의 금융기관의 신디케이즈(대주단 구성) 방식
차입비용	• 통상 프라임 레이트[22] 연동	• 일반대출금리보다 높음
여산관리제한 규정적용	• 적용됨	• 부외거래로 회피 가능
사업성 검토능력	• 담보 위주의 대출로 심사능력의 중요성 저하 및 금융권 미관여	• 프로젝트 평가능력이 사업 성패의 관건, 금융권 철저한 검증
금융설계 및 금융자문	• 대주, 차주, 보증인, 담보제공자 등 비교적 단순한 구조	• 다양한 자금조달방법의 설계 및 금융자문을 제공하는 금융자문가의 경험과 노하우 필요
사후관리	• 채무불이행시 상황청구권 행사	• 엄격한 사후관리는 사업성패의 중요 요인
대출형태	• 대개 단독대출 • 단기 대출 형태 선호	• 대개 금융기관의 Syndication Loen로 대규모 자금 장기 대출 형태
이해관계자	• 금융기관, 기업, 대표이사 등 한정적	• 금융기관, 시행사, 사업주, 시공자, 운영사, 보험회사, 회계법인 등 다양 → 출자사
위험의 배분	• 차주에게 전적으로 팩임	• 프로젝트 참여자간 위험을 배분하거나 보험으로 처리
여신기간	• 프로젝트 성격 및 Life cycle에 따라 5~15년 중·장기	• 설비금융의 경우 5-7년 미만의 중기 운영자금은 1년 미만

3.3 프로젝트 파이낸스 당사자

프로젝트 파이낸스 당사자는 사업개발자(Developer)이자 사업의 투자자(Investor) 로서 사업 개발을 위한 지분(Equity)을 투자하고 사업주(Sponsors)로서 개발에 대한 책임을 갖고 사업을 진행하며 실패 할 경우 투자한 지분에 대한 실패 비용을 감당해야 한다. 프로젝트 생애 동안에 초기 개발 역무를 수행하며 사업이 성공 시 투입한 자본 대비 많은 수익을 갖게 되나 개발 실패 시에 투자금에 대한 매몰 비용[23](Sunk Cost/ Retrospective Cost)을 감당하면서 사업을 추진하게 된다.

앞에서 언급한 것과 같이 개발사업의 성공 가능성이 낮을 경우에는 일부 역무를 수행하는 집단은 그 분야의 최고의 집단이어야 Risk를 최소화할 수 있다. 이러한 집단의 특성은 신용도와 관계가 깊다. 왜냐하면 출자사들의 신용도에 따라 금리가 낮아지기 때문이다. 즉, 최고의 전문가 집단들이 모여야 사업이 순조롭게 진행이 가능하므로 당연히 신용도가 높아서 금리가 낮아질 수밖에 없다. 또한, 착공 직전까지 사업 개발비용이 1,000억원이라면 한 개 회사가 사업을 진행한다고 하며 1,000억원의 매몰 비용을 생각하면 1개 사업을 진행하여야 하지만, 만일 5개 회사가 공동 개발한다면 평균 200억원을 투자하여 해당 사업을 개발할 수 있고 또는 1,000억원이라는 개발비로 5개 사업을 진행할 수 있다는 의미이다. 결국, 개발사업은 투자하는 회사의 부담이 낮을수록 사업을 진행할 확률이 높아지게 된다. 결국, 개발사업은 확률의 게임이다.

---

22) 프라임레이트 : 신용이 높은 기업이 대출 할 때 적용하는 우대금리를 말한다.

23) 다시 되돌릴 수 없는 비용. 즉 의사결정을 하고 실행을 한 이후에 발생하는 비용 중 회수할 수 없는 비용을 말하며 함몰비용이라고도 한다. 일단 지출하고 나면 회수할 수 없는 기업의 광고비용이나 R&D 비용 등이 이에 속한다. [네이버 지식백과] 매몰비용 [Sunk Cost] (시사경제용어사전, 2017. 11., 기획재정부)
- 사업에서 매몰 비용이란 사업을 추진하면서 기획 및 설계를 진행하면서 총 투자비용으로 민원 및 인허가를 진행하면서 투자한 비용 및 각 출자사들이 투자 인력에 대한 인건비 및 경비까지를 의미 한다.

이에 따라 SPC 출자사들의 성격으로 구분하면 다음과 같다. 전문 개발사로 사업 초기부터 참여하여 인허가 취득 후 SPC를 매각하여 수익을 창출하는 BM(Business Model)을 갖고 있는 회사나 혹은 사업 운영 끝까지 책임지고 운영 수익을 통한 수익을 창출하는 회사, EPC[24] 역무에 대한 수의 계약을 목적으로 참여하여 설계, 조달, 시공 등 EI(Engineering Investor), CI(construction Investor), PI(Procurement Investor)등으로 구분할 수 있으며 설계, 조달, 시공 조합 위의 I는 투자자(Investor)를 의미한다. 이 외에 주기기 납품(풍력의 경우 터빈사) 또는 각종 기술용역 (OE(Ower's Engineering), CM(Construction Management), MWS(Marine Warranty Surveyor) 등)을 수행하기 위하여 전략적으로 사업을 참여하기도 한다.

OI(Operation Investor)는 O&M(Operation & Maintenance ; 운영관리, 유지보수) 업무를 수행하기 위한 SPC 출자자이며 위와 같이 각 투자자들이 사업에 배당이익만을 보지 않고 본연에 역무를 수행하기 위해 전력 적으로 투자하는 투자자들을 전략적 투자자(SI; Strategic Investor)라고 하며, 초기 사업부터 높은 Risk를 감수하면서 사업을 추진하게 된다.

FI(Finance Investor)는 재무적 투자자로써 대출을 통해 이자 및 배당 수익을 확보하기 위하여 들어온 금융 기관을 재무적 투자자라고 한다. 이런 이해 관계없이 배당 수익을 보고 사업개발에 참여한 투자자로써 SPC 지분에 참여할 수도 있고 SPC에 Loan 형태로 대출로써 참여할 수도 있다.

일반적으로 해외의 경우 FI 투자자들은 사업 참여시 출자를 통해 SPC 지분 확보 하여 개발 Risk를 SI와 같이 분담하면서 개발하지만 국내 한

---

24) 설계(Engineering), 조달(Procurement), 시공(Construction) 등의 영문 첫 글자를 딴 말이다. 대형 건설 프로젝트나 인프라사업 계약을 따낸 사업자가 설계와 부품·소재 조달, 공사를 원스톱으로 제공하는 형태의 사업을 뜻한다. 일괄수주를 의미하는 턴키(Turn-Key)와 비슷한 개념이다. [네이버 지식백과] (한경 경제용어사전)

국형 PF의 경우는 FI들은 Risk가 큰 인허가와 민원이 완료되어야만 SPC에 자금을 투입한다. SI 투자자들의 비용이 모두 소진된 이후 투입이 되면 SPC 운영에 큰 영향을 행사하지 않으며 자신들의 투자 수익률을 명시한다는 점이 특이한 사항(한국형 PF의 특징[25])이다. 이것은 아직 FI들 경험이 부족하기 때문에 생겨난 특징이라고 생각된다. 최근 개발 Risk가 상대적으로 낮은 사업인 경우 FI 투자자들은 초기 개발부터 적극적으로 개입하고 있는 것으로 볼 때 국내도 점점 해외 FI 투자자들처럼 가고 있는 것으로 보인다.

국내의 경우 육/해상풍력에 대한 경험 부족뿐만 아니라 국내 금융권은 선진 해외사에 비해 안정적인 대출 관행, 특히 기존 부동산 파이낸싱(EPC社의 100% 분양 보장 시행) 영향 및 제한된 금융회사들간 거래에 익숙해 있고 해외 육/해상 사업 참여지 해외 금융권에서 금융주선사[26] 역할을 수행하는 사업에 수동적으로 참여하다 보니, Technical 및 Legal Due Diligence가 상당히 약하며 조율과 협상을 직접 해본 경험이 없어서 안정적인 대출을 선호할 수밖에 없는 실정이다.

해외 선진 금융권에서는 내부 엔지니어를 채용하여 사업 초기부터 직접 개입하여 풍황자원 검토, Technical Due Dilligence 등을 직접 수행함으로써 사업에 대한 이해와 진행 방향에 대해 직접 판단하고 개입할 수 있고, 사업 개발 기간 동안 설계 및 시공공법 검토, O&M 역무들과 역무들의 위험 분배와 그에 따른 위험의 종류에 따른 손실액 산정, 손실

25) 주식으로 비유하자면 보통주로 출자하는 것이 아닌 우선주로만 출자, 국내 프로젝트들은 일부 FI 주식을 보통주로 참여하고 모든 Risk(인허가, 민원, 경제성)가 햇지 된 후 FI 출자금을 납입하고, 보통주 권리로 SPC 의사결정에 참여함

26) 사업성, 기술, 회계, 법률등 DD를 수행하고 위험분석 및 실사에 근거한 구체적인 금융조선 제시 및 금융주선(Syndication)을 완료, 금융주선사는 대리은행을 겸하며 PF의 실행을 위한 사후관리, 대출금 인출, 차주의 각종 준수사항 이행 여부 확인, 원리금 상환, SPC계좌 계정(Escrow account)관리 등을 수행하며 Agent Fee를 지급받음

발생빈도, 그에 따른 적정 조율에 대한 역할을 수행하고 있지만 국내 금융권은 거의 없는 실정이다.

단지 금융권 입장에서 원리금 상환조건에만 집중되어 있고 FI라는 출자사 입장에서 공동개발이라는 개념은 없었다. 국내 금융권도 해외 선진 금융권과 같이 많은 엔지니어 채용 및 경험 축적이 필요하며, 이로 인해 금융 자문과 주선을 경험을 통해 주도적으로 사업을 주진 할 수 있는 역량이 쌓이길 바란다. 한편으로는 과감하게 국제 금융 개방을 통하여 경쟁을 만들어 국내 금융권에 경각심을 주고 도전적이고 진취적이지 못한 금융회사들은 자연히 퇴출되는 구조조정도 필요할 것으로 보인다.

2장에서 언급하였듯이 재정사업에서 PF 사업으로 사업 형태가 변경되고 IPP 사업으로 갈수록 사업의 모든 Risk는 지자체 정부에서 사업자에게 이양이 되어 가고 있다. 현재는 어디로 가야 할지 모르는 불확실성이 확대되어가는 시대이다. 미래는 더욱 불확실성이 확대되고 사회를 주도하는 기존의 모든 정의 들이 바뀌어 가게 되며 지금은 당연하지만 미래에는 기존 판단이 당연하지 않는 상황이 될 수 있다.

사업에 있어서 발주처이었던 지자체나 공기업들이 IPP 사업이 활성화되는 시대에는 경쟁자이거나 동업자가 될 것으로 판단한다. IPP 사업의 발주처는 SPC이며 재정 시대에서 IPP 시대로의 변천 과정에서 과거 발주처인 지자체와 공기업에서 발주하던 설계사, 감리사 등등의 기술자문 용역사, O&M사, EPC사들 중 Risk를 감내하며 프로젝트를 발굴하고 PF 단계까지 진행하게 되면 이들이 발주처가 되는 사회로의 변화를 맞게 될 것이다.

초기 사업 형태에서는 모든 Risk는 발주처에 있었으며 많은 Risk를 민간에 이양되어 가기에 Risk의 종류에 따라 그 Risk를 잘 관리할 수 있거나 최소화할 수 있는 업체에 책임을 전가하게 되면 그에 대한 공정한 배상이 이루어져야 한다. 즉, 사업의 Risk는 위기이기도 하지만 기회이며 프로젝트 관련 주체들과 리스크의 할당과 책임의 분배를 적정하게 배분할지 보험이나 금융기법 등으로 변동을 분배할지 단순히 EPC사나 O&M사에 모든 Risk를 전가하여 그에 대한 타당한 배상을 주는 것이 나은지 아니면 일부 Risk는 발주처가 책임을 지면서 보험 혹은 금융상 구조로 그 Risk의 최소화 혹은 손실의 완화를 하는 것이 나은지에 대한 많은 고민이 있어야 한다.

PF 사업에서 금융약정 체결을 완료했다는 것은 개발이 끝났다는 것을 의미하며, 그 이후부터는 여러 리스크에 중요성이 변화하게 되고, 개발 리스크에서 건설리스크로 좀 더 구체적이고 기술적인 리스크 관리가 중요하게 된다. 따라서, 어느 정도의 리스크가 현실적으로 감당이 가능한지 누가 각 리스크 관리에 최적인지 등을 각 프로젝트 단계별로 고민해 봐야 한다.

3.4 프로젝트 위험의 개념 및 종류

대부분 프로젝트의 위험의 개념 및 종류를 찾아본다면 대부분 금융권의 입장에서 바라본 입장들이 많이 있다. 이에 실제 프로젝트를 경험한 내용을 바탕으로 하여 투자자 및 인허가 민원 등에 대한 내용을 추가하려 한다.

[인허가와 민원의 위험]

프로젝트의 인허가 및 개발 기간을 예상하고 계획할 때에는 선행 프로젝트의 진행 현황 기간, 협상 내용을 바탕으로 계획하여야 한다. 또한, 인허가 전문 용역 수행기관이 진행하지만 이에 대한 최종 결정은 사업주(개발사)가 해야 한다. 이에 대한 관리 및 의사결정에 따라 인허가 기간 및 이에 대한 인허가 부대조건이 상당히 달라질 수 있다. 이는 결국 CAPEX나 OPEX의 비용과 개발 기간의 절감과 증가로 나타난다.

인허가와 민원은 상당히 어렵고 정답이 없는 위험으로 이에 대한 Risk의 정의는 아직 발생하지 않았지만, 발생을 하게 되면 일정, 비용 관리에 상당한 변화를 일으키며 풍력 사업과 같은 IPP 사업에서의 인허가와 민원은 상당히 큰 Risk라 할 수 있고 서로 상당한 영향을 주고 있다.

인허가 문제가 발생하게 되면 사업 추진에 상당히 부정적인 영향을 미치거나 사업 자체가 진행이 어렵게 만드는 영역이다. 따라서, 인허가 추진 전에 본 법률이 왜 제정되었고 어떤 변천 과정을 거쳤으며 과거 유사 프로젝트에서 어떤 결과를 받았는지에 대한 정리와 정보 수집은 쉽지는 않지만, 반드시 하여야 하며 경험과 데이터가 경쟁력이다. 이에 대한 Risk(위험) 발생 시 프로젝트 전체에 미치는 영향에 대한 분석과 대안 및 대응 방안을 검토하고 변화 관리를 수행하여야 한다.

저자의 경험 공유하면, 어느 나라든지 민원은 존재하고 민원인들은 개별 보상에 대해 기대하는 수준이 각기 다르고 각자 수준에 맞는 개별 보상 방향으로 가게 된다면 오래 걸리고 더 큰 문제를 만들 수 있다. 따라서, 민원 해결에 대해서는 투자자는 개별 보상을 피하고 민원을 대응할 때에는 대표 협회 기관을 선정하고 진행하여야 하며 사업 유치를 유도하여 진행하는 것이 바람직하다. 이때, 민원인들과의 많은 접촉과 상호 간의 존중과 이해가 중요하다. 단기적 보상과 중장기적 보상에 대한 적절한 분배와 계획은 필수이며 금액적 해결보다는 그 금액으로 마을의 지속 가능한 사업으로 마을의 발전을 모색할 수 있는 방안에 대한 많은 연구로 민원인들의 민심을 잡는 것이 중요하다.

[프로젝트의 위험]

대부분의 교제에서 언급되는 금융관점에서의 Risk에 대해 이야기를 진행해 보겠다. 일단 흔히 언급되는 Risk(위험, Risk)의 정의들을 열거 해 보겠다.

- "주주가치에 감소를 초래하난 모든 사건들" (Any occurrence that leads to a reduction in shareholder value)[27]
- "조직의 전략적, 업무적, 또는 재무적 목표를 달성하는데 영향을 줄 수 있는 불확실한 미래의 사건들" (Uncertain future events which could influence the achievement of the organization's strategic, operational and financial objectives)[28]
- "목표달성에 영향을 주는 사건 발생의 불확실성" (Risk is the uncertainty of an event occurring that could have an impact on the achievement of objectives.)
- Risk는 장래 예상하지 못한 손실을 발생시킬 수 있는 불확실성(Uncertainty)의 정도를 의미
- 기업에 경제적 손실(Economic Loss)을 미칠 수 있는 바람직하지 않은 사건과 그러한 사건의 발생에 관한 불확실성(Uncertainty)이 내포되어 있음
- 수학적으로 Risk는 특정 사건의 결과가 확률적 기대값(Expected Value)에서 벗어나는 정도, 즉 기대값과 실제 결과의 가변성(Variability)으로 측정
- 통상적으로 Risk는 미래의 불확실성으로 인하여 발생할 수 있는 불리한 영향(Adverse Impact)으로 정의
- 투자자산이 불확실성에 노출됨에 따라 발생할 수 있는 위험의 크기를 말하며, 각종 위험요인별로 그 위험의 크기를 측정하고 대응 방안 수립에 의한 관리가 가능하다는 점[29]

---

27) GARP(Generally Accepted Risk Principles; PricewaterhousCoopers)
28) Enhancing Shareholder Wealth by Better Managing Business Risk : IFAC
29) 재해위험 개선 및 이주대책사업 시행지침 개발을 위한 연구용역 보고서

Risk는 좋고 나쁨을 평가할 수 없고 다만 Risk 성향(Risk Appetite)에 따라 좋거나 싫은 정도를 평가하는 대상임

Risk는 기대(Expectation)와 달라질 가능성을 의미하므로 미래 결과가 예측보다 좋아지거나 나빠질 두 가지 가능성을 모두 포함

Risk를 부담하는 대가로서 기대수익의 증가라는 보상을 받게 됨

투자자 및 금융 관점의 Risk 정의와 인허가와 민원에 대한 Risk 정의를 따로 구분한 것은 인허가와 민원의 Risk 발생은 개발 기간 장기와 민원 보상비 증가 및 최악의 경우 사업 진행 자체가 안 될 수 있는 부정적인 요소들만 있고 예측 또는 계획보다 좋아지는 일은 없다는 점이다.

투자자 및 금융의 관점의 Risk는 미래 결과가 예측보다 좋아지거나 나빠질 두 가지 가능성을 모두 포함하지만 나빠진다는 가정하에 보수적으로 예측하며 이런 Risk를 부담하는 주체가 Risk를 부담하는 대가로서 기대수익의 증가(지출 증가 : EPC 금액/O&M 금액의 증가 또는 수입 감소 원자재 구매비용(풍력의 경우 전력구매단가))를 시켜야 하지만 Risk의 정도와 그에 따른 수익비용에 대한 협의는 사업 자체의 수익성과 함께 각 출자사들의 동의를 구하기는 쉽지 않은 것이 현실적 문제이다.

“재해위험 개선 및 이주대책사업 시행지침 개발을 위한 연구용역 보고서” (2008.3, 소방방재청)의 위험관리기법을 기본으로 “프로제트 파이낸싱 Risk 평가모형에 관한 연구” (2009, 류근문, 건국대학원, 박사학위 논문), “프로젝트 파이낸싱이 적용된 사회간접자본시설에서의 재무적 Risk 분배방안” (2004, 권혁동, 중앙대학교, 석사학위 논문), 부동산 프로젝트 파인낸싱 Risk 프리미엄에 관한 연구”(2018, 김병국, 박사학위 논문)를 참조하고 기본으로 저자의 경험 등 포함하여 각색하도록 하겠다.

대부분의 책에서는 위험은 손실과 피해를 의미하며, 사람의 인식과 사고에 의한 주관적인 판단이 개입되는 개념이다. 위험은 좁은 의미에서는 불확실한 상황 및 사건이라고 정의하며 광범위한 의미에서는 불확실성(Uncertainty) 측면에서 예측 불가능 한 상황의 긍정적, 혹은 부정적 결과인 위험(Risk)와 기회(Opportunity)를 모두 포함하는 것으로 정의하고 있지만 본 책에서는 부정적 및 긍정적 요인이 있는 위험과 발생 시 부정적 요인만 있는 위험[인허가와 민원의 위험]으로 분류하였다.

위험(Risk)의 평가의 주요 요소에 대하여 분류해 보겠다. 리스크는 다양한 방식으로 정의되고 있으나 한가지 정의로 표현하기는 어렵다. 리스크는 각각의 결과에 대한 독립된 확률 분포로 일어날 확률과 발생 시 영향으로 고려하여야 한다.

- 익스포져(Exposure; 최대손실액[30]) : 총 익스포져, 순 익스포져, 잠재 익스포져로 구분하여 판단
- 변동성 : 일반적으로 변동성이 클수록 Risk가 큼
- 확률(Probability) : 발생확률이 높을수록 Risk량은 큼(빈도)
- 영향도(Severity) : 사건 발생 시 Risk량의 크기(강도)

해상풍력 발전 단지 운영 중 중고장이 발생하였다고 하여 터빈을 교체하여야 한다면 순 익스포져는 터빈 교체를 위한 선박, 터빈 제작 및 설치 비용이며 이런 일은 이러나면 안되는 사건이며 일어날 확률은 상당히 작아야 정상적, 하지만 발생시 상당한 비용부담의 이슈와 재설치 까지 상업운전 정지에 따른 각종 비용등을 고려(총 익스포져) 할 시 SPC 파산까지 고려하여야 하는 중대 사고임

30) 위험에 노출되어 있는 전체 규모를 말하며 그 자체가 위험은 아니다. 만일 투자 규모가 100이라면 Exposure가 100이지만 위험은 100이 아니다. 즉, 100에 대해서 각종 위험은 그 요인에 따라 측정할 수 있는데 환율변동이 10%라면 환율변동에 따른 위험의 크기는 10이라고 할 수 있다. 그러나 Exposure 자체가 위험의 근원이 되기 때문에 몰수 등 위험의 최대범위는 Exposure와 동일하다.

- 시간범위(Time Horizon) : 익스포저의 만기가 길수록 Risk는 큼, 만약 1년 내에 준공이 가능하다 판단하여 SPC를 설립하여 운영하였지만 민원가 인허가의 지연으로 1년을 더 운영하였다면 SPC 운영 비용은 투자비로 부정적인 영향을 끼치게 되며 전력판매단가(SPM+가중치 REC)의 변화가 나타남, 즉, 단기적으로 사업이 진행이 되고 상업운전이 진행될수록 영향이 작음
- 불확실성(Uncertainty) : 위험의 발생 원인이 되나 위험의 자체는 아니며 현재 결정할 수 없는 요인 확정을 할 수 없는 요인이며 변동이 있을 수 있음을 불확실성이라고 함, 긍정적, 혹은 부정적 결과인 위험(Risk)와 기회(Opportunity)를 모두 포함하는 것으로 이런 변동성을 확정해 주는 대상 주체는 이에 대한 보상을 받게 됨

[풍력발전 사업의 SPC 수입변동에 Risk 부담에 따른 기회]

☞ Risk를 부담하는 대가로서 기대수익의 증가라는 보상

풍력발전의 매출은 바람에 의한 풍력 발전기에서 생산된 전력량과 전력구매자와 체결된 PPA(Power Purchase Agreement) 금액에 따라 결정되며, PPA 계약 시 무조건인수지급(Take Or Pay : 공급하는 전력을 인수하든지 아니면 무조건 전력요금을 지급하든지 하는 방식) 방식에 따라 매출을 확정하여 SPC에 수입 변동의 위험을 경감해 주지만, 최근 신재생발전원들이 많이 생김으로써 일부 지역에서 전력망 안정을 위해 송전 제한을 실시하고 있는 사례가 생겨나고 있고 이때는 생산된 전기가 우선구매에서 제외되게 되어 100% 판매 보장이 이루어지지 않고 있다.

국내인 경우 제주도에만 국한되어 있던 그리드망에 의한 출력제한이 2021년 4월 부터 신안 지역에서 태양광 출력이 제한되고 있다. 주요한

이유는 섬에 건설된 태양광 대단지에서 생산된 전력을 내륙으로 송전하는 과정에서 발전량이 허용 용량을 초과하여 출력 제한이 시행되고 있으며 전라남도 지역에서도 여러 곳이 송전 제한이 시행 되고 있으며 점점 심화 될 것으로 예상되고 있다. 전기사업법에 의해 전량 우선구매 대상이지만 현실적인 문제인 출력제한 시 사업자들에게 이에 대응하는 보상이 이루어지거나 이에 대한 정확한 예측 량이 확정되어야 매출에 대한 변동 Risk를 계량화하여 예측하고 PF 사업이 진행되는데 아직 구체적인 규정 및 보상 방안은 없는 실정이다.

또한, IPP 사업은 모든 Risk를 민간에 전가시키기에 해외의 경우 사업 초기에 SPC는 전력 판매 단가를 확정하고 사업을 개발하여 갈 수 있으나 국내의 경우 과거에는 SPC 설립 단계에 예측 및 계약이 가능하나 현재는 제도의 변경으로 예측이 매우 어렵고 전력 판매 단가 역시 상당히 큰 폭으로 변동하고 있다.

풍력 발전 사업의 수입에 대한 위험 중 하나인 바람에 대한 예측과 이에 대한 전력 생산량에 대한 Risk는 과거 풍력 발전 사업이 시작된 초기보다 많은 부분이 세팅되어 풍황 자원 검토에 대한 Risk를 받아들이기 시작했다.

풍황 자원 조사는 사업이 진행될 부지에 한 개 이상의 풍황 자원 조사 장비를 설치하여 단기 풍황을 관측하고 주변의 장기 풍황으로부터 사이트에 과거에 있었을 것으로 예측되는 장기 풍황데이터를 예측하여 전력 생산량을 구한다. 풍속에 대해 보증을 할 수 없기에 금융권에서는 초과 확률이라는 개념을 이용하여 불확실성을 평가하여 P75라는 기준을 정상 상태로 판단하여 전력생산량을 평가한다. 실질적으로 20년 평균으로 보면 평균값인 P50과 유사한 전력생산량이 나오지만 변동과 불확실성 등에 대한 Risk를 SPC가 부담하기에 추후에 전력 생산이 늘어나면서 대가는 배당금의 형태로 각 출자사의 이익으로 돌아간다. P75는 확률적으로 운영 중 임의의 1년에 대한 전력생산량에 대해 75% 이상 높을 확률에 대한 전력생산량을 의미하며 풍력발전단지 20년을 기준으로 확률적으로 실현된다면 15년은 P75보다 높은 전력생산량을 기대 할 수 있지만 반대로 5년은 P75보다 낮을 전력생산량이 산출된다.

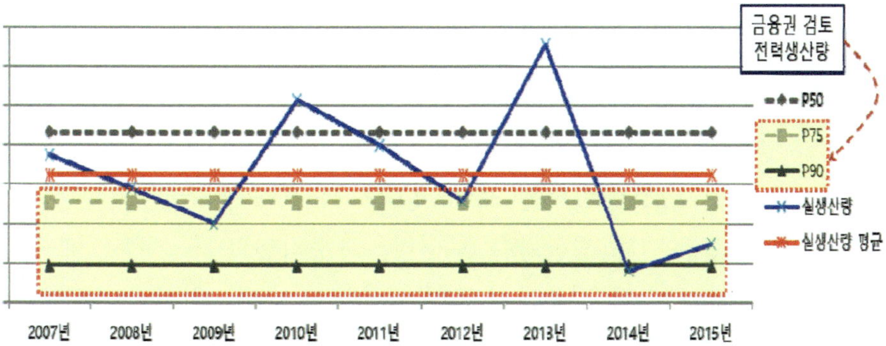

Fig 3.2
금융권의 전력생산량 변동 Risk SPC 전가에 따른 SPC의 리스크 프리미엄

Fig. 3.2은 실제 운영 중인 단지의 전력생산량이기에 세로축의 전력생산량 부분을 삭제하였다. 단지 용량을 30MW급으로 가정하여 전력생산량을 변경하면 아래 Table 3.3과 같다. 이 가상의 단지의 평균(P50) 전력생산량 예측치는 72.1 GWh/year이다. 이 단지는 2007년부터 상업 운전을 시행했다고 가정하자. 참고로 2014년도는 AWS 관측 데이터 기준으로 과거 30년 중 년 평균 풍속이 제일 낮았던 해였다.

년 도	2007년	2008년	2009년	2010년	2011년	2012년	2013년
전력생산량 (GWh/year)	70.3	67.9	65.2	74.5	71.2	67.0	79.4
년 도	2014년	2015년	운영 중 단지평균		예측치		
					P50	P75	P90
전력생산량 (GWh/year)	61.5	63.6	69.0		72.1	67.0	61.8

67 GWh/year 〈 69 GWh/year 〈 72.1 GWh/year
보수적 전력 생산량 예측치(P75) 〈 실제 평균 전력 생산량 〈 평균 전력 생산량 예측치(P50)

Table 3.3
전력생산량 예측 및 실 생산량 비교 (30MW가정)

금융권 입장으로 데이터를 보면 평균으로 본다면 9년 중 단 3년만이 예상치보다 높은 전력생산량을 보인다. 보수적인 P75 기준으로 본다면 9년 중 5년이 보수적 기준보다 전력생산량이 낮다. 원리금 상환에 P75의 기준으로 한다면 여러 금융권이 변동에 대한 안전장치로 원리금 상환에 문제가 없지만 P50 기준이며 타인자본 비율이 높다면 운영 중에 원리금 상환에 상당한 문제가 발생할 것이다. 금융권의 안전장치에 대해서는 5장에서 언급하도록 하겠다.

개발자(SPC 출자사)입장에서 데이터를 보면 금융권의 안전장치인 상업 운전 후 5년간 배당금지 조치로 인해 2011년에 최초로 투자금과 기대 수익에 대한 배당이 실시 될 것이고 P75의 기준으로는 높고 P50 보다는 조금 낮은 회수를 이루어 내었을 것이다. 2012년에는 대주단 원리금 상환 잔액 정도에 따라 배당이 어렵거나 혹은 약간이 배당이 일어났을 것이다. 2013년에는 상당한 배당이 실현되었을 것이고 2014년도와 2015년도에는 배당은 어려운 수준이었을 것이나 8년 9년이 경과하여 타인자본 비율을 상당 부분 상환하였을 상태여서 원리금 상환에는 문제가 없었을 것이다. 전체적으로 단지의 잔존가치를 평가하였을 경우 P75

이상의 기대 수익일 얻을 수 있으나 투자금과 기대 수익은 일정하지 않다. 이것이 개발자(SPC 출자사)가 변동성 Risk를 가지고 가면서 발행하게 되는 기회비용이다. 2014년도는 AWS(Automatic Weather Station; 자동기상관측장비) 관측 데이터 기준으로 과거 30년 중 년 평균 풍속이 제일 낮았던 것을 비교해도 실 운전 중 전력생산량은 보수적 전력생산량 예측 P75보다는 평균이 P50에 가깝다.

이에 대한 이론적 내용은 "풍력발전단지 개발을 위한 풍황 자원 조사"(2021.01, 고정우, 이병걸, 허종철, 문운당)의 9장 풍황 자원 분석의 불확도 평가와 저감 방안을 참조하기 바란다.

앞에서 언급하였듯이 금융권 특성상 불확실한 상황을 상당히 싫어한다. 금융권은 적금은 언제든지 해지를 할 수 있고 단기성 자본의 저축이 대부분을 이루며 예금금리와 대출 금리의 조정으로 만기 변환을 이루지만 금리의 변동을 고려할 때 기간이 짧은 대출은 선호하며 자금 공급자들의 자금을 안전하게 보관하는 보험성 기능이 가장 중요하다. 실무에서 가장 많이 경험하게 되는 것이 금융권이 전력 생산량을 너무 보수적이라는 점이다. 그러나 금융권의 입장은 보수적일 수밖에 없다. 만일 금융권이 보수적이지 않고 사업이 매몰이 된다면 자금 공급자의 피해에 의한 사회 문제는 더 클 수 있기 때문이다. 단, 금융권의 변동 및 Risk를 싫어하기에 그 기회는 Risk를 책임지는 출자사의 배당으로 돌아오는 것이다. Risk를 기회로 생각한다면 타인자본 수익 비율(평균 대출 금리)와 P-IRR 수익률이 차이가 많으면 많을수록 사업의 신뢰도는 높아지면서 신용상승으로 대출 금리는 떨어지게 되며 레버리지 효과로 개발자(SPC 출자사)는 불규칙한 상환이지만 상당한 경제적 이득을 취하게 된다.

[건설 중 비용 증가에 대한 위험 및 대응]

건설 기간 중 가장 큰 Risk는 공사비용이 초과되는 비용 초과 위험(Construction Cost Overrun Risk), 두 번째로 준공 지연으로 인한 완공 지연 위험(Delayed Completion Risk)으로 완공이 지연되면 상업 운전 개시일의 변경되는 위험이다.

PF시 상업운전 개시일을 기준으로 수익이 발생하고 이에 따른 원리금 상황계획이 잡혀 있으며 공사비용 초과의 경우 SPC의 계획 예상외의 추가 대출 진행은 상당히 어렵다. 마지막으로 주기기의 성능미달위험(Under Performance Risk)이 있다.

일반적으로 PF 사업은 대주단의 원리금 상환 조건 파악을 위해 수입의 확정 및 지출의 확정을 요구하기에 지출에 주요한 항목인 공사비 및 운영비의 확정을 요구한다. 공사비의 확정 및 공기의 확정을 위해서 일반적으로 적용되는 계약 형태는 일괄수주방식(Turn–Key Basis)을 채택한다. 이는 발주처에서 요구하는 최소 품질과 완공 일정 등에 대해 EPC社의 자율을 존중하며 대신 발주처는 계약된 금액과 준공일자에 상업 운전을 개시하는 조건으로 기본설계 및 실시설계 등에 대한 자율을 EPC社에 주었기 때문에 적용한 공법, 설계 물량 변동에 대한 Risk를 EPC社가 가지고 간다. 자율에는 책임이 따른다는 기본원리이다. 이에 따른 EPC Turn–Key 계약의 기본은 비용과 준공일의 변경이 없는 Fixed Contract Price와 Fixed Completion Date 형태이다.

하지만 인지하지 못한 인허가 사항, 사업성 민원(건설이 진행되었다고 모든 민원은 건설성 민원이 아니며 시공 중에서 사업성 민원은 발생할 수 있고 이는 발주처의 책임) 및 불가항력 등에 의한 비용 증가가 발생할 수 있다.

기본적으로 PF사업은 Fixed Contract Price와 Fixed Completion Date 형태의 EPC Turn–Key 계약을 기본으로 판단하되 EPC社에서 Risk를 감당하는 대신 그에 대한 보상으로 마진이 증대 된다. 리스크를 발굴하고 그

리스크의 발생빈도 및 발생시 금전적 영향을 확인하여 SPC, 보험, 금융기법등으로 수용, 전가, 통제, 회피가 가능하지를 비교하면서 판단하여야 한다. 여기서 금융기법이라 예비비를 말한다.

재무모델상 총사업비가 5,000억원 이고 예비비를 500억을 책정하였다면 재무모델상 공사 기간 중 예비비 비용은 균등하게 소진된다고 가정한다. 사업성 민원 등 각종 공사 중 발주처의 Risk 보유에 의한 발생할 비용 정도가 500억 미만이면 금융 약정 체결은 문제가 되지 않는다. 이에 예비비를 무한정 확대하게 되면 그에 따른 대출 비중의 증가와 건설 중 이자 비용이 같이 증가하고 금융권이 요구하는 자기자본 비율로 인해 출자금이 증대되는 문제가 발생하기에 이에 대한 적절한 Risk의 분배 및 보상을 고려해야 한다. 출자금액을 줄이고 총사업비를 줄이는 방법으로는 제한된 출자사의 추가 출자로 문제를 해결할 수도 있다.

EPC는 완공이행보장 계약을 통해 사업주가 단순한 시설의 완공뿐만 아니라, 시운전 기간을 포함하여 생산이 정상적으로 이루어지고 현금흐름의 창출이 가능하도록 완공평가의 기준을 충족시키기 위한 계약을 체결하며 상황에 따라 준공 지연에 대한 보상 및 정상적인 생산 일정 지연에 따른 보상도 포함된다. 공사비의 확정 및 공기의 확정 및 완공이행보장 등의 Risk 발생 시 이를 감당할 수 있고 동일 혹은 유사한 건설공사를 수행한 경험이 있는 최상위 건설사들만이 참여 주체 또는 주관을 하게 된다.

[운영 중 비용 증가에 대한 위험 및 대응]

운영단계에서는 출자사의 추가 출자, 제한 출자 등은 어렵다고 보아야 한다. Risk는 제거할 수 없기에 누군가 그 Risk를 감당한다면 그에 따른 이익을 보상해 주어야 한다. 운영계단에서는 결국 SPC와 O&M社의

Risk 분담과 역무 분담으로 결론이 난다. 결과적으로, 페이퍼 컴퍼니인 SPC에서 직접 운영하는 것보다는 EPC 계약과 같이 신뢰할 수 있는 회사를 통해 대주단의 원리금 상환 기간까지 모든 Risk에 대한 책임과 금액의 확정을 요구한다. 하지만 법에 의하여 사업자인 발주처에서 직접 수행하거나 인력 채용의 의무가 있는 업무들도 있으며 이에 따라 필요 인력의 최소화 운영으로 SPC를 유지하고 대부분의 Risk는 O&M社로 전가되게 된다.

O&M 단계에서 EPC Turn-Key 계약과 유사한 유기보수 계약 형태를 장기 유지 보수 계약(LTSA, Long Term Service Agreement) 혹은 FSA(Full Service Agreement)라고 한다.

운영 단계에서는 SPC와 O&M社를 구별하지 말고 최초로 필요한 역무를 명확히 조사하는 것이 중요하다. 그 다음 그 역무의 상세 내용의 이해, 경상, 계획, 비계획 여부 및 운영 기간 동안 년간 시행 횟수에 대한 조사가 중요하다. 각각의 역무에 대해 Risk와 발생 확률 및 부정적 영향의 일어났을 때의 비용을 비교해 본다.

SPC에서 법적 필수로 수행하여야 할 최소 역무를 확정한 이후 역무 중 Risk 발생 확률과 총 손실액이 크지 않고 기술적 난이도 높지 않는다면 운영비용과 관리 편리성을 고려하여 대주단에게 SPC가 운영 단계에서 수행하는 역무를 설득하고 대주단 동의하에 SPC에서 운영에 관련한 역무를 수행하는 것이 운영비용 절감을 위한 좋은 방법 중 하나이다.

운영 단계의 O&M社는 관련 시설물에 대한 동일 혹은 유사 관리 경험이 있으며 설비공급자 및 기술자문사로부터의 교육 및 훈련이 유지되고 있고 숙련된 노동자와 운영자의 유지 여부 및 이행보증 및 지체 보상 조건을 감당할 수 있는지 여부가 중요한 결정 사항이다.

국내 해상풍력 사업인 경우, 해상풍력이 초기 단계이고 건설과 운영에 대한 충분한 인프라가 조성되어 있지 않은 상황에서 O&M 단계에서 발생할 수 있는 Risk와 그에 따른 손실 추정 금액 산출이 어려운 부분이 있고 장비 수배 가능성 및 관련 인프라 미보유에 따른 수리 기간 산출이 불가능한 부분 등이 있다. 결국, 운영단의 Risk는 발주처인 SPC 혹은 O&M社에서 Risk 를 가져가야 하는데 산출이 불가능한 부분을 O&M社의 역무로 한다면 그 Risk 프리미엄을 어떻게 해야 할 것인가는 고민해야 될 문제이다.

〈총 손실액 산정 불가 사항〉

해상풍력 O&M 계약을 진행하다 보면 육상 풍력에서는 전혀 고려하지 않아도 되는 많은 부분에 대해 고민해야 하는 것이 있고 그중 한 부분이 중대 고장 발생 시 중장비 확보 문제이다. 육상 풍력인 경우 터빈 제조사에 중대 고장을 포함한 모든 유지보수 역무를 계약에 포함하여 O&M 계약을 체결하면 되지만 해상풍력인 경우 터빈 제조사가 중대 고장 발생 시 수리를 위한 중장비 확보에 대한 부분을 포함시키려 하지 않을 수도 있다. 상업 운전 중 중대 고장이 발생하였을 경우 수리를 위해 해상풍력 전용 설치선이 필요할 경우 우리나라와 같이 아직 해상풍력 산업이 초기인 시장 현재 시장 상황에서 대형 터빈을 유지 보수하기 위한 전용 설치 선박이 국내 존재하지 않고 해외에서 임대해서 가지고 올 경우 임차 가능 시점, 임차 가격, 임차 가능성 등이 불확실한 상황에서 O&M社 특히 터빈 유지보수 업체에서 이 리스크에 대한 Exposure(총 손실액) 산정이 불가하다는 점이다.

하지만, 사업을 추진하려면 어떻게든 리스크 총 손실에 대한 검토가 이루어져야 하고 이 리스크에 대해 어떻게 헷지(Hedge) 할 것인지에 대해 계약적 방법 혹은 예상 손실을 고려한 사업기획이 필요 하다. 리스크 비용에 대한 산정 방식은 여러 방법이 있다. 간단한 한 예를 아래와 같이 소개 해 보겠다.

터빈 유지보수 계약은 2~3년 Components Warranty를 제공해 주기 때문에 준공 후 초기 몇 년 동안의 중대 고장은 하자라는 판단으로 터빈 제조社의 하자 보증 기간에는 중대 고장 발생은 없다는 전제하에 만약, 중대 고장에 따른 손실 비용이 200억이라고 가정하고 발생 확률이 5%라면 Risk 비용은 10억이며 리스트 프리미엄까지 고려한다면 13~15억 정도의 O&M비용 증가로 Risk를 전가할 수 있다. 이를 공식화하면 다음과 같다.

Risk 반영 비용 : Risk Exposure(총 손실액)×발생 확률
+ α (리스크 프리미엄)

사업주인 SPC에서 중대고장 Risk를 책임진다면 어떤 영향이 있을까? 중요 부품 교체까지 기간에 대한 전력생산량 손실분이 발생할 것이다. 일정 기간 이하에 대해서는 Deductible(공제하는 기간)이 있어서 보상받지 못하는 구간이 있을 수 있으나 이후에 대해서는 보험으로 예정 수익 손실을 보전받을 수 있고 보전받기 위해서는 보험약관 중 Business Interruption(영업손실 복구)에 대한 부분으로 보장해주는 보험에 가입되어 있어야 한다. 그렇지 않을 경우 별도 사업 예비비에 예산을 수립하고 그 예산에서 사용할 수 있게 편성해야 할 것이다. 단, 중대 고장이 발생하지 않고 상업 운전이 종료된다면 SPC 청산 시점에 그 예비비는 배당으로 각 출자사에 배당이 된다고 보면 될 것이다. 이 경우 본 적립금은 200억원(가정금액)은 언제든 사용이 가능하여야 하기에 단기 적금의 형태로 관리하게 된다. 단기 적금과 장기 적금의 금리 차이를 잘 알고 있을 것이라 판단하고 200억을 단기 적금으로 20년 간 관리(단, 초기 적립 기간의 순차적 적립 과정 제외 개략화)하는 것이 O&M社에 Risk는 전가하여 리스트 프리미엄으로 3~5억 지급이 보다 좋은 선택일 것임을 알 수 있을 것이다.

〈Low Risk 분야〉

육상 풍력과는 달리 해상 풍력단지 운영 계획 수립 시, 고려해야 하는 몇 가지 사항에 대해 간단히 언급하고자 한다. 우선 첫 번째로 해상교통 안전진단에 대해 고려해야 하는 부분이다. 해상 풍력단지는 해상에 장애물이 배치가 되기 때문에 선박의 통항에 의한 안전사고 방지 대책 수립을 모든 국가에서 요구하고 있다. 이를 위해 각종 안전 설비를 설치하여야 하는 것은 물론이고 안전 대책에 대한 계획 수립 및 수립한 계획에 대한 정부 승인이 단지 운영 시 필수적으로 진행해야만 한다.

두 번째 사항은 O&M 전용 유지보수 선박인 CTV(Crew Transfer Vessel) 운영 방식이다. 터빈 제조사가 터빈유지 보수 역무 계약을 체결할 때, CTV 운영을 사업주가 운영하여 터빈 접근에 대한 서비스를 제공할 수도 있고, 터빈 제조사가 직접 CTV를 운영하며 터빈유지 보수를 수행할 수도 있다. 각기 장단점이 있으나, 터빈 제조사가 CTV를 운영할 때에는 안정 규정에 대한 모호한 부분을 명확히 하여 터빈 접근이 가능한 환경 조건과 불가능한 조건에 대해 구체적이며 자세히 정립해야 풍력터빈 정지 시 Downtime(터빈 정지 시간)에 대한 책임 소재를 명확히 할 수가 있다.

세 번째는 CTV를 정박하는 모항을 어디로 하느냐이다. 풍력단지 내 터빈과 접근성이 좋은 곳에 선착장을 건설할 수도 있고 혹은 인근 기존 항구를 사용하여 유지보수를 수행할 수도 있다.

네 번째 사항은 근무 시간에 대한 야간 당직자와 야간 터빈 관리 조건에 대해 사전 제조사와 합의하여 진행하여야 한다. 해상풍력단지인 경우 터빈 접근이 육상 풍력과 달리 외부 조건에 따라 접근이 쉽지 않을 수 있고 간단한 풍력 터빈 리셋만으로도 해결되는 Error들도 있기 때문에 터빈 가용율을 최대로 끌어올리기 위한 SPC 직원들 업무 및 관리 프로세스를 효율적으로 정립하고 운영하는 것이 중요하다.

3.5 프로젝트 생애 주기 위험

프로젝트의 단계별 위험 비용에 대하여 대부분의 교재에서는 Fig 3.3과 같이 준공 직전이 가장 크다고 하고 있다. 이는 금융권 입장에서 본 견해라는 것이 저자의 생각이다. 건설 단계에서는 자재·노무·설비 등의 구입 자금이 지출, 담보가 없는 형태에서 건설 중 이자(운영 중 보다 상대적으로 높은 이자)가 발생하고 완공 지연, 건설비 초과, 불가항력적·정치적 위험이 존재하며 마지막으로 건설물이 기대했던 성능과 품질 만족 여부에 대한 우려가 포함되어 있기 때문이다.

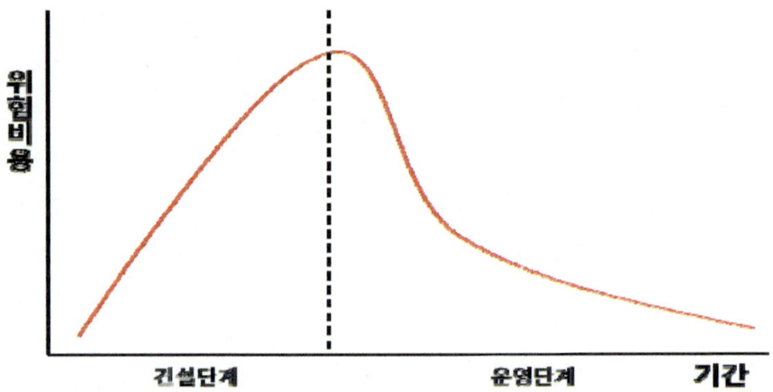

Fig 3.3
프로젝트의 위험

프로젝트 개발자 입장(Developer)에서 보면 Fig 3.4와 같이 프로젝트 위험 수준에 대한 그래프가 만들어진다. 전제는 해상풍력사업은 총 투자비도 크고 사업 개발 기간도 길며 개발 기간 중 안정적 사업개발 혹은 운영 관리 리스크 차원에서 Gearing(타인 자본을 이용하여 자금 조달) 비율이 높게 가져갈 수 없다. 일반적으로 자기자본 비율은 20% 혹은 그 이상 정도가 적정하다. SPC 설립 이후 발전사업 취득 그리고 인허가 취득이 완료되는 시점 정도 되면 사업개발이 어느 정도 안정권에 들어왔다고 보는 것이 맞고 금융 종결 시점이 되면 초기 개발비 회수와 개발 프리미엄을 수취하면서 EPC 계약 체결이 되면서 개발단계에서 건설 단계로 넘어가게 되고 이때부터 개발 리스크보다 건설 리스크가 큰 부분을 차지하고 되고 건설 관리를 위해 많은 부분에서 관리 감독이 필요하게 된다. 건설이 완료된 이후부터 운영 리스크가 존재하고 이후부터는 개발자 입장에서 운영 리스크는 낮게 봐도 무방하다.

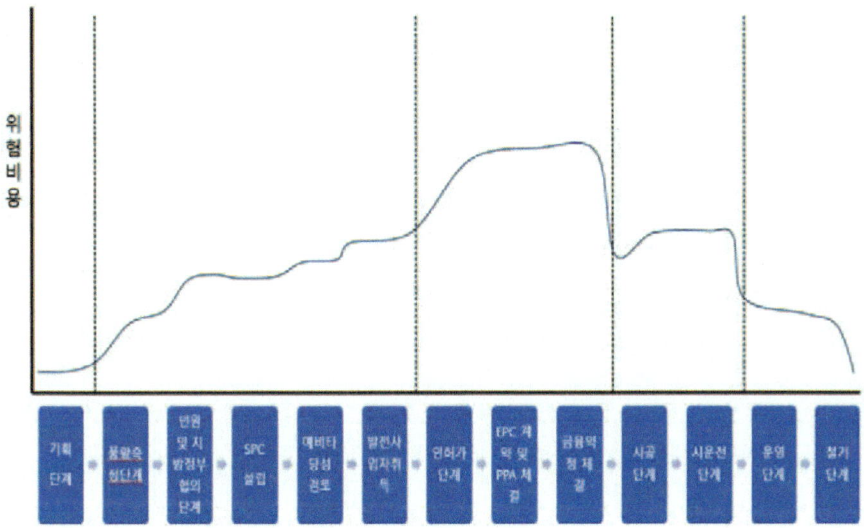

Fig 3.4
개발자 입장에서의 프로젝트의 위험

먼저 기획 단계, 기본설계, 예비타당성까지의 단계에서는 인허가와 동시 진행되어가면서 1개사 혹은 소수의 회사에서 개발을 진행한다. 이 단계를 지나서 SPC를 설립하면서 본격적인 인허가와 기본설계 및 인허가 비용이 증가하면서 사업 실패 시 발생하는 매몰 비용이 증가하게 된다. 이 단계를 통과하는 프로젝트의 수는 많지 않을 것이다. 인허가 단계를 통과하게 되면서 EPC 협상, 금융 종결등 외부 자금을 유치하면서 개발 Risk는 감소하게 된다.

사업에 따라 초기 개발사가 직접 개발 비용을 투입하여 개발하다가 사업이 구체화 되면서 SPC를 설립하여 설계, 시공, 기자재 납품, 운영 등에 전략적 투자자를 참여시키면서 초기 단계에 진행되었던 개발비를 SPC 참여 투자자들의 비용으로 사전 비용정산이란 형식으로 사전 투자비를 돌려받는 형태로 진행할 수도 있고 육상 풍력개발과같이 처음부터 SPC를 설립하여 지분율 따라 각 출자사들이 Risk를 분배하여 초기 개발 분담금을 투자하여 사업개발 고 SPC 운영자금에 대한 Risk를 공동부담하여 가기도 한다.

금융 약정 체결 이후 자기자본 비율만큼의 투자 금을 전부 부담하게 된다. 이후 시공 단계와 시운전 단계에서는 건설 중 이자가 발생하게 되나 이는 발주처인 SPC의 부담일 뿐 PF 사업의 특성상 개발자 입장(Developer)에서 Risk가는 자금에 대한 이자 비용 정도이지 Risk는 많이 증가하지 않는다. 운영단계에서는 일반적으로 Low Risk Low Return을 요구하는 금융권의 입장에 이해 일반적으로 5년간 배당이 이루어질 수 없으며 5년 이후 배당이 실현되면서 투자비 및 이에 따른 기회비용 회수로 인하여 Risk는 급격히 떨어지게 된다.

3.6 Risk 대응 방안

Risk의 종류에 따라 그 Risk를 잘 관리할 수 있거나 최소화할 수 있는 업체에 책임을 전가하게 되면 그에 대한 공정한 배상이 전제되어야 하며 대응 방법으로는 회피, 전이, 경감 및 수용이라는 다음의 4단계로 분류할 수 있다.

– 다 음 –

- 회피(Avoidance) : Risk를 전가하는 것으로 경험과 실적이 풍부한 EPC사로 건설단 Risk를 전가하는 것으로 대형 건설사 선정 및 공

법 적용, 대형 터빈사 선정 및 신뢰성이 확보된 터빈 모델 선정, 신뢰성 있는 O&M사로 운영단 Risk를 전가하는 것을 의미 사업개발시 미경험 분야에 대해서는 그 분야의 전문기업과 전략적 제휴를 통한 공동개발을 하는 것을 의미함

- 전이(Transference) : Risk에 대한 관리 및 책임이 현실화되었을 경우 영향을 제3자에서 넘기는 것으로 각종 보험과 보증 등이 해당되며 전이에 따른 비용이 발생한다. 회피의 경우도 EPC사나 O&M사에 Risk를 전가하므로 그 수준에 따라 비용이 차이를 보이게 됨

- 경감(Mitigation) : 부정적 영향이 있는 리스크에 대한 발생 가능성을 억제하거나 저감시키는 것으로 해상풍력의 경우 터빈의 대형화에 의한 WTIV(상부전용설치선)의 수급과 전용운반선 문제 등을 고려하여 이전 세대 모델을 선택하는 것을 의미함
- 수용(Acceptance) : 특정 Risk에 대하여 회비, 전이, 경감이 불가능하거나 Risk가 발생할 확률이 낮고 그 영향이 정도가 미비할 때 적용되며 건설단에는 예비비(Contingency Allowance)와 운영단에는 적립금(Reserve Fund)이 이에 해당함

3.7 사전 비용 정산 관련 이슈

우리나라에서 추진되는 해상풍력사업의 추진 방식을 보면, 대부분 프로젝트의 위험 부분에서 설명한 것과 같이 초기에 일부 현지 개발자들이 사업개발을 진행하면서, 투입한 사업 투자비를 발전사업 취득 이후 개발 인허가 진행 단계에서 추가 투자자들을 모집하여 사전 비용 정산이란 방법으로 사전 투자비를 돌려받는 구조로 진행되어왔고 진행되고 있다. 이때, 사전 비용 정산에 있어 두 가지 부분에 대해서 고민해 볼 필요가 있다.

첫 번째는 현가화 문제이다. 투입 시점 현금 가치에 대한 할인율 적용과 개발 기간을 고려한 각 참여사별 투자 인력의 인건비 반영 문제이다. 사업 초기 불확실성이 매우 큰 상황에서 매몰될 수 있는 개발비용을 투자한 점과 그에 따르는 기회비용의 반영 여부가 문제가 될 수 있다. 모든 문제는 주주사간 협의 사항이긴 하나 이 경우는 흔히 말하는 Developer Fee를 반영하는 것이 타당하다고 판단된다. 또한, 직접 투입비용은 단순히 인허가와 설계 등에 필요한 직접 경비 비용들의 합들이다. 또한, 각 출자사들의 검토 시점을 기준으로 각 사의 인력 및 추진경비는 포함되기 어려운 부분이 있다. 왜냐하면 각기 출자사들이 투입되는 비용에 대해 명확한 증빙 내역을 제출하기 어렵고 출자사 간 투입되는 인력 규모 및 시점이 제각각이기 때문에 일반화하기 불가능한 점도 있다.

현가화 문제에서 할인율 적용, 개발 기간을 고려한 각 참여사별 투자 인력의 인건비 반영 비용을 포함한 정산 개념으로 TCA(Total Cost Acquisition; 총 도입 비용)라는 용어가 있으며 이는 2장에서부터 설명한 CAPEX 항목 중 하나로 기획 단계에서부터 소요 비용에 대한 현가화와 투자한 시간당 인건비에 대한 내용이 포함된 것이다.

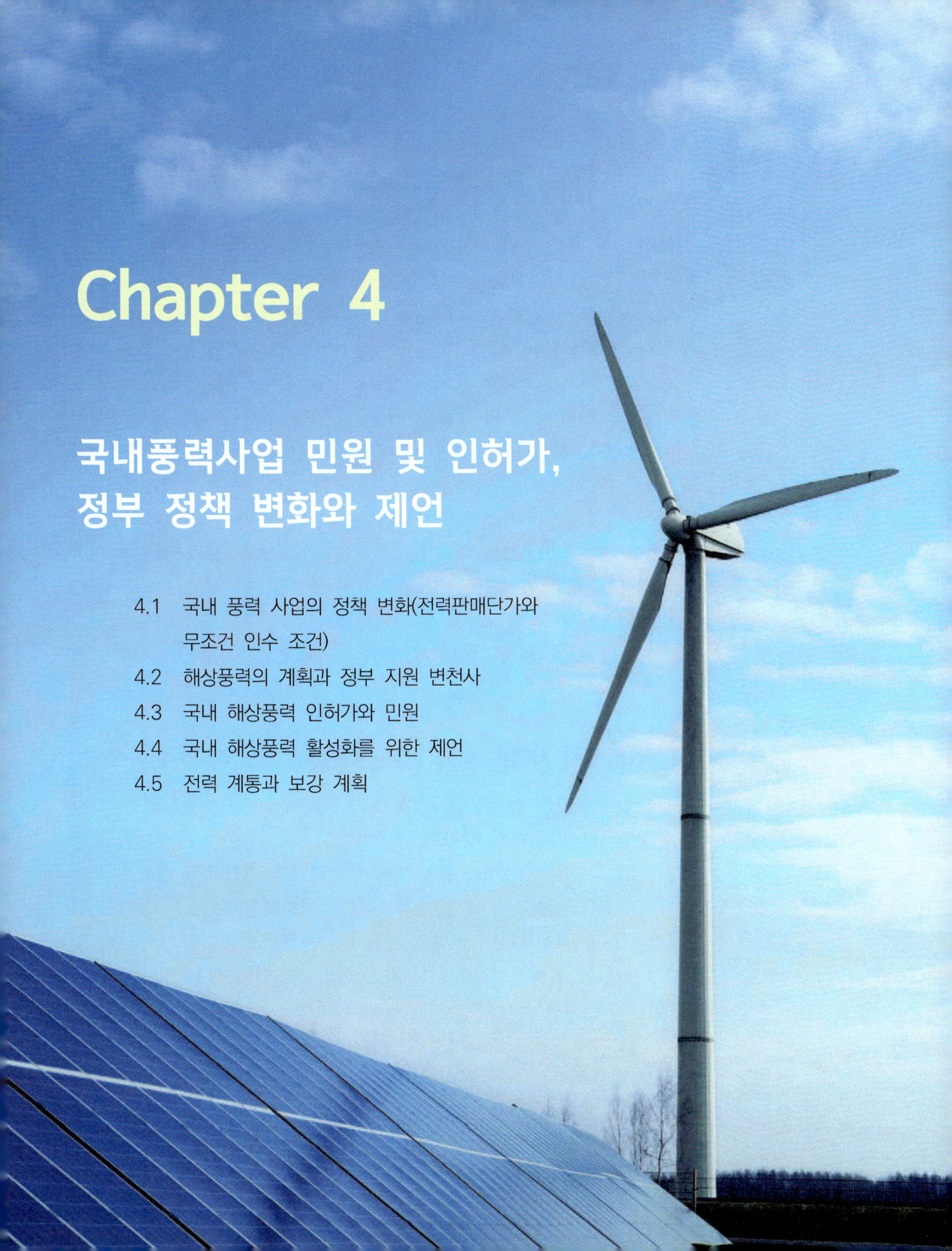

Chapter 4

국내풍력사업 민원 및 인허가, 정부 정책 변화와 제언

4. 국내풍력사업 민원 및 인허가, 정부 정책 변화와 제언

우리나라는 사업하기 좋은 나라, 투자하기 좋은 나라의 상위권에 위치하고 있다는 국제기관들의 발표를 종종 듣는다. 하지만 저자는 풍력 업계에 종사하면서 이런 발표를 신뢰할 수 있을까? 라는 생각들 가끔 하곤 한다. 풍력 사업 개발에 있어서는 상위권에 있다고 생각이 들지 않기 때문인 것 같다. 사업 개발 Risk 중 국가 Risk라고 하는 것은 국가 신용도, 정책 변화, 정부의 투명한 제도 및 업무 처리 등등이 포함 될 것이다. 이 부분에서 우리나라의 국가 Risk는 상당히 작은 편이라 판단하는데 올바른 평가인가라는 의구심이 들 때가 있다. 사업 개발에 있어 국가 정책에 일관성은 사업주가 사업을 개발을 시작하는 시점부터 예측이 가능하고 정책 변경이 될 때, 기존 정책을 믿고 진행하던 사업들에 대한 소급 적용 등에 보완 책등이 잘 갖추어져 정부를 신뢰하고 사업을 진행할 수 있을 것이다. 여기서 정부 정책이라는 것은 포괄적 의미로 인허가 제도를 아우르는 것으로 이번 장에서는 국내 풍력 사업 인허가와 민원 및 정부 정책의 변화 과정을 확인해 보도록 하겠다.

4.1 국내 풍력 사업의 정책 변화(전력판매단가와 무조건 인수 조건)

국내 발전사업은 전기발전사업허가로부터 시작된다. 국내의 풍력 사업인 경우 IPP 사업으로 민간에 개방하였고 이는 정부와 지자체 입장에서는 사업성 민원과 인허가를 민간에 전가하였고 기획에서 건설 단계까지의 투입되는 개발비에 대한 재정 부담을 최소화할 수 있는 장점이 있다. 반대로 말하면 민간이 사업의 기회에서 운영까지 전 과정의 Risk 및 사업성 민원과 인허가의 Risk를 전가 받고 진행해야 하는 형태인 것이다. 민간에서 이런 유형의 사업을 진행하는 것이 성공 확률도 높지 않고 긴 기간의 사업개발이 필요하기에 사업 성공 시 충분한 보상이 이루어져야 하고 정부에서는 일관된 정책과 법률적 불편한 부분을 해소해 주어야만 지속 성장 가능한 사업 유형이다.

이런 전력 사업의 IPP사업을 진행하기 위해서는 두 가지의 보장이 필요하다. 전력구매계약 PPA(Power Purchase Agreement)과 무조건 인수지급(Take Or Pay) 방식이다. 또한, 미래의 전력구매 단가의 예측이 가능하여야 하며 공급하는 전력을 인수하든지 아니면 무조건 전력 요금을 지급하든지 하는 방식을 취하여 시장 위험을 경감하여 주어야 한다. 국내의 경우 2010년대 후반 이후부터 전력 가격의 예측과 무조건 전력 인수 가능성에 대해서 불확실한 상황으로 변해 가고 있다.

[전력판매단가의 이해]

먼저 개발자(Developer)입장에서 현재의 전력구매단가(PPA : Power Purchase Agreement)의 변화 과정을 이야기해 보겠다. 현재 국내의 신재생에너지에 전력 판매 단가는 SMP[31)]+가중치 REC(Renewable Energy Certificate ; 신재생에너지공급인증서)로 구분된다. 여기서 가중치 REC는 신재생에너지의 단가가 일반 전력회사(화석연료 등)의 전력 생산 단가보다 비싸기 때문에 정부가 지원을 해주는 금액이다. 기본적으로 기술 개발 촉진, 신기술, 신공법, 풍력발전기의 지속적 성능 개량 등의 발전으로 발전단가를 감소시켜서 Grid Parity[32)]에 도달해서 지원금 없이 사업이 진행될 수 있어야 한다는 것에는 공감한다. 해외 풍력 사업의 경우 Grid Parity에 도달한 지역들이 점차 많아지고 있고 어떤 지역에서는 전통 화력발전보다 더 낮은 생산단가를 보이는 곳도 존재한다. 이는 기본적으로

31) SMP(System Marginal Price, 계통한계가격) : 매 시점 전력수요를 충족하기 위해 최종적으로 가동에 투입되는 한계 발전기의 변동비용을 기준으로 수요와 공급의 원리에 따라 1시간 단위로 결정되는 발전가격(시장가격)으로, 국제 유가 등에 영향을 받음

32) 석유나 석탄과 같은 화석연료가 고갈과 대기오염 등의 환경문제 해결을 위해 개발하고 있는 태양에너지·풍력 등 신재생에너지로 전기를 생산하는 데 필요한 발전원가와 화석연료 발전원가가 같아지는 균형점을 말한다. 현재까지 신재생에너지를 생산하기 위한 발전원가는 기존의 화석연료를 이용해 전기를 생산하는 발전원가에 비해 상당히 비싸 비경제적이다. [네이버 지식백과] 그리드패리티 (시사상식사전, pmg 지식엔진연구소)

풍황 자원 특성이 국내보다 좋고 개발 기간과 개발비용이 적게 들어가고 대단위 풍력단지 건설을 통해 규모의 경제를 일으킬 수 있는 곳일수록 Grid Parity에 도달하기 쉽다. 또한 지역마다 전력 공급원에 차이에 따라 평균 전력 생산 단가가 달라지고 그에 따라 Grid Parity 기준 가격이 달라질 수 있다. 마지막으로 풍력 산업이 발전에 따라 MW당 터빈 가격 감소가 큰 역할을 하였다.

먼저 풍력발전의 전력 판매 단가를 구성하는 SMP에 대하여 알아야 한다. 이를 위해 한계가격(Marginal Price)부터 이해하여야 한다. 한계가격은 전력생산량에 대한 보상의 성격이며 종류로는 원자력, 석탄, 국내탄 발전기 등 기저 발전기에 적용되는 기저한계가격(BLMP; Base Load Marginal Price)과 기저 발전기 이외의 일반 발전기에 적용되는 계통한계가격(SMP; System Marginal Price)으로 분류된다. 또한 기저 발전이든지 일반발전이 발전을 안 할 경우 투자비에 대한 보상 성격인 용량가격에 대한 이해가 필요하다. 용량가격(CP; Capacity Payment, 용량정산금)은 한계 설비의 투자비 및 고정운영비 반영으로 해당 시간에 가용량을 신고한 모든 발전기에 지급한다. 여기서 반드시 기억해 두어야 하는 것은 용량 가격은 공급 가능 용량 보상을 위한 한계고정비의 성격의 시장가격으로 원료비 및 투자비와 연계되며 발전 입찰에 참여한 발전기의 시간별 공급 가능 용량에 대해 지급으로 실제 발전 여부와 관계없이 지급된다는 점이다. 또한, 제약 비용(Constraint Cost)이라는 보상(제약발전정산금(CON: Constrained ON Energy Payment)도 존재한다. 기본적으로 교류 전기는 저장을 할 수 없기에 예비력 및 송전 안정성(주파수 조정)을 위해 일부 석탄발전기과 같은 경우 이에 대한 즉각적인 대응(송전제약[33] 및 예비력 제약[34])을 위하여 효율의 일정 부분을 제약하여 운

33) 생산된 전력은 송전선로를 통해 소비자에게 전달됨에 따라 선로의 최대송전가능용량 이상은 송전할 수 없는 제안이 존재
34) 전력계통의 주파수 60Hz를 유지하기 위해서 실시간으로 변동하는 수요와 공급을

전하며 이에 대한 기회비용 보상적인 비용이다. 기저발전기와 일반발전기의 구분 및 정상 방식 그리고 장단점을 Table 4.1에 정리하였다.

구 분	기저발전기	일반발전기
발전기 구분	원자력, 석탄, 국내탄 발전기	기저발전기를 제외한 발전기
정산방식(발전)	기저한계가격(BLMP)	계통한계가격(SMP)
정산방식(미발전)	기저발전기 용량가격	용량가격
장점	발전단가가 저렴	발전단가가 비쌈
단점	발전기의 기동 및 정지에 오랜 시간 필요	발전기의 기동 및 정지 기간이 짧아 수요변동에 적용 용이

Table 4.1
발전기별 구분 정산 및 장단점

기저발전기의 경우 공기업에서 운영하며 최저 마진 유지로 저렴한 전기 가격을 유지하며 각 발전원별 가격이 형성되어 발전량에 따라 보상을 한다. 이에 비해 한계가격은 일반 발전기가 발전을 하면 전력생산량에 수요와 공급에 법칙에 따라 전기의 비용 최소화 원칙에 따라 발전기 가동 여부와 발전출력을 결정하게 되는데, 이 중 가장 높은 발전비용의 발전기를 한계 가격 결정 발전기(MARGINAL PLANT)이라고 한다.

일치시키이 위해 실시간으로 증감할 수 있는 예비 발전력, 화력발전기 공급가능용량을 일찰량의 95%fh 축소 운영으로 유지함

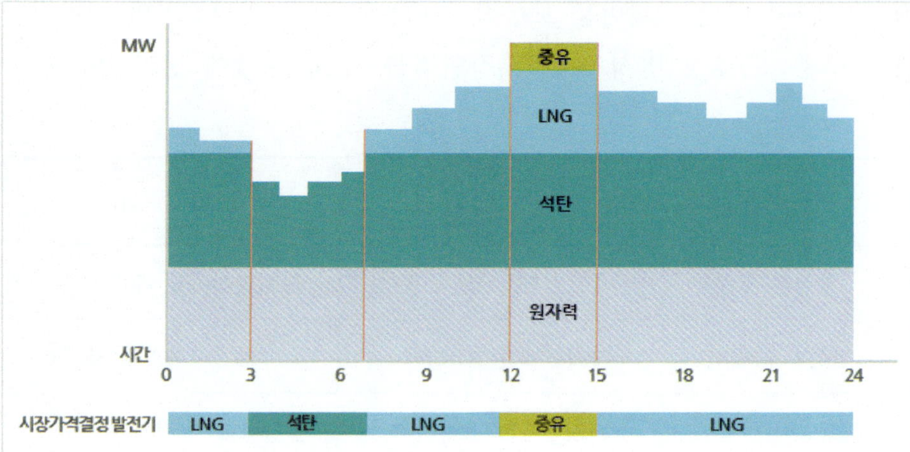

Fig 4.1
SMP 결정 방식

위의 Fig 4.1은 전력거래소에서 시장가격 결정에 대한 설명 자료로 사용되는 SMP에 결정에 대한 설명 자료이다. 여기서 중요하게 보아야 할 것은 우선 3시에서 6시 사이에는 기저전력[35]만 운전한다는 것이다. 이때 SMP(원/kWh) 가격은 가동한 석탄발전소의 기저한계가격이 SMP 가격이며 12시에서 15시 사이에는 발전단가가 가장 비싼 중유가 SMP 가격을 결정하며 이 시간에 일반 발전기들은 모두 중유의 계통한계가격이 적용된다. 풍력은 기저 발전이 정의에 포함되지 않아 일반발전기로 보아야 한다. 하지만 SMP 시장에는 관여를 할 수 없는 발전기이며 3~6시에 발전량은 석탄발전소의 기저한계가격을 적용받는다. 또한, 풍력 발전 단지는 CP 요금도 없다. 그 이유에 대해서는 신재생에너지에 대한 지원 제도의 변천에서 이야기하겠다.

여기서 중요한 위원회가 비용평가위원회이다. 이 비용평가 위원회는 기본적으로 LCOE(Levelized Cost Of Energy, 균등화 발전비용)를 기준으로 프로젝트 생애 주기의 비용(CAPEX & OPEX(철거비 포함))의

35) 기저전력: 생존을 위한 최소한의 발전용량이 기저부하이고 기저부하에 전력을 공급하는 발전소에서 생산된 전력(Base 전력: 화력, 원자력발전 등)

적정성을 평가하며 각 발전원의 경제성을 비교하고자 발전원가(전력 단위(kWh)당 평균 실질발전비용(원))를 결정한다. 각 발전원, 동일 발전원이라고 하더라도 발전 단지마다의 특성을 고려하여 발전기별 변동비(SMP와 BLMP)를 결정하며 가용용량을 신고한 모든 발전소에 지급되는 CP(기저발전기 용량가격와 일반발전기의 용량가격) 요금을 결정한다. 비용평가위원회를 거친 후 인정한 LCOE 금액은 사업성과 연결이 되지만 풍력 사업은 비용평가위원회의 결정과는 무관하게 전력판매단가 계약을 해야 한다.

[신재생 지원 제도 변천사]

신재생에너지 초기 보급 및 시장형성을 위해 FiT(발전차액지원제도, Feed in Tariff)를 도입하여 '11년까지 시행하였고 일몰 이후 '12년부터는 신재생에너지 공급의무화제도(RPS, Renewable Portfolio Standard)를 기반으로 신재생에너지 사업을 지원하고 있다. FiT 제도는 신재생에너지 설비로 생산한 전력의 판매가격이 정부가 고시한 기준 가격보다 낮을 경우 그 차액을 지원하는 제도로 기술 개발 촉진 및 초기 시장형성에 기여하였다. 국내 전력시장 구조에 따른 비용 부담, 경쟁 결여 등으로 '11년 종료되었다. FiT 제도에서 풍력 사업이 수익성은 전력생산량×FiT 계약가격으로 매출에 대한 변동성은 전력생산량에 국한되어 있어 예상 매출을 예상하기 수월했다.

RPS(Renewable Portfolio Standards; 신재생에너지공급의무화)제도는 500MW 이상의 발전설비를 지닌 발전사업자가 발전량의 일정 비율 이상을 신재생에너지를 통해 공급하도록 의무화한 제도로 공급 의무자는 공급 의무량에 대해 직접 재생에너지 설비를 갖춰 전력을 생산하거나 공급인증서(REC, Renewable Energy Certificate)를 구매하여 충당하여야 하는 제도로 충당 방법으로 발전사업자는 고정가격계약 입찰·

현물시장·자체 계약 등을 통해 REC를 공급의무자에게 판매하며, 생산전력은 전력거래소를 통해 거래하게 된다.

RPS 초기에는 REC 고정가 계약이 있었고 이때, 계약 기간은 12년간 계약이었다. 이것은 SMP 변동 가격 + REC 고정 가격 = PPA 가격으로 즉, SMP의 변동에 따른 Risk는 사업주가 부담하는 구조였다. Fig 4.2는 전력거래소 확인한 2000년에서 2020년까지 육지 평균 SMP 가격 변화 추이 그래프이다. 20년 평균은 93.3원/kWh이고 최소값은 평균 대비 약 49% 하락, 최대값은 약 72% 상승된 금액을 보였다. 만약 금융권에서 사업자금의 80% 대출받았다고 하자. SMP 가격은 얼마로 인정할까? 풍력 발전량을 통계적으로 분석하는 초과확률(POE : Probability Of Exceedance) 방식으로 SMP를 분석 하게 되면 표준편차는 약 34.39원/kWh 이며 이때, P75 수준에 SMP 가격은 약 70.1원/kWh이다. 이는 평균 가격 대비 약 25% 할인된 가격이고 이 가격으로 사업을 추진한다면 사업 추진은 어렵다고 본다.

만약을 가정으로 하여 2000년 초에 상업 운전을 개시하는 사업이 있고 풍황 자원은 매년 동일하다. 이 사업은 20년 평균 SMP를 고려하여 SMP 가격을 93원/kWh을 가정하여 금융 조달을 받았고 그 경우 사업 운전 개시부터 2007년까지는 93원/kWh 보다 낮은 SMP 가격으로 약 7년간 원리금 상환에 문제가 발생할 것이고 경우에 따라서 회사는 파산까지 고려해야 할 수도 있다. SMP 가격을 70원/kWh 정도로 가정한다 하더라도 2006년까지 원리금 상환에 문제가 발생하고 회사 운영에 심각한 고민을 하여야 할 것이다.

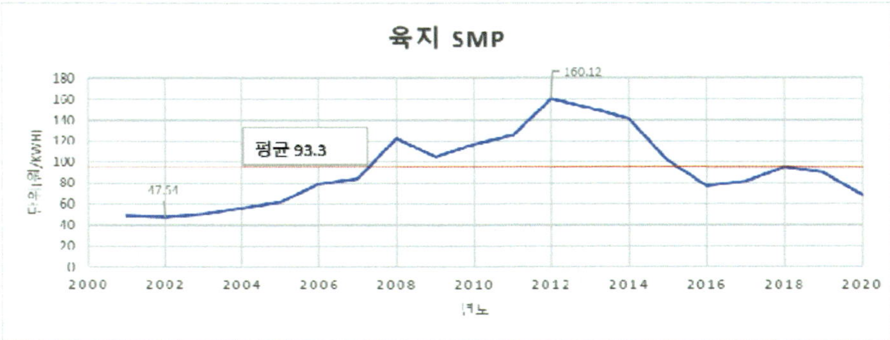

Fig 4.2
육지 SMP 년도별 가격 변화

년도에 따른 변화만 있는 것이 아니라 월별도 변화가 있다. 아래 Fig 4.3은 2020년 월별 육지 SMP 변화이다. 다행히 풍력은 동절기에 풍속이 강해지기에 상대적으로 월별 변동을 고려하지 않지만, 그 반대로 동절기에 풍속이 약하고 하절기에 풍속이 강하다면 수익은 또 얼마나 감소해서 봐야 할까? 일별 시간 변화에 따라서도 변동하는 것이 SMP이다.

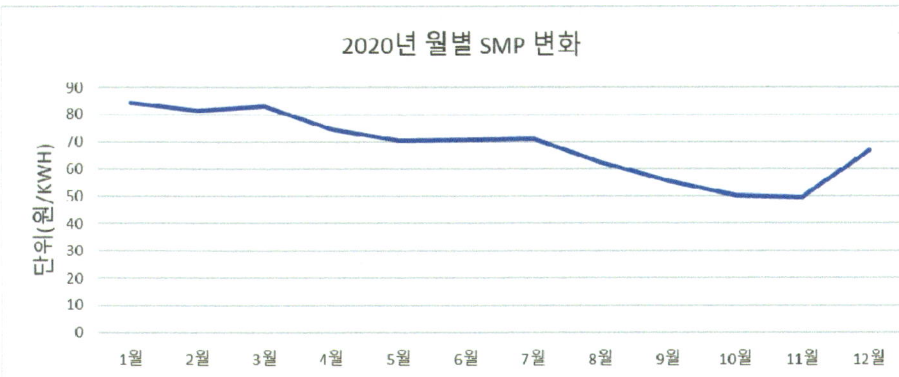

Fig 4.3
2020년 육지 SMP 월별 가격 변화

이와 같이 FiT 제도에서 RPS 제도로 변화는 전력판매단가 예측의 어렵고 가격 변동성에 대한 Risk가 증가하게 되어 사업자의 매출 구조를 수립하는데 상대적 리스크가 커 사실상 PF(Project Financing) 방식 융자가 곤란하게 되고 그에 따라 신재생 사업 추진이 많이 일어나지 못하는 시장

생태계를 만들었을 수도 있다. FiT 제도에서는 전력판매단가에 대한 예측이 가능하나 RPS 시장에서 입찰·현물시장·자체 계약으로 변동이 되면서 REC 판매에 대한 수익 증대를 가져올 수 있는 장점도 있지만 매출 변동성에 크게 노출하게 된다.

반대로 SMP에 대한 예측 정확도가 높은 기업이 있다라고 가정하자. 위의 경우와 같이 2000년에 상업 운전을 시작하였고 SMP를 93원/kWh을 인정받았다고 하면 초기에는 손실이 있을 수 있지만 2008년부터 2015년까지 평균 SMP를 약 128.3원/kWh을 예측을 통해 수익을 볼 수 있고 혹은 위 예와 같이 SMP 변동성으로 인해 원리금 상환에 어려운 사업들을 저렴한 가격에 인수하여 상당한 이익을 얻을 수 있었을 것이다.

즉, 전력구매 단가의 변동 Risk를 민간에 많이 전가하는 IPP 사업은 개발자의 성공에 대한 불확실성이 커, 대기업 위주로 참여하는 시장이 되며 개발비용 절감이 가능하고 규모의 경제 실현이 가능하며 일시적 유동성 변화에 민감하지 않고 장기적 안목으로 전문가집단을 유지 육성하는 소수의 경쟁력 있는 개발사 기업만이 생존하게 된다.

RPS제도 도입 초기의 연도별 의무비율을 신에너지법 시행령(약칭, 2013.1.28. 시행)에서 가지고 왔고 이는 Table 4.2와 같다. 여기서 중요하게 봐야 하는 것이 12년도부터 16년도까지는 0.5%씩 증가 계획이었는데 12년도에 2%라는 비율이다.

Table 4.2
신재생 의무 할당량

연도	'12	'13	'14	'15	'16	'17	'18	'19	'20	'21	'22 이후
의무비율(%)	2.0	2.5	3.0	3.5	4.0	5.0	6.0	7.0	8.0	9.0	10.0

신에너지법 시행령(약칭, 2015.3.30. 시행) 연도별 의무비율은 Table 4.3과 같다.

연도	'12	'13	'14	'15	'16	'17	'18	'19	'20	'21	'22	'23	'24 이후
의무비율(%)	2.0	2.5	3.0	3.0	3.5	4.0	4.5	5.0	6.0	7.0	8.0	9.0	10.0

Table 4.3
신재생 의무 할당량

이 기간 동안 어떤 일들이 일어났을까? 기존에 2012년도의 2% 즉 FiT 제도상의 발급량이 국가 REC였고 계획 대비 의무비율 실적이 나오지 않았다. 그로 인해 RPS 대상 발전소들은 많은 과징금을 냈으며 향후 추가 과징금도 상당히 많을 것으로 예측되었고 이로 인해 이 기간 동안 수많은 풍력 사업에 대한 전기사업허가 신청이 접수 또는 허가되었다. 그런데 2014년 정부는 RPS 시행 이전에 전력을 고정 가격으로 판매할 수 있도록 발전 차액을 지원한 신재생원 설비에 매년 230만 REC(비태양광 175만, 태양광 55만)를 공급의무자에게 배분하였고 전력거래소를 통해 거래된 물량(52만REC)의 5배 이르는 양으로 가격은 시장 평균가의 32%에 불과하였다.

기존 탄소 저감에 대한 국제적 약속도 BAU(Business As Usual, 온실가스 감축을 위한 인위적인 조치를 취하지 않을 경우의 배출될 온실가스 총량) 기준으로 변경하는 등 정책의 일관성을 상실하게 되고 REC 거래시장이 활성화되지 않은 상태에서 국가 REC의 막대한 거래물량과 낮은 거래가격은 시장에 큰 혼란을 초래하고 시장참여자의 예측 가능성 어렵게 만들었다.

2015년까지 공급의무자별 공급 의무량이 공개되다가 몇 년간 공개가 되지 않았었다. 매년 발표 기간에 늘 산업부 사이트에서 이를 보고 향후

REC 가격 전망을 예측하는 개발자 입장에서 공급 의무량 발표가 중요한 자료였다. 그리고 초기에는 태양광과 풍력등 신재생발전원들의 LCOE를 기준으로 별도의 REC 시장이 있어 별도 관리가 되다가 추후 시장이 통합되면서 REC 가중치 조절을 통해 REC 금액 정산을 시행하였었다. IPP사업자 입장에서는 LCOE 가격이 기술 개발 혹은 원자재 가격하락으로부터 LCOE 가격이 내려 갈 경우 비슷한 전력 가격으로 전력을 판매할 수 있다면 LCOE가 낮은 발전원 위주의 사업만이 사업성이 좋기 때문에 낮은 LCOE 사업 위주로 진행되는 현상이 일어날 수밖에 없고 이것이 우리나라에 신재생 보급 확대에 있어 태양광 사업이 풍력사업보다 많이 활성화되어 있는 이유 중 하나이다. RPS제도의 REC 가격은 수요와 공급의 원리인 시장 경쟁의 원리로 움직이기 때문에 낮은 가격으로 신재생 발전을 할 수 있다면 낮은 REC 공급이 가능하고 그럼 REC 가중치를 많이 받고 진행해야 하는 발전원인 경우 사업을 진행하는 경쟁력이 떨어지게 된다.

신에너지법 시행령(약칭, 2016.12.5. 시행) 연도별 의무비율은 Table 4.4와 같다. 10% 이행 기준이 24년에서 23년으로 강화가 되었다.

Table 4.4
신재생 의무 할당량

연도	'12	'13	'14	'15	'16	'17	'18	'19	'20	'21	'22	'23 이후
의무비율(%)	2.0	2.5	3.0	3.0	3.5	4.0	5.0	6.0	7.0	8.0	9.0	10.0

신에너지법 시행령(약칭, 2021.01.05. 시행) 연도별 의무비율은 Table 4.5와 같다. 21년 기준 8%에서 9%로 22년부터 10%를 실행하겠다는 목표 수정이다.

연도	'12	'13	'14	'15	'16	'17	'18	'19	'20	'21	'22	'23 이후
의무비율(%)	2.0	2.5	3.0	3.0	3.5	4.0	5.0	6.0	7.0	9.0	10.0	10.0

Table 4.5
신재생 의무 할당량

최종 발표 「신 · 재생에너지법」 개정법률안 공포(2021.04.20., 산업부 보도자료)에 따르면 (현행) 총 전력생산량의 10% 이내 → (개정) 총 전력 생산량의 25퍼센트 이내로 확대하는 계획이다. 여기서 주의해서 봐야 하는 것이 설비용량이 아닌 총 전력 생산량에 따른 비율이다.

Fig 4.4는 국회입법조사처에서 2018년도에 발행한 신 · 재생에너지 공급의무화 제도(RPS)의 현황과 개선과제 보고서이며 본 보고서의 내용을 요약 정리하면 단기간 내 사업 추진이 용이한 '폐기물 및 바이오매스 혼소 발전' 등의 에너지원에 대한 편중 되었고 제도 도입 취지와 달리 제도의 구조적 특징으로 신·재생에너지 공급 비용 절감 효과가 불확실한 면이 발생하였다.

|표 4| 2011년-2017년 연도별 신·재생에너지 발전량 및 누적 발전 설비 총 보급용량 현황

구분	2011	2012	2013	2014	2015	2016	2017
신·재생에너지 발전량(GWh)	17,346	19,498	21,438	26,882	37,079	40,656	46,619
전체 발전량 대비 비중(%)	3.46	3.66	3.95	4.92	6.61	7.24	8.07
누적 신·재생에너지 총 보급용량(MW)	7,460	8,141	9,937	11,860	13,729	13,845	15,702

주: 2017년도의 경우 잠정치임
자료: 산업통상자원부·한국에너지공단, 「2016년 신·재생에너지 보급통계」, 2017.11의 내용을 바탕으로 정리함

Fig 4.4
연도별 신재생에너지 발전량 및 누적 발전설비 총 보급용량 현황

태양광사업은 2015년까지 별도 태양광 REC로 태양광만 재생에너지원 중 분리하여 특별 관리하였으며 제12차 녹색성장위원회('11.10)에서 경기 침체에 따른 태양광 업계의 애로사항을 해결하고자 '12년, '13년 태양광 의무공급량 목표 상향 조정('15년, '16년 목표 하향 조정)하였다. 태양광의 경우 개발 기간이 작고 소규모 업체들이 적은 비용으로 시작할 수 있고, 태양광 모듈 가격하락, 개발 Risk와 운영 Risk가 풍력 대비 낮아 '12년(0.69GW) 이후 연평균 약 45% 이상 증가하였고 '18년에만 2GW가 설치되었으며 이로 인한 누적 설치량은 '18년 말 기준 7.13GW를 달성하였다.

태양광 모듈 원가 하락, 태양광 산업 성장 그리고 대규모 태양광사업 등으로 인해 태양광 LCOE 가격은 현재까지 급속히 하락하였다. 폐기물 및 바이오매스 혼소 발전으로 집중 및 정부의 신재생 의무 할당량 비율 변경으로 인해 2017년을 전·후로 REC 발급량이 급속히 늘어 상당한 가격하락(2017년 1월, 161,165원/REC → 2019년 10월, 54,411원/REC)이 발생하게 되었으며 이 시기에 석유, 석탄 가격하락 등으로 인해 SMP 가격의 하락이 더해졌다.

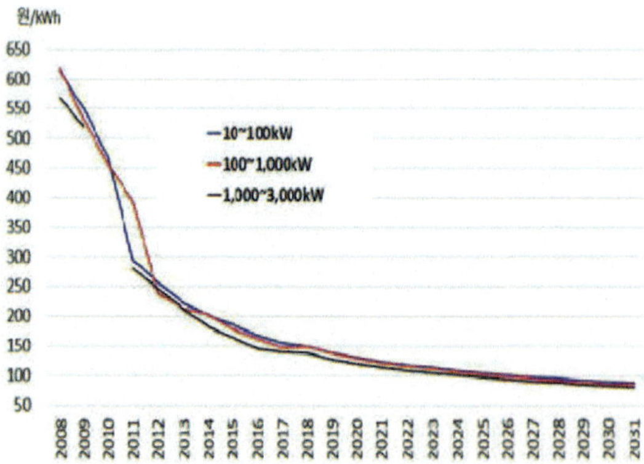

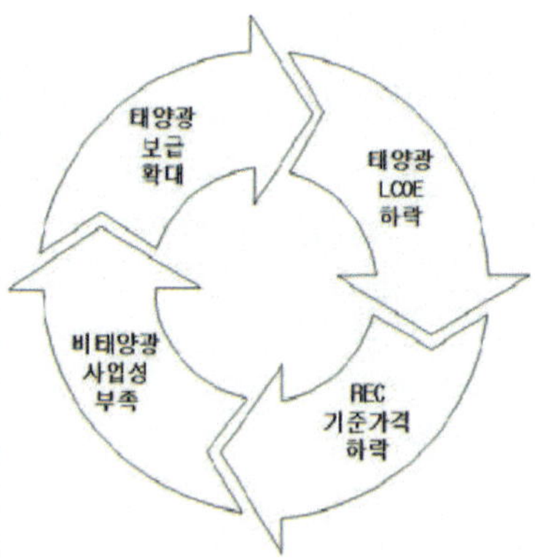

Fig 4.5
태양광 산업의 LCOE
(자료 에너지경제연구원 2019)

RPS 제도 운영 초기 태양광/비태양광 시장 분리 운영(초기 4년간('12~'16.2)을 시행하였다. 그 이유는 태양광 모듈 가격이 높아 태양광 산업 육성과 태양광 시장을 보호하기 위해서는 태양광 사업에는 별도 정산 기준가격 산정 및 정산이 시행되어야만 했다. 기타 신 · 재생에너지들은 통합 정산이 되었다. 하지만 초기 이후 Fig 4.5와 같이 태양광 모듈 가격하락에 따른 LCOE 가격이 하락하였고 많은 태양광 사업이 추진되면서 REC 공급이 과다해졌고 REC 기준 가격이 하락하였다. 하지만 비 태양광은 사업성 부족으로 많은 사업이 진행되지 못해 비 태양광 REC 공급 부족 상황이 지속되었다.

이때 비태양광 REC 가격이 폭등(비태양광 REC 현물 평균 가격 2012년 하반기 6만 6000원 → 2013년 12월 24만원(1년간 4배 상승))하였다. 이로 인해 신재생에너지 공급의무량 미달로 인한 RPS 공급의무자의 과징금이 급속히 증가하였다. (한국전력공사 산하 5개 발전자회사 신재생에너지 공급 의무량 미달로 인한 과징금 → 2014년: 644억원, 2015년 1875억) 수요와 공급의 법칙에 의하여 공급 부족과 미이행 시 과징금이 해당연도 REC 평균 가격의 1.5배 한도로 부과되기에 비태양광 REC는 폭증하였다.

이때 FiT 제도 때 확보된 탄소배출권 물량을 정부 REC로 기존 수요와 공급으로 거래되던 가격의 절반 이하로 RPS 공급의무자에게 판매하여 이슈가 되었기도 하였다. 또한, 의무 이행에 대한 유연성 제공[36]으로 인한 이행 연기 : 의무량의 비율 중 일부(초기에 비해 확대되어 현 20%)인 20%까지는 3년 한도(2014년 법률 개정으로 의무 이행 연기 기간이 1년에서 3년으로 연장)로 연기 가능하며 사전 확보한 의무량은 후

36) 의무 이행에 유연성을 제공하기 위해 RPS제도에 뱅킹(Banking) 및 의무 이행 연기(Borrowing) 등 유연성 메커니즘이 도입되었습니다. 뱅킹 제도는 의무량을 초과달성한 경우 초과된 REC를 차년도 의무량에 예치하여 차년도 의무량을 줄이는 제도이며, 의무 이행 연기제도는 의무 이행량을 달성하지 못한 경우 일정량을 차년도 의무량에 전가하여 의무 이행을 차년도로 연기하는 제도

년도 의무량으로 대체 가능한 제도가 생기면서 사업자의 전력판매가격의 향후 예측 정확성은 더 떨어지고 사업개발 Risk는 상당히 높아지게 되었다. 의무 이행에 대한 유연성 제고 메커니즘은 Fig 4.6에 도식하였다. 단, RPS 대상 사업자의 이행 불이행시 과징금은 해당연도 REC 평균가격의 1.5배 한도로 부과가 된다.

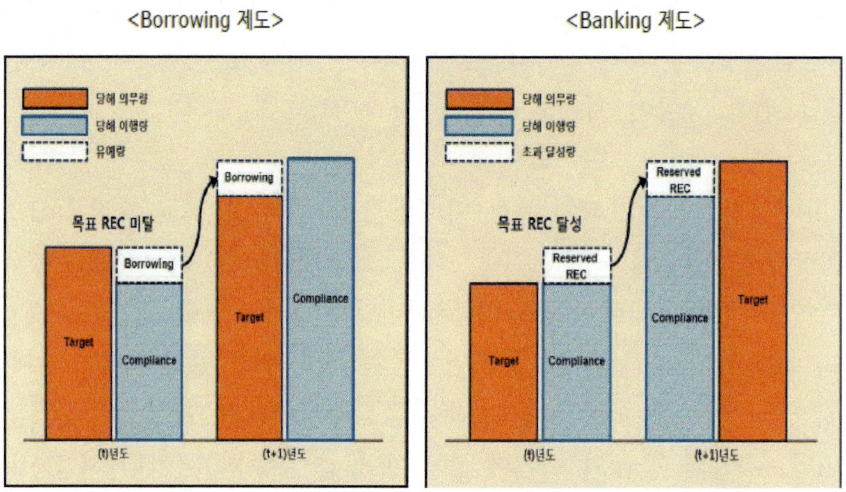

Fig 4.6
유연성 메커니즘

Source : 신·재생에너지 의무할당제도 시행방안 연구(RPS 시행방안 공청회 자료, 2010.03.30, 한국전기연구원)

이후, 태양광/비태양광 시장 통합 운영('16.3~현재)을 시행하게 되었고 REC 확보가 빠른 신재생원인 태양광 위주로 지속적으로 증가하였으며 통합 시장 운영 및 년도 별 신재생 의무 할당량 조절(후퇴)로 인해 Fig 4.7[37]에 보이는 것과 같이 2017년을 전 · 후로 REC 의무량(수요)과 REC 발급량이 역전되는 현상 발생하였으며 이로 인해 REC 가격하락을 가져왔다. 즉, 통합으로 인해 태양광사업의 수익성은 향상되었고 비태양광 발전원들에는 악영향 가지고 왔다.

37) https://www.mal-eum.com/rps (RPS 설비 현황)

육상 풍력의 경우는 누적 설치량 기준으로 '12년(0.48GW)에서 '18년(1.38GW)로 태양광 대비 성장세는 미약하지만 계속적인 성장을 이루어 왔다. 하나 흥미로운 사실은 태양광처럼 모듈 가격 및 규모의 경제, 개발 Risk 감소에 따른 LCOE 가격하락이 있던 반면, 풍력의 경우 개발기간, 민원보상비 증가 등으로 인해 규모의 경제, 터빈 대형화에 따른 MW당 터빈 가격하락 부분이 상쇄되어 2012~2013년이나 현재나 유사한 CAPEX 비용(MW당)과 LCOE 가격을 형성하고 있다라는 점이다.

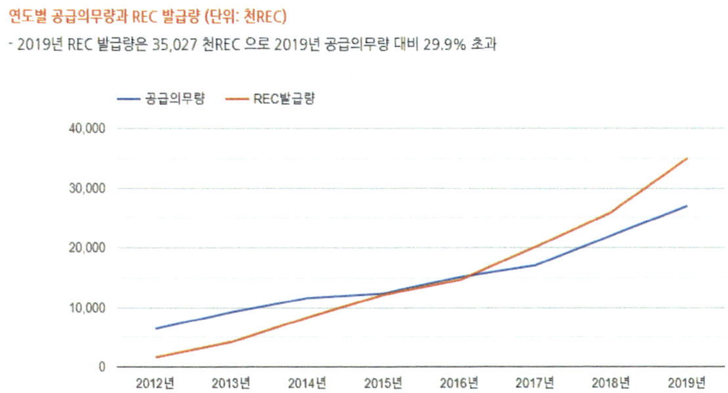

Fig 4.7
REC공급의무량과
REC 발급량

'17년 이전 의무량(수요)>발급량(공급), '17년 이후 의무량(수요)<발급량(공급)

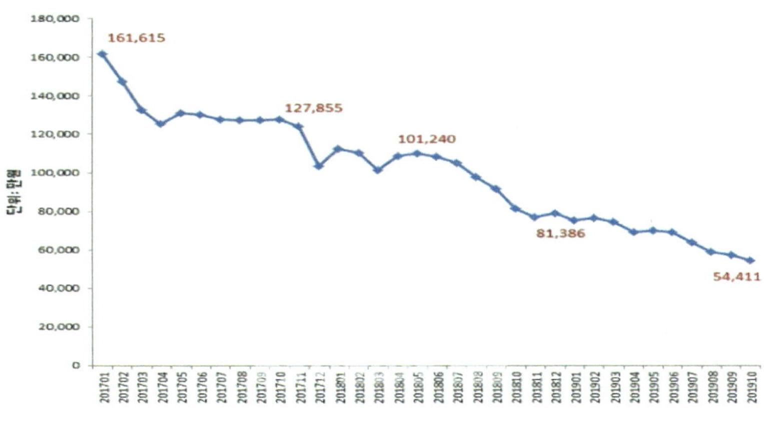

Fig 4.8
REC 통합 시장 이후
REC 가격 변화

태양광 설비의 특성상 비태양광 대비 월등한 이행율 달성으로 인해 태양광 현물 및 선정 시장은 물론 기준 가격 선정 시 비태양광 시장까지 영향을 미쳐 REC 기준가격의 폭락을 가져왔다. 그 결과 Fig 4.8에 보이는 것과 같이 2년 9개월 동안 33.67% 하락하였다.

이 시점에서 FiT제도와 RPS 제도를 Table 4.6으로 비교하겠다.

Table 4.6
FiT와 RPS 제도 비교

구 분	발전차액지원제도(FiT)	신재생에너지 공급의무화(RPS)
메커니즘	• 정부가 신재생에너지 가격 결정 • 신재생에너지 생산은 사업자가 결정	• 정부가 신재생에너지 생산량을 결정 • 신재생에너지 가격은 시장에서 결정
재 원	• 전력산업기반기금	• 전력구입비
전원구성	• 전원별 기준가격으로 조절	• 전원별 목표량, 가중치로 조절
장 점	• 가격 보장으로 투자 확실성, 단순성 유지 • 안정적 투자유치로 기술개발과 • 산업성장 가능	• 기업간 경쟁촉진으로 생산비용 절감 가능 • 시장을 통한 보상으로 정부 재정부담 완화 • 보급 목표량 관리 용이
단 점	• 정부의 막대한 재정부담 초래 • 기업간 경쟁부족으로 비용절감 유인부족 • 신재생에너지 공급 규모의 예측 불확실 (보급목표량 관리 어려움)	• 수익 변동으로 투자유치 및 기술개발 불리 • 경제성 위주 특정 에너지로 편중 가능 • 제도 도입을 위한 인프라 구축 필요(REC 발급, 거래 등)

신 · 재생에너지원별로 투입되는 투자 설비 비용, 개발 비용, 그리고 운영 비용이 각기 다르기 때문에 LCOE 가격은 모두 상의하다. 균형 있는 신 · 재생에너지의 활성화를 위해 균형 있는 이용 · 보급과 기술개발 촉진 등의 목적으로 산업부장관이 3년 주기로 기술개발 수준, 신·재생에

너지의 보급 목표, 운영 실적과 그 밖의 여건 변화 등을 감안하여 에너지원별 LCOE와 그 때 REC 가중치를 산정한다. 2018년 6월에 개정된 에너지원별 가중치 산정의 근거인 발전원별 LCOE[38]는 Fig 4.9에 도식하였다. 여기서 주의해서 보았으면 하는 부분은 해상풍력의 LCOE이다. 2018년 당시 해상풍력의 LCOE는 약 300원에서 350원이라는 점이다. 이 분석으로 인하여 연계거리 가중치 및 수심 가중치 등등 해상풍력 사업성을 확보하기 위한 REC 가중치 제도가 신설되었다.

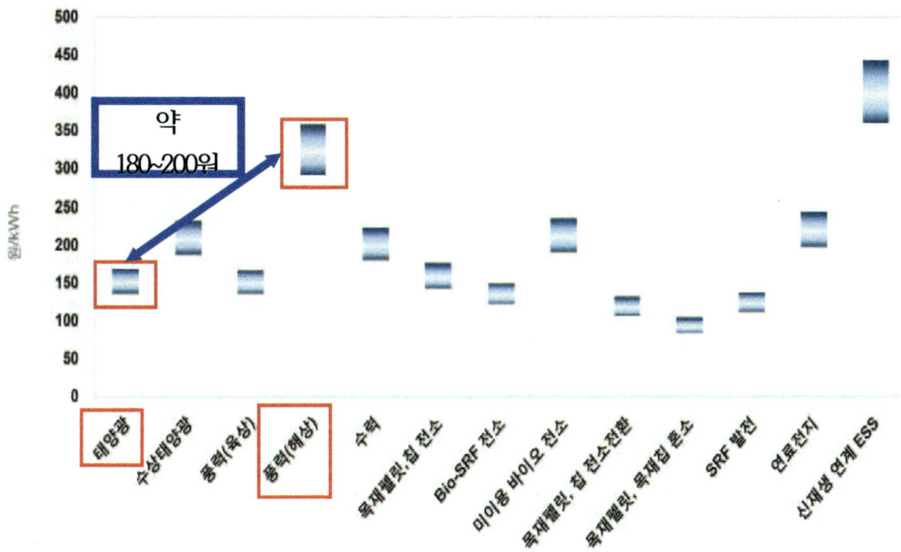

Fig 4.9
국내 신·재생에너지원별 LCOE

최근 한국에너지공단 신·재생에너지 센터에서 2021.05.18.일 발간한 신재생에너지에 대한 이해 증진 및 대국민 홍보를 위해 "2020 신재생에너지 백서"에 따르면 정부가 생각하는 현재의 해상풍력 LCOE 가격은 SMP 89.9원/kWh에 REC 가중치 2.3에 REC 가격은 85.3원/kWh이다. 즉, LCOE 가격은 286.09원/kWh인데 과연 2018년에서 3년이

38) <참조>RPS 제도개선을 위한 공정회 자료 중 주요 에너지원별 발전원가 분석결과(삼정회계법인 (2018))

지난 시점에 해상풍력이 LCOE 가격이 300~350원/kWh에서286.09원/kWh로 하락 할 수 있는 요소들이 있었는가 하는 점이다. 풍력 터빈 가격이 많이 내려갔는가? 아니면, 해상풍력 전용 설치 선박들이 많이 건조되어 해상풍력 설치비용이 낮아졌는가? 아니면 O&M 전문 업체들이 많이 생겨나서 유지보수 Know-How를 바탕으로 OPEX 비용이 절감되고 있는가? 이다.

불행히도 3년이 지난 시점에 한국 해상풍력 산업 현황은 많은 프로젝트가 사업을 진행하려고 부지 선정 풍향 측정 등 진행은 하고 있지만, 건설 및 운영단계까지 도달하여 표준 LCOE 가격을 도출할 수 있는 충분한 Back Data가 많이 부족하다.

또한, 사업 개발 기간이 길어지면서 개발 비용이 증가되고 있으며, CAPEX 비용을 낮출 수 있는 터빈 가격이 일부 터빈 제조사들이 독식하는 시장으로 변화하여 오히려 상승하고 있고 해상풍력 전용 설치 선박이 없어 웃돈을 주고 확보하거나 공사 시점을 전용 설치 선박 확보하는 시점으로 미루어야 하는 게 현실이다.

지금부터는 사업개발자의 입장에서 해상풍력의 전력판매단가에 대하여 년도 별 변동을 고려해 보겠다. 단순 비교를 위해 18년 하반기에는 연계거리 가중치 적용으로 REC 가중치를 2.7을 그 이전에는 단순 계산을 위해 REC 가중치를 2라 가정하겠다. REC 계약시장 선정 가격 평균 육지 기준 SMP(SMP 6개월 평균가격)와 REC 가격을 Table 4.7에 정리하였다.

	2017년 상반기	2017년 하반기	2018년 상반기	2018년 하반기	2019년 상반기	2019년 하반기	2020년 상반기
선정평균(S+R) [원(kWh)]	181.486	184.595	179.965	173.982	167.333	159.267	151.735
SMP[원(kWh)]	84.44	78.58	92.12	98.10	97.86	83.08	77.84
REC[원(kWh)]	97.05	106.01	87.85	75.89	69.47	76.19	73.90
REC 가중치		2			2.2		
해상풍력전력 판매단가[원(kWh)]	278.53	290.61	267.81	265.04	250.70	250.70	240.42

Table 4.7
해상풍력 전력판매단가

실제 현업에서는 Table 4.7과 유사한 패턴을 보였으며 (가중치에 따라 상이) REC 가중치가 변경되었음에도 분석과 LCOE 가격과는 전혀 다른 전력판매단가를 보여주고 있다. 자세히 보면 제도 변경 이전에 계약하는 것이 더 많은 수익을 창출할 수 있는 상황이 되는 모순된 상황이 연출된다. RPS 제도의 모순은 각원별로 가중치 적용된 REC까지 고려한 LCOE가 동일하게 검토되야 원래의 제도 설립의 목적을 이룰 수 있으며 만약 예측 한대로 되고 있지 않다면 우선 현실을 반영한 LCOE 가격 분석이 우선 이루어져야 하고 그 이후 REC 가중치와 REC 가격에 대한 논의가 이루어져야 한다고 생각된다.

근본적 해결책 없이 REC 가중치만을 개편하여 REC 물량이 증가하고 그에 따라 가격이 하락하고, 수익이 악화된 사업 진행의 불확실성을 증가시켜 사업 진행이 불가하게 되는 상황들로 많은 사업들이 현재 제도 개선에 대해 반발이 있는 이유이다.

결국 국내에서 REC 라는 것은 Grid Parity에 도달하지 못한 신 · 재생에너지 사업의 경제성 확보를 위한 정부 지원 정책으로써, 산업 경제성 확보까지 정부 지원을 통해 신 · 재생에너지산업 활성화를 통해 기술

개발, 용량 증대, 유지보수 비용 절감 등으로 CPEX와 OPEX 비용 절감을 통해 LCOE를 낮추고 재생에너지 전력 가격이 Grid Parity에 도달하여 향후 REC 지원 없이도 독립적으로 자생할 수 있는 환경을 조성하기 위해 한시적으로 필요한 정책이라 할 수 있겠다.

신 · 재생에너지원별로 상황을 고려하여 LCOE 비용이 높은 에너지원 특성과 낮은 에너지원 특성을 고려하여 REC 가중치를 균형 있게 산정해야 하고 지금 산업부 장관이 3년 주기로 기술 개발 수준, 신 · 재생에너지의 보급 목표, 운영 실적과 그 밖의 여건 변화 등을 감안하여 산정하고 있는 REC 가중치 변경도 발전원별로 개발 특성을 반영하여 조정될 필요가 있다. 예를 들어 풍력 산업인 경우 태양광 산업과 달리 개발 기간이 길고 해상인 경우 육상 풍력보다 더 긴 개발 기간이 필요한 상태에서 개발 시작부터 개발 완료 시점까지 최소 5년 이상이 걸릴 경우 REC 가중치 변경이 3년 주기인 것을 가만하면, REC 가중치는 1~2번 변경이 일어나는 경우가 대다수일 것이고 사업자(Developer) 입장에서는 전력 판매 단가에 대한 확정이 없는 상태로 점점 낮아지는 REC 가중치로 인해 사업 추진에 대한 불확실성은 커져만 가는 갈 것이다. 이에 따른 깊은 고찰이 필요해 보인다.

[REC 정산 구조]

사업자(Developer) 입장서는 전력생산량과 전력 판매 단가는 매우 중요한 요소이다. 우리나라 신재생사업의 전력판매단가는 SMP와 REC로 이루어지게 되는데 SMP는 전력 생산과 소비에 따라 결정되고 REC는 RPS 의무대상업자의 구매 가격에 따라 달라진다. 이에 RPS 의무대상 사업자의 경우 자체 건설에 의한 조달과 외부 조달을 통해 의무량을 이행하면 되고 이에 따른 5가지 정산방법에 대해 고찰을 해 보고자 한다. 여기서 외부 조달은 4가지 방법(현물시장, 자체계약, 선정계약, 소형태양광계약(한국형FIT))이 존재한다.

① 자체건설 : 전체 신재생에너지원에 대해서 연중 어떤 시기라고 공급의무자가 자체 건설하는 사업에 대해서 체결하는 계약
② 현물시장 : 수요와 공급에 따른 매매시장으로 전체 신재생에너지원에 대해서 주 2회 사장가격의 REC가격이 산정되며 사업자는 SMP변동에 따른 Risk를 가짐, 전력거래소 주관
③ 자체계약 : 당사자 간 자유의사 계약에 따라 전체 신재생에너지원에 대해서 REC 또는 SMP+REC에 대하여 계약기간 등에 대해 자율적으로 계약을 체결함, 하당에 설명하겠지만 이때 RPS 대상자가 장기계약에 따른 정산 가격인 기준가격이 존재한다는 점을 유의하여야 함
④ 선정계약 : 의무자의 계약의뢰 태양광 물량을 경쟁입찰로 사업자 선정, 연 2회 실시되며 20년 기간의 SMP+REC 계약으로 추진, 에너지공사 주관
⑤ 소형태양광계약(한국형FIT) : 발전공기업의 소규모 태양광 계약(30kW미만, 조합 100kW미만)을 20년 기간의 SMP+REC 계약으로 추진(단, 전년도 선정계약 낙찰가)기준, 에너지공사 주관

자체 계약은 공급의무자가 REC 판매자와 체결하는 계약으로 SPC에 지분 참여를 통한 수의 계약 형태로 각 계약 형태에 진행되며 SPC에 지분 배당과 혹은 O&M role을 수행하면서 참여할 수 있기 때문에 SPC 수익을 고려하여 REC 수의 계약을 체결하기 때문에 상대적으로 고가에 계약이 진행된다. 이에 따라 계약 형태에 따른 REC 가격은 자체계약 〉 현물시장 〉 선정계약 〉 자체건설 순으로 구성이 되게 된다.

구체적인 계약서 내용에 따라 “REC 금액 계약”만을 확정이 있으며 가중치가 1인 아닌 경우에는 “SMP+1REC 계약”방식(수익 변동형으로 SMP 변동에 따라 수익이 변동, 정산금액(SMP+(계약가격−SMP)×가중치))과 “SMP+1REC×가중치 계약”방식(수입고정형으로 SMP 변동에

상관없이 수익이 고정됨, 정산금액(SMP+(계약가격-SMP)이 존재한다.

이행비용의 정산은 Table 4.8에 명기된 신에너지 및 재생에너지 개발·이용·보급 촉지법 시행령 제18조의 11에 의해 정산되면 정산 절차에 기준 가격이 존재하게 된다. 즉, 의무 의행 비용은 구입전력비로 한전이 지급(2012년 도입)하게 되어 있고 한전이 전기 사용자로부터 비용을 회수하여 의무자에게 지급하게 되어 있다.

Table 4.8
공급의무자의
의무이행비용 보전

제18조의11(공급의무자의 의무이행비용 보전) 정부는 공급의무자가 공급의무의 이행에 드는 **추가 비용의 적정 수준**을 「전기사업법」 제2조제13호에 따른 **전력시장을 통하여 보전**할 수 있도록 노력하여야 하고, 전력시장에 참여하는 같은 법 제2조제10호에 따른 **전기판매사업자가 그 비용을 전기요금에 반영하여 회수**할 수 있도록 노력하여야 한다. [신설 '10.9.17]

기준 가격은 평균단가 적용으로 의무자별 이행비용 절감 유도를 위해 REC 확보 방법에 따라 의무자별 자체 건설 비용 또는 외부 구입 비용등 다양하나, 비용정산을 위한 기준가격(정산단가)은 전체 REC 확보 비용의 평균을 적용하고 있다.

기준가격 산정의 원천자료와 산식은 Table 4.9와 Table 4.10에 명기하였다.

<table>
<tr><th colspan="2">이행방법</th><th>기준가격 산정[39]</th><th>원천자료</th></tr>
<tr><td colspan="2">• 자체건설(Bio혼소 제외)</td><td rowspan="3">• 전체 이행물량*의 건설 또는 구입 평균 가격</td><td>• 거래소가 가격 산정
• - 발전사로부터 건설 및 운전비 자료 확보하여 거래소에서 산정</td></tr>
<tr><td colspan="2">• 자체계약(고정계약 제외)</td><td>• 거래소 전자계약시스템</td></tr>
<tr><td colspan="2">• 현물시장 구입</td><td>• 거래소 현물시장시스템</td></tr>
<tr><td rowspan="3">고정가격계약
(REC+SMP)</td><td>선정계약</td><td>• 계약단가에서 SMP** 차감</td><td>• 한국에너지공단 자료</td></tr>
<tr><td>소형태양광계약
(한국형FIT)</td><td>• 계약단가에서 SMP 차감
- 계약단가 : 반기별 정계약 100kW 미만 설비의 낙찰평균가 중 높은 값</td><td>• 한국에너지공단 자료</td></tr>
<tr><td>자체계약</td><td>• 해당연도 전체 고정가격 계약 평균가격에서 SMP 차감</td><td>• 거래소 전자계약시스템</td></tr>
</table>

Table 4.9
일반 REC

정책의 변화 중 큰 변화는 비용정산세부 운영규정 중 2018년 5월에 변경된 기준가격 산정 방식이다. 기존에는 'SMP + REC' 고정가 자체계약 정산방식에서 계약체결 해당연도의 전체 고정가(SMP+REC) 계약가격의 가중평균으로 20년간 적용에서 최초 REC 생산연도의 "정부정산 REC가격" 으로 20년간 정산(설비 준공 연도)으로 변경 된 것이다. 즉, 당해 연도 계약을 하고 당해 연도 준공을 못할 경우 판매단가에 대한 변동이 사업자에게 전가되게 되었으며 사업 불확실성이 증가로 투자 의사결정 및 Project Financing 체결이 어려움을 가져오게 되었고 태양광인 경우 정부 정산 REC 가격 체결된 REC 가격 보다 높은 현상으로 RPS 의무대상 업체들이 태양광으로 할 경우 정부 정산 REC 가격과 체결된 REC 가격 차이에 대한 추가 수익을 얻을 수 있었고 개발 기간이

39) *SPC와의 거래(고정가격계약은 포함), 사후재정산 REC는 평균에서 제외, ** 한전PPA : 월가중평균 SMP, 시장거래 : 월 정산금액/전력거래량

긴 대용량 육상 풍력과 당해 연도 계약 및 준공이 불가한 해상풍력인 경우 상당한 악영향으로 다가왔다.

[단위 : 원/REC]

Table 4.10
기준가격 산정 산식

구 분	외부구매 (현물시장,자체계약) 고정가격계약 제외	자체건설* (바이오혼소 설비 제외)	고정가격계약		
			선정 계약	소형태양광 계약	자체계약
이행정산물량	QO	QR	QS	QV	QT
가중평균단가	PO	PR*	PS	PV	PT
기준가격	전체 이행정산물량의 평균가격 $\frac{P_O\times Q_O+P_R\times Q_R+P_T\times Q_T+P_S\times Q_S+P_V\times Q_V}{Q_O+Q_R+Q_T+Q_S+Q_V}$		설비별 계약가격 - SMP	반기별 선정계약 100kW 미만 설비의 낙찰 평균가 중 높은 값	고정가격계약 전체평균 - SMP

기준 가격 산정을 아주 단순화하여 예시문제를 Table 4.11 만들어 설명하도록 하겠다. 단위의 단순화를 위해 이행정산물량은 MW단위로 REC 가격은 kWh/원으로 환산하였다. 이때 경우 기준 가격은 98.41원이 된다. 자체 계약은 1kWh를 생산할 때 마다 11.6원을 손해를 보는 구조이다.

Table 4.11
기준가격 산정(REC)
예시

	자체건설	현물시장	자체계약	선정계약	소형태양광
이행물량[MW]	100	500	200	200	10
가중평균단가[원(kWh)]	75	96	110	105	90
기준가격 [원(kWh)]	$\frac{100\times 75+500\times 96+200\times 110+200\times 105+10\times 90}{100+500+200+200+10}\fallingdotseq 98.41$				

만약 기준 가격 REC(kWh/원) 자체 계약에서 여러 계약이 존재할 때, 어떤 사업은 높게 쓰고 어떤 사업은 낮게 쓰고 그 평균을 기준 가격이 되게 하여 계약을 체결할 경우 동일 기준 가격일 때 REC 가격이 평균 가격보다 높을 때와 낮을 때에 따른 영향에 대해 Table 4.12와 Table 4.13을 통해 비교해 보겠다. 이때 자체 계약 Case A와 Case B는 REC 기준 가격은 동일하게 81.5원이다. 정부에서 REC 비용을 REC 기준 가격으로 정산해 줄 때 기준 가격보다 낮게 체결된 사업일 경우에는 REC 가중치에 상관없이 REC 계약 금액보다 높은 금액으로 정산받기 때문에 RPS 대상사업자는 정산차액으로 이익을 보게 된다.

	설치 용량	SMP	REC	가중치	계약금액	정산금액	정산차액
태양광 A	100	120	83	1.2	219.6	217.8	1.8
태양광 B	100	120	82	1.5	243	242.25	0.75
육상풍력 C	100	120	81	1	201	201.5	−0.5
해상풍력 D	100	120	80	2.3	304	307.45	−3.45

Table 4.12
자체가격 Case A

	설치 용량	SMP	REC	가중치	계약금액	정산금액	정산차액
태양광 A	100	120	80	1.2	216.0	217.8	−1.8
태양광 B	100	120	81	1.5	241.5	242.25	−0.75
육상풍력 C	100	120	82	1	202.0	201.5	0.5
해상풍력 D	100	120	83	2.3	310.9	307.45	3.45

Table 4.13
자체계약 Case B

따라서, LCOE가 가장 저렴하여 REC 가격을 낮게 쓸 수 있는 재생에너지인 태양광 REC를 구매하는 것이 RPS 대상 사업자에게는 이익이 크고 높은 풍력 LCOE로 인해 풍력 사업자들은 높은 REC 가격을 체결할 수밖에 없고 풍력 REC 가격으로 인해 REC 기준 가격이 태양광 LCOE 수준을 초과하여 형성되기 때문에 태양광 사업자들은 높은 REC로 계약을 체결할 수 있는 구조이다.

저자의 개인적 의견으로는 각 신 · 재생에너지원별로 분리가 되지 않는다면 현 기준으로는 LCOE가 가장 저렴한 신 · 재생에너지원인 태양광으로 사업을 할 수 밖에 없는 상황이다. 따라서, 현 구조상에서는 신 · 재생에너지원별 분리를 통한 정산이 유일한 개선책이 아닐까 생각한다.

4.2 해상풍력의 계획과 정부 지원 변천사

[국내 최초 해상풍력 주요 계획]

2011년 당시 지식경제부에서는 '20년까지 세계 3대 해상풍력 강국으로 도약하기 위한 『서남해 2.5GW 해상풍력 종합추진계획』을 발표하고, 발전회사 및 풍력설비개발사들이 참여하는 "해상풍력 추진 협약식"을 체결하였다. 당시 계획은 '19년까지 3단계로 나누어 총 2,500MW 규모의 대규모 해상풍력발전단지 건설에 약 10조 2천억원 투자할 계획이었다.

- 1단계 : '14년까지 100MW 실증단지에 약 4천억원 투자
- 2단계 : '16년까지 400MW 시범단지에 약 1조 6천억원 투자
- 3단계 : '19년까지 2,000MW 해상풍력발전단지 추가 건설(8조 1,934억원 투자)

2011년 당시 국내에는 풍력시스템 8개 공급사(두산중공업, 대우조선해양, 삼성중공업, 유니슨, 현대중공업, 효성중공업, DMS, STX중공업)가 있었다. 11년이 지난 2023년 현재 풍력시스템을 개발을 유지하고 있

는 터빈 공급사는 3개사(두산중공업, 유니슨, 효성중공업)정도만이 남아 있으며 서남해 해상풍력은 2023년 현재 1단계 60MW만이 설치 완료되었다. 1단계는 전원개발촉진법으로 진행된 국책사업이었다는 점을 기억해 두길 바란다. 그 외에 실질적인 해상풍력 설치 실적 상업단지 기준으로 탐라해상풍력 30MW로 누적설치 기준 90MW 준공 운영이 국내의 현실이다.

2011년 당시 협소한 국토 여건을 감안하여 육상풍력보다 환경 파괴·민원 발생이 적고, 대규모 단지 개발도 가능할 것으로 전망하였지만 실제로는 그렇지 않았다. 이에 대해서는 인허가와 민원에서 자세히 설명하도록 하겠다.

해상풍력에 대한 유의미한 정책 발표는 2017년 산업통산자원부의 재생에너지 3020 이행 계획이다. '30년까지 재생에너지 발전 비중 20%('17년 7.6%) 달성이 목표 신규 설비용량(48.7GW)의 약 97%를 태양광, 풍력 등의 청정에너지로 보급하여 '30년 누적 기준 태양광 36.5GW, 풍력 17.7GW 설치 목표였다.

- 1단계 : '18~'22년[5.0GW공급] 민간 · 공공기관이 제안한 프로젝트 중 5GW 집중
  → 전원개발촉진법 승인검토 및 선제적 계통 연계 검토 등 통해 지원
- 2단계 : '23~'30년[23.8GW공급] 해상풍력 대규모 계획단지 조성(계획입지)

[재생에너지 산업 경쟁력 강화]

- 단 기 : 기술 추격형 R&D(6MW이상 초대형 해상풍력 시스템), 단가저감형 R&D(핵심부품 국산화, 시스템 비용절감)
- 중장기 : 부유식 해상풍력 기술 확보

2023년 현재 운영 중인 해상 풍력 사업 중 하나인 서남해 해상풍력 프로젝트[40]는 정부 주도형 사업으로 당초 계획한 2.5GW 준공 목표에

서 실제로 준공된 것은 60MW로 계획 대비 2.4%가 실행되었고, 본 사업을 추진할 때 계획한 국내 터빈 제조사 활용을 통한 산업 경쟁력 강화를 목표로 하였으나 국내 제조사 경쟁력은 아직 Global 수준에 미치지 못하고 있다.

서남해 계획 당시 국내 터빈 제조사와 EPC사를 활용 하면 그 업체들이 경험이 쌓이게 되고 그렇게 되면 경쟁력을 갖출 수 있을 거라는 막연한 기대를 갖고 진행되었던 것 같다. 하지만 터빈 제조사와 EPC사 입장에서 보면 꾸준히 일정 규모 이상의 계약 물량이 없는 상태에서 LCOE 가격 절감을 위한 신기술 개발, 공사 공법 연구 등 개발 비용이 들어가는 투자를 진행하면서 사업을 확장하기가 어렵다.

유럽처럼 LCOE 가격 절감을 위해 필요한 가장 중요한 사항은 매년 일정 규모 이상씩의 해상풍력단지 개발과 착공을 통해 사업을 할 수 있는 시장을 만드는 것이 국내 해상풍력 산업을 육성할 수 있는 해법이라고 생각한다. 해외사례에서 언급된 민원과 인허가에 대한 깊은 고민이 없었고, 터빈 제조사, EPC 업체들도 국제적 경쟁력 확보에 대한 노력보다는 정부 주도 사업에 이윤추구에만 목적을 두고 참여하다 보니 LCOE 가격 절감에 대한 노력이 없었다. LCOE 가격 절감에 대한 고민이 없게 되면 경쟁력 있는 소수의 업체만 생존하는 IPP 시장에서 국내 터빈사, EPC사, O&M사는 몰락의 길을 갈 밖에 없다고 판단한다.

따라서, 많은 사업들이 개발되어 국내 업체들이 경쟁력을 확보할 수 있는 Know-How를 쌓을 수 있게 되어야 하는데 지금 개발 사업들이 지연되고 중단되고 있는 가장 큰 문제는 인허가와 주민 수용성이고 이에 대

---

40) 서남해 해상풍력
☞ 경험을 통한 CAPEX & OPEX 비용절감 효과, 규모의 경제 실현 → Jump-Up 계획
☞ 경제성 논리로 인한 사업 실패(CAPEX를 고려 초기 시공사컨소시엄 → 국내 터빈사만 지원)
☞ 국내 터빈사도 경쟁력을 못 갖추었으며 많은 업체가 하도업체가 사라짐

한 뚜렷한 해결책이 없다는 것이다. 현재 인허가 프로세스는 단계마다 주민 수용성 확보을 요구하고 있다. 이것은 인허가 단계마다 민원 보상비가 상승하고 지방자치단체에 의해 민원과 인허가가 결탁하여 결국은 기술의 성숙 등으로 절감된 비용만큼 민원보상비의 증가로 똑같은 LCOE 가격 만들어지는 결과로 연결되고 있다. 업계에서 요구하는 민원과 인허가 지원 및 예측 가능한 전력판매단가가 이루어지지 않는다면 민간 개발사들 역시 정부 정책을 신뢰하지 않고 사업 철수를 선언한 중공업사(터빈 공급사)들과 같은 역사를 되풀이하지[41] 않을까 우려된다.

국내 풍력 및 해상풍력의 민원과 인허가에 대해서는 4.3절에서 자세히 설명하도록 하겠다.

이 당시에도 이야기되었던 덴마크 및 유럽의 사례(One-Stop Shop 등)가 현시점에 다시 언급되고 있다. 해외 해상풍력 주요 계획에서 서남해 국책사업과 유사한 Walney 단지를 비교해 보도록 하겠다. 서남해와 유사한 시기의 계획이며 계획과 유사하게 Walney 단지는 상업 운전을 시작하였다, 또한, 이 시기 유럽의 LCOE 절감 방향과 노력을 주목해 볼 필요가 있다. 저자가 생각하는 LCOE 절감은 일정 계약 물량이 꾸준히 나와 지속적인 해상풍력단지의 공사 착공이 진행 되어야 새로운 공사 공법 연구가 수반 되고 공사비 절감을 위한 다양한 시도가 실제로 적용되고 과거 진행 되었던 사업에서의 문제점을 파악하고 개선하는 노력을 통해 다음 사업에서 적용되어 공사비를 낮추고 건설장비 구축 등 해상풍력공사 생태계가 구축되어야 LCOE가 절감 될 수 있다고 판단한다. 무

41) 과 거 : 서남해 계획 대비 실행 실패로 국내 터빈 인증과 실적확보 실패 → 해외시장 진출 기회 박탈 → 국내풍력시스템사 사업 포기 속출(정부 정책 신뢰 상실)
현 재 : 3020정책에서 탄소 중립 정책까지의 정부 정책 발표에 따른 민간 관심 확대(민간투자 가능) → 현 상황에서도 활성화 실패 시 정부 정책 신뢰 상실 시 → 해상풍력사업은 정책 사업 시대로 회귀

엇이 서남해 국책사업과 Walney 사업이 달랐을까? 저자의 생각은 Walney사업은 IPP가 아닌 PPP형태로 정부가 민원과 인허가에 대한 가이드라인을 제시하였다는 점이다.

- Walney 1 : 공사착공 2010년, 터빈 Siemens SWT-3.6-107 (3.6 MW) × 51대, 단지용량 183.6MW
- Walney 2 : 공사착공 2011년, 터빈 Siemens SWT-3.6-107 (3.6 MW) × 51대, 단지용량 183.6MW
- Walney Extension : 공사 착공 2017년, 터빈 MHI-Vestas 8.25 MW & Siemens Gamesa(7 MW) × 40대, 단지용량 659MW

유럽의 초기 해상풍력 시장과 덴마크의 주민수용성 확보에 대하여 아래 유럽 해상풍력 성장 과정을 통해 국내와의 차이점을 자세히 들여다보겠다.

[유럽 해상풍력 성장 과정]

세계 최초의 해상풍력 단지는 덴마크에서 80년대에 수립된 개발계획에 따라 건설된 "Vindeby Offshore Wind Farm(1991)"이며 이때 터빈은 덴마크 터빈사 Bonus사의 4.95MW급으로 (B35 450모델) 450KW급 터빈 11기로부터 시작되었다. 당시 국내의 한전과 같은 구 DONG Energy AS, 현 Ørsted A/S가 사업을 진행하였다. 이 단지는 해상풍력에 대한 설계 기준조차도 없는 상황에서 육상터빈을 설치하여 25년간 무리 없어 운영한 후 2017년 3월에 25년만에 해체 복구되었다. 이때 터빈사 Bonus사는 현 지멘스사가 인수하였다. 구 DONG Energy AS의 두 번째 해상풍력 프로젝트는 "TunoKnob Offshore Wind Farm(1995)"으로 덴마크를 대표하는 터빈사인 Vestas에서 V39 500(Vestas) 500KW급 터빈 11기로 5MW급 단지로 시작하였다. 이후 많은 수의 소규모 데모(국책사업) 프로젝트가 진행되었다. 이 프로젝트들의 목적은 해상풍력산업의 균등화 발전 비용(LCOE)를 낮추는 것에 초점이 맞추어져 있었다. 여기서 중요하게 보아야 할 것은 초기 두 단지의 Full Load Hours이다. 이는 전력생산량이 다른 표기라는 것을 본 교재에서 언급하였다. "덴마크 에너지청 해상풍력발전 관련 보고서 주요 내용, 2018, 한국에너지정보문화재단" 보고서에 2014년과 2015년 데이터가 언급이 되어있다. 이는 실제 발전량으로 판단된다. 이를 NCF(Net Capacity Factor) 변경하면 Table 4.14와 같다.

	Full Load Hour		NCF(Net Capacity Factor)	
	2014년	2015년	2014년	2015년
Vindeby Offshore Wind Farm(4.95MW)	1,885	1,342	21.5%	15.3%
TunoKnob Offshore Wind Farm(5MW)	2,870	2,942	32.8%	33.2%

Table 4.14
FiT와 RPS 제도 비교

2년치의 데이터의 평균을 P50이라 가정하고 불확도 8% 가정 후 본 단지의 P75를 산정한다면 아래와 같다. PPA 전력 가격, 투입 비용 그리고 O&M 비용에 따라 달라지겠지만 해상풍력 단지에 NCF가 18.4% 혹은 33.2% 정도의 사업이 민간 주도로 진행하기엔 PF가 불가하고 수익성이 좋지 않아 추진이 쉽지 않을 것이다.

정부의 지원금을 통한 데모(국책)사업으로 진행되어야 가능한 수준이다.

- Vindeby Offshore Wind Farm : P50 18.4%, P75 17.4%
- TunoKnob Offshore Wind Farm : P50 33.2%, P75 31.4%

이런 단지들의 경험과 노하우가 최근 매년 CF(Capacity Factor) 50%이상의 출력량을 보이는 터빈 제작기술로 또한 CAPEX 비용과 OPEX 비용이 절감과 함께 LCOE의 절감을 이루어 내었으며 현재 대부분의 유럽국가에서는 육상에 비해 CAPEX 및 OPEX가 비싼 해상풍력도 석탄화력발전 대비 저렴한 LCOE 단가를 이루어 냈다.

이에 대한 성공 원인을 분석해 보면 아래와 같고 예측 가능성과 빠른 사업 진행 및 상호 간(인허가 관청, 송배전 사업자, 민원, 민간개발사, 금융권 등)의 신뢰 형성이 가장 중요하다.

① 국내보다 풍부한 풍력 자원(평균풍속 1~4 m/s[42] ↑), 얕은 수심과 일정한 해저 지반 변화가 또 다른 지형적 요인
② 투자자에게 계통 연계 대한 확신 : 단지가 준공된 이후 전력 생산이 가능
③ 해상풍력 입지 계획 및 One Stop Shop(인허가 단일 창구) : 모든 이해관계자들이 계획 초기 단계에서부터 참여 및 덴마크 에너지청에 의해 인허가 완료 → 34개월 안에 공사 인허가(유럽 평균 42개월)
④ 판단 가능한 어업 보상(2~10년간 기록된 문서상의 피해액 지급), 건설 및 운영 단계에 어선이나 어부에 일자리(해상풍력단지 보호 경비선등) 제공 및 운영 중 어업 허용
⑤ 계획적 착공 및 높은 수익률 → 안정적 수입과 낮은 위험 인식 → 기관 투자자들 매력(안정적인 수입과 낮은 개발 미운영 위험) → 낮은 금리조달 가능

영국 역시도 유사한 방법으로 해상풍력 사업을 진행하였고 이들의 특징은 컨소시엄(Consortium, 협력단) 형태의 입찰을 진행하여 민간에서 CAPEX와 OPEX를 고려하여 사업이 가능한 지원금이 얼마인지 확인하고 그 지원금이 반영된 PPA 단가를 입찰하는 형식으로 진행해 가장 낮은 PPA 가격을 제시한 컨소시엄이 입찰자로 선정되는 형식이다. 이를 통해 Round 1의 2015년 1차 입찰시 낙찰단가 (114.39 ~ 119.89파운

42) 유럽 '14년 기준 60MW이상 상용단지 풍속 : 9.84m/s(최대 12m/s, 최소 9.01m/s)

드/MWh) 수준이었고 Round 3 입찰 수준은 Round 1 때 보다 절반 이상 낮아진 57.50 ~ 74.75파운드/MWh(이는 영국 전력 도매가격보다 저렴한 가격임)로 Round 3를 입찰 마무리 할 수 있었다. 특히, 주목해야 할 부분은 Round 3 입찰의 결과 영국에서는 해상풍력이 원전보다도 LCOE가 저렴하여 진행 중이던 추가 원전건설 계획이 취소되었다는 점이다. 현재는 유럽에서는 석탄 화력과 해상풍력의 발전단가 비교가 원전으로 변경되었다.

유럽 국가들의 규모의 경제와 초기 정부 손실을 고려하고 투자한 과감한 지원으로 육상 및 해상풍력 제조업(자국 터빈사, 또는 안정적인 부품 수급을 위한 터빈 부품사들의 자국 유치 등), 건설업, O&M 업체 및 금융까지 일자리 창출 등으로 새로운 사업 유형을 개발하였고 그 단가는 석탄 화력과 유사 혹은 원전의 60% 수준(해상풍력 기준, 영국)으로 절감하는 획기적인 성과를 보였으며 초기 해상풍력 CF(Capacity Factor) 역시 15.3% → 60% 이상이라는 결과로 LNG 발전과 같은 성과를 보이게 되었다. 즉, 육상풍력은 훨씬 이전 해상풍력 역시 현 시점에서 전통 발전원과 경쟁 가능한 환경이 조성되었다. 바로 이점을 주목하여야 한다.

[국내 최근 5년간의 해상풍력과 재생에너지 관련 정책 변화와 해외의 정책 변화]

[제8차 전력수급계획]

① '분산형 전원' 정의에 대한 구체적 기준을 처음 제시 및 확대방안으로 '신재생에너지 보급 확산', '수요지 인근 입지에 대한 인센티브 강화' 등을 제시

② 경제성 중심의 전원믹스(발전원 구성)으로 환경 · 안전에 대한 고려 미흡, OECD 국가들의 발전원 구성 추세(원전 · 석탄 비중축소, 신재생 확대)에도 불구, 신재생 발전량 목표는 6차 계획보다 감소

③ 경제급전과 환경급전의 조화 : 석탄발전 상한제약 검토(미세먼지 감축목표 달성, 급전순위 결정시 환경비용을 반영, 발전연료 세제 조정, 30년 이상 노후 석탄발전기 봄철(3~6월) 가동 중지

④ 재생에너지 계통접속을 위해 선제적 투자확대, 재생에너지 계획입지제도 및 대규모 재생에너지 프로젝트 예정 입지에 선제적으로 송、변전설비건설

[재생에너지 3020 이행계획]

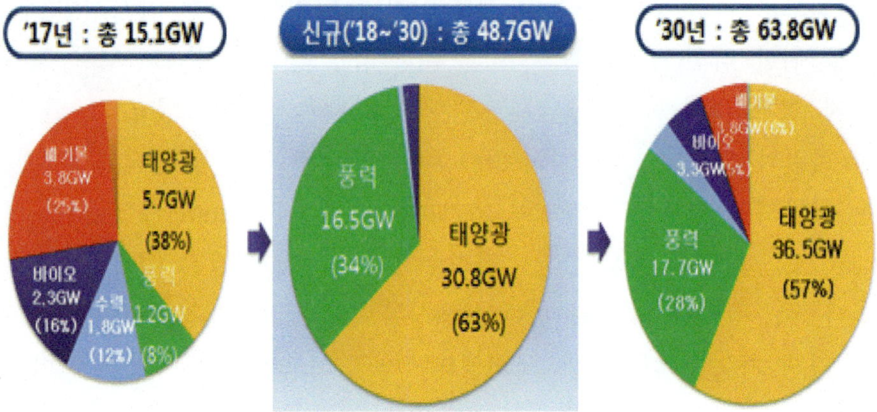

Fig 4.10
3020에 따른 재생에너지 설비 용량기준

① 재생에너지보급 목표(2030년까지 재생에너지 발전량 비중 20%를 목표)

: 발전비중(7%, '16 →20%, '30), 설비용량(13.3GW, '16 → 63.8GW, '30)

→ 신규풍력용량 ('18~'30) : 16.5GW ('17 누적 풍력설비 용량 :1.2GW)

② 이행계획('30년까지 신규 설비투자 92조원, 정부 예산 18조원)

- 계획입지제도 : 수용성/환경성은 사전 확보, 개발이익은 공유(지자체, 대규모)

③ 보급여건-입지규제 및 사업 수익성을 저해하는 각종 제도 개선을 추진
→ 대규모 : 전원개발사업 실시계획 승인 검토 및 선제적 계통연계 검토, RPS 의무비율 상향, 주민참여모델 개발(육상풍력 : 대규모 간척지, 해상풍력 : 계획입지)

[재생에너지산업 경쟁력 강화 방안]

이 발표에서 한 단계 진보한 것이 관계부처합동 발표라는 점이다.

① 재생에너지 3020 가속화 : 풍력 중심으로 일감 창출 및 인프라 개선

② 풍력 : 서남해 해상풍력(2.4GW ; 시범·확산 사업 동시 추진)을 지자체 주도 계획입지(풍력자원 실태, 단지 경제성 등을 사전 조사하여 민간 제공)로 추진하고 '20년까지 착공예정인 23개(1.3GW) 사업을 전담 관리 · 지원

③ 풍력 : '22년까지 4대 핵심부품(블레이드, 발전기, 증속기 등) 국산화 및 풍력서비스(단지시공 O&M 등) 핵심기술 조기 개발

정부에서는 해상풍력 인허가를 취득하기 복잡한(10개 부처, 20여개의 인허가) 제도를 개선하고자 2021년 5월 원스톱샷 법안이 의원입법 형식으로 발의되었다.

원스톱샷 법안은 정부 주도로 풍력발전 입지를 발굴하고, 주민수용성이 확보된 발전지구(계획입지)에 대해 인허가 등 주요 절차를 지원하는 법안으로서, 유럽 및 여러 국가에서 시행하고 있는 계획입지제도와 비슷한 형태를 띠고 있다. 원스톱샷법안은 분명히 이전 인허가 절차보다는 상당히 진일보한 면이 있다. 하지만 해상풍력업계에서는 우려하고 있는 부분도 존재하고 있는게 현실이다. 그 첫째는 지금 해상풍력 사업이 가능한 지역 대부분이 민간에서 벌써 선점이 다 되어 있는 상태라 계획입지제도에 실효성에 대해 의문이 된다. 또한, 기존 사업자들을 원스톱샷

법안에 따라 처리할 수 있느냐이다. 둘째, 주민수용성이 확보된 발전지구에 대해 지원해주는 형태인데, 지금 많은 곳에서 사업이 지연되고 있는 이유가 주민수용성 확보 이슈가 대다수이고 주민수용성을 확보하는 가이드나 주민 보상 대상 범위에 대한 부분이 언급이 없어 개발사들은 주민수용성 확보에 대해 많은 비용을 지불하면서 진행 수밖에 없는 실정이다.

한 번으로는 인허가가 원스톱으로 진행된다고 해서 육 · 해상프로젝트가 빨리 진행될까? 저자는 아니라고 본다. 앞에서 이야기한 원스톱샷 법안에서도 이야기된 대전제는 주민 수용성이 확보된 발전지구라고 하는 전제처럼 민원 해결이 결국 핵심이고 민원 해결을 위한 보상 범위에 대한 부분은 국민적 공감대 형성과 보상 범위 확정 그리고 보상의 적정 수준 예측 가능성이 핵심이며 정부에서 민원 해결을 위해 적극적인 참여와 사업자와 주민들 간에 중재 역할을 해야만이 해결될 수 있는 방법이라 생각된다.

저자가 진행한 해외 해상풍력 사업 중 인근 주민들과 토지 보상, 지역 민원 해결을 위해 많은 프로그램을 적용해 진행 한 부분이 있는데 그중 한 예로는 LRP (Livelihood Restoration Plan, 생계회복지원책) 같은 프로그램은 제3자 비영리단체를 통해 조사를 시행했고 조사 결과에 따라 지원 범위 지원 규모를 정립하고 보상한 경험도 있다. 막연히 많은 보상금액만을 협상 목표로 갖는 것이 아니라 궁극적인 상생 방법을 찾는 것 많이 서로가 만족할 만한 결과를 가져올 수 있는 것이라 생각된다.

제주특별자치도 "2030해상풍력 2GW 개발 세부계획 수립 연구용역 [제주특별자치도 풍력발전종합관리계획의 점검 · 보완 방안]"의 제2절 주민수용성을 반영한 해상풍력 발전사업의 운영에서 주민이 주주로써 사업의 참여하는 것을 권장하고 있으며 유럽의 협동조합 설립(SPC)에 의한 사업 진행 방법과 단계적 추진 방향과 주민 주주 참여의 한계를 분명하게 명시하고 있다.

- 주민 참여의 장점
  - 민원 발생 최소화로 주민 수용도 제고
  - 지역주민을 프로젝트의 주주로 참여시켜 주민수용성을 증대하고 이익 공유 프로그램 진행으로 주민수용도 제고
    ex) 마을기금, 지역주민소유, 보상, 지역고용, 지역계약, 에너지 가격 할인, 관광수익 등
  - 지역주민의 일자리 창출 및 소득 제고 방안 마련으로 지역경제 활성화에 기여
  - 마을 공공자원의 활용 최대화

- 주민 참여의 문제점
  - 주민이 주체적인 풍력사업의 주체가 되기에는 역부족임, 자본 조달에 대한 전문성이 떨어지고 인허가 절차 및 운영에 관한 전문성이 낮아 주민이 직접 추진하기 곤란
  - 지구 지정 이외의 지역 주민의 적극적인 사업 참여 요구 시 주민 참여 모형 부재

- 주민 지분참여의 4가지 유형
  - 해상풍력사업의 시행과정에서 나타날 수 있는 주민참여(지분참여)의 4가지 유형은 Table 4.15.에 명기

- 주민의 자본 참여 방법
  - 주민들이 주주가 되는 사회적기업이나 협동조합(가능성 큼)
  - 제3섹터 형식의 도민주 회사 설립 등(장기적인 타당성 조사 필요)

- 풍력협동조합 활용한 선진국의 벤치마킹
  - 농업협동조합과 동일한 자본의 조달과 운영
  - 협동조합의 정신 : '한 사람은 모두를 위하여, 모두는 한 사람을 위하여'
    : 어려운 문제에 직면할 때 서로 지혜를 나누고 각자 출자액이 많고 적음에 상관없이 각자가 균등한 결정권을 갖는 정신(대표적인 나라 : 덴마크, 독일)

Table 4.15
주민참여(지분참여)의 4가지 유형

▣ 1단계
● 상업적 소유(Commercial Ownership, 민간투자 100%, 주민참여 0%) ⇒ 지역주민의 직접적인 소유는 없으며, 토지임대자(lender)로서의 간접적 역할만 수행
▣ 2단계
● 공동소유(Shared Ownership, 주민 및 지역사회 지분이 50% 이하) ⇒ 상업적 소유에서 마을과 주민이 부분적으로 지분을 소유
▣ 3단계
● 합작투자 및 공동개발(Joint Venture, 주민참여 50% 이상) ⇒ 자본조달에만 관여하여 주민과 지역사회가 투자한 자기자본의 비율이 50% 이상
▣ 4단계
● 지역 사회 소유 주민 참여(Community Ownership, 주민참여 100%) ⇒ 주민이 토지 및 풍력발전을 소유

또한, 유럽의(독일과 덴마크의 지역주민과 상생하는 이익 공유 모델 정리) 사례를 정리하여 주민 수용성 확보를 위한 이익공유화 모델을 정리하였으며 이를 Table 4.16.에 정리하였다.

이익 공유제	내 용	효 과
마을기금	• 지역 개발자들은 마을 단체가 공동의 프로젝트를 위해 처분할 수 있는 기금을 제공함. 이 기금들은 마을 있으며, 이 기금의 사단체 기금으로 바로 지불되거나 지방 정부에 의한 지역 세금을 통해서 간접적으로 수집될 수용은 주로 지역 단체 혹은 지방 정부에 의해서 관리됨	• 님비 현상 완화에 효과를 보이며, 마을 기금은 재생에너지 프로젝트와 지역 투자 간의 연결고리를 확실히 해줌
지역소유	• 개발자는 지역 단체들이 이 프로젝트의 주식을 사는 것을 승인하거나 제공함, 지역 소유는 프로젝트와 마을 단체 사이를 강하게 연결할 수 있는 고리를 만들며, 소유권은 개발자로부터 커뮤니티로 승인되거나 개인들에 의해서 구매될 수 있음. 하지만, 개인 소유권 지분들은 값이 비쌀 수 있으며 그렇기 때문에 마을 단체의 모든 구성원들의 이용이 제한 될 수 있음	• 수용성에 큰 영향을 미침
보상	• 개발자는 발생할 수 있는 손상(예를 들면 생태학적 손상들)에 대해서 보상하는 방식임(개발에 의해서 위험에 처한 종들을 위해 새로운 서식지 준비 등)	• 님비현상 및 환경문제에 효과적임
현물편익	• 개발자는 대개 공사기간 동안 지역단체에서 개선, 발전, 향상될 것들(지역 계획, 교육사업 발전 등)을 제공하는 방식임	• 특별한 지역적 요구들을 다룰 수 있는 기회 제공 (지역계획, 교육사업 등)
지역 계약	• 개발, 건설 그리고 유지보수 프로젝트에 지역 기업들의 참여 계약	• 님비현상과 기회주의 완화
지역고용	• 지역고용은 공사기간 동안 혹은 작동기간 동안 우선적으로 적용될 수 있음	• 님비현상과 기회주의 완화
에너지 가격인하	• 지역 단체는 개발자로부터 할인된 가격에 전기를 사용할 수 있는 기회를 가지거나 낮은 가격에 에너지를 살 수 있음	• 직접적인 금전 방법으로 수용성 증대에 효과적이며, 비즈니스 발전
간접적 편익	• 명성, 에코투어, 혹은 지식 등 지역 단체에 혜택을 주는 직접적으로 수량화 할 수 없는 모든 것들을 포함한 것을 말함	• 님비현상으로 인한 저항을 줄이고, 프로젝트에 대한 긍정적인 효과 유발

Table 4.16
이익 공유 모델

인허가의 간소화 및 통폐합이다. 우리나라 해상풍력 인허가 기간은 모든 절차가 문제없이 진행될 경우 약 66개월이 예상된다. 이것은 유럽(약 3년)에 비해 2배 정도 긴 사업개발 기간이 필요한 상황이고 최근 각종 인허가 기간 단축을 위해 원스톱샷법안이 발의되었지만 구체적으로 어떻게 실현하겠다는 것인지 주무관청은 어디서 주도적으로 처리해줄 수 있는지에 대한 구체적인 실현 방법에 대한 논의가 없다.[43]또한, 지자체별로 모호한 인허가 기준을 체계적으로 정리하여 민간사업자들의 예측 가능한 사업개발 형태를 갖을 수 있도록 제도 개선이 필요해 보인다.

이를 통해, 마지막으로 일정 규모 이상의 지속적인 착공만이 LCOE 절감이 가능하다. 이에 대해서는 본 교재의 마지막에 CAPEX와 OPEX 비용 관점에서 일정 규모 이상의 지속적인 착공으로 인한 규모의 경제가 왜 필요한지 설명하도록 하겠다.

이런 상황에 정부는 한국판 그린뉴딜정책 발표로 탄소 중립까지 선언하였다. 이를 이해하기 위해서는 해외의 주요 발표를 주의 깊게 다시 봐야 한다.

① 美하원'그린뉴딜결의안'상정(2019.2)
② 유럽'Green Deal'발표(2019.12)
③ EU 집행위원회'유럽회복계획안(Recovery Plan for Europe)' 발표(2020.5)
④ IEA '지속가능회복계획' 제안(2020.6

43) 현재는 사회를 주도하는 지도 원리가 사리진 불활실성의 시대로 미래는 현재와 마찬가지로 어디로 가야 할지 모를 혼란스러운 시대임 → **"익숙한 것을 버려야 미래가 보인다."(미래의 속도)**
벤치마킹(Bench Marking)의 시대는 갔으며 이제는 **퓨처마킹(future marking)**의 시대로 미래에 당연해 질 것들을 찾아내는 것이 더 중요함

위의 일련의 발표 이후 한국판 그린뉴딜(2020.07)이 발표되었다. 유럽과 미국에서 먼저 발표[44]를 하고 국내 발표를 한 상황이다. 유럽과 미국의 특징을 무엇일까? 재생에너지원(태양광, 육 · 해상 풍력)의 상당 부분이 Grid-Parity에 도달하였거나 그 근처이며 CF(Capacity Factor) 역시 LNG 발전 수준에 육박하여 경제성 확보 논의는 불필요하고 기존 화석연료 발전의 대체가 가능한 수준이다.

한국판 그린뉴딜을 자세히 살펴보기에 앞서 먼저 뉴딜 정책을 생각해 보자.

☞ 과거 미국은 1930년대 대공황 극복을 위해 뉴딜정책 추진 : 사회적 합의(Deal)에 기반, 구제(Relief)·회복(Recovery)·개혁(Reform)에 중점

자유방임으로 대변되던 자본주의, 작은 정부 지향에서 자본주의의 모순 및 독점이 문제화되었고 기존의 경제작동원리가 작용하진 않았다. 이에 정부의 시장개입과 사회주의 사상의 복지제도(노동제도, 사회보장제도 개혁 등)가 적용되면 수정자본주의가 발생하였다. 이런 대전환의 이유는 무엇일까? 바로 대공황이고 경제 상황이다.

이에 민간 자본을 이용한 PF 사업으로 대규모 사업 추진으로 대량실업 구제와 민생안정, 대공황 이전의 경제 회복이 이루어졌다. 2021년 코로나 상황으로 똑같은 위기의 순간이 찾아왔고 그 해답 중 하나가 그린이다. 그런데 왜 그린일까?

그린은 명분이 아주 좋다. 경제 전반의 녹색화를 통해 환경 파괴, 기후변화 대응 및 탄소 감축 목표 달성이다. 그린뉴딜은 석유 · 석탄 · 가스에서 그린수소 및 재생에너지로 미래에너지안보 및 지속가능성에 대

---

44) **전세계적 그린 뉴딜 부각, 해상 풍력 활성화는 필수** (코로나19 충격 회복, 일자리 창출, 경제 개조, 재생에너지)

한 대전환을 이야기하며 이런 산업구조로의 대대적인 투자 및 산업구조 개편이다.

코로나 사태 초기 전 세계적 마스크 사태 등을 경험했다. 여기서부터 고민을 시작하여야 한다. 과거 세계의 공장은 영국 → 미국 → 일본 → 한국 → 중국 → 베트남 순으로 변화되었다. 왜일까? 아마 그건 인건비가 저렴하고 교육 수준이 높아서일 것이다. 즉, 가성비가 좋았다. 그러다 경제가 성장하면서 노동집약적인 사업에서 고부가 가치 사업으로 변경되었다. 그런데 코로나 사태 이후 마스크 등의 사태에서 일정 부분의 제조업은 자국에 있어야 한다는 생각이 강해졌고 코로나 백신 사태에서 확인되었다.

그린 뉴딜은 결국 미국과 유럽에서 자국에 제조업을 다시 부흥시키겠다는 전략으로 수출이 중요한 우리나라는 반드시 따라가야 하는 정책이다. 영국의 경우 산업혁명이 발생하였지만 해상풍력사업을 본격적으로 지원하기 전에는 제조업의 몰락한 상황이었다. 해상풍력에 지원하며 제조업이 발생하였고 관련 건설 및 O&M등으로 수 많은 일자리가 창출되었다. 미국과 유럽에서는 재생에너지의 LCOE 가격이 기존 석탄·석유 등의 화석연료와 비슷하거나 더 저렴해졌다.

선진국에서 그린뉴딜을 발표하고 자국 내 제조업을 부응시키기 위해 자국산 제품 사용과 탄소세 부과를 통해 자국 제품 경쟁력을 확보하려고 하고 있다. 이에 따라 모든 국가가 이를 따라가기 위해 재생에너지 사용에 대한 고민을 할 수 밖에 없는 실정이며, 우리나라와 같이 아직 재생에너지의 경쟁력이 없는 국가인 경우 탄소세 부과 혹은 ESG(Environment. Social. Governance, 친환경, 사회적 책임, 지배구조 개선 등 사회/환경 활동을 고려한 투명한 경영) 경영을 요구하면서 이를 명분으로 세금을 징수한다면 수출에 큰 타격을 입게 될 것이며, 선진국들은 자국의 제조업의 활성화 되고 수많은 일자리를 창출할 수 있게 되는 이중 효과를 보게 될 것이다. 과거의 재생에너지 관련 정책 발표는 선언적 구호만을 해도 됐다면 이번에는 직접적인 수출규제 및 산업 전반에 미치는 영향이 크기 때문에 각종 편법으로 하는 척만 하는 정책 선언이 효과가 없을 것으로 판단된다. 그 이유는 기업들의 강제적 동참이다.

요즘 이슈화가 되고있는 기업들이 ESG(환경, 사회, 지배구조)와 RE100[45] 선언에 기업들의 동참, 재생에너지로 제품을 생산하겠다고 기업 간 전력구매 계약인 PPA계약, 유럽 탄소 국경세[46] 및 수송에 대한 변화 즉, 기존 내연 기관 자동차 퇴출 및 전기차 및 수소차 시대 변환 선언, 요즘 조선업의 슈퍼 싸이클 도래 이유(탄소 배출권에 의한 운항 제약으로 인한 신규 조선업 발주 폭등) 등을 보면 큰 변화의 시기가 오고 있다. 수출이 중요한 우리나라의 현실에서 어쩔 수 없이 가야 하는 길이다. 즉, 국내의 정부 부처는 조직 이기주의, 순화 보직 문제를 없애고 얼마나 빨리 재생에너지원의 LCOE를 낮추어야 하는가에 집중을 하여야 할 시기이다. 이런 상황이기에 유럽의 많은 기업들이 드디어 한국에서 재생에너지에 집중[47]할 수 밖에 없다고 생각하고 국내 사업을 개발하려 한다.

여기서 한국판 그린뉴딜 정책의 핵심을 정리하면 아래와 같다.

---

45) 기업에서 사용하는 전력의 100%를 재생에너지로 조달하는 자발적인 캠페인이나 유럽과 미국 기업들의 선언으로 부품 등의 납품을 위해서는 RE100을 선언하고 참여하여야만 하는 강제성이 부여

46) 이산화탄소 배출이 상대적으로 많은 국가, 기후변화 대응 선언 미이행 국가의 상품이나 서비스에 대해 부과하는 무역 과제

47) 미국과 유럽의 정책 변화로 볼 때 신에너지 및 BAU 기준 등 편법을 더 이상 통하지 않고 재생발전소의 전력은 직접 구입해서 상품을 제조하는 것이 아닌 한전 주도로 재생에너지 구매량에 상당하는 전력에 대해 기업에 판매하는 일종의 편법인 한국형 RE100(K-RE100)의 녹색프리미엄 CDP 위원회 지속 인정 여부 미지수

[선도국가로 도약하는 대한민국으로 대전환「한국판 뉴딜」종합계획]

경제의 패러다임 전환을 추진하는 것으로 코로나19 충격이 대공황 이후 전례 없는 경기침체 초래하였고 이에 위기 극복과 코로나 이후 글로벌 경제 선도를 위한 국가발전전략이다.

디지털, 그린, 휴먼 뉴딜을 통해 지역 균형 발전을 이룩하며 재정지원, 민간 참여, 제도 개편이 뒷받침되어야 하는 것으로 총 220조원의 투자로 일자리 250만개를 창출하겠다는 것이다.

그 중 그린 뉴딜은 온실가스 배출 감소, 탄소 중심 산업생태계 자체를 저탄소 산업생태계로 변화(인프라/에너지 녹색전환 및 산업구조 녹색산업으로 변화)하여 재생에너지 보급 확대, 양질의 고용창출 및 재생에너지 LCOE의 빠른 절감으로 타 산업(제조업, 철강 조선 등)이 국내 경쟁력 유지가 중요하다. 재생에너지의 빠른 LCOE 절감을 이루어 내지 못한다면 타 산업은 재생에너지의 높은 비용으로 저탄소 산업생태계 변화에서 해외로 공장 이전을 추진할 것이고 국내 제조업은 공동화 현상 및 일자리 감소로 인한 사회 문제가 발생할 것이다.

이를 해결하기 위해서는 국내 에너지 공급과 관련된 대대적인 변화가 필요하다. 대규모 발전설비의 원거리 송전방식이 결합된 중앙집중식 전력수급시스템은 전력 다소비 지역과 발전소 입지의 불일치 및 전력 다소비 지역을 위한 송전선로 문제로 사회적 갈등을 유발하고 있다. 이를 재생에너지 중심의 수요지 인근 분산에너지로 보급 확대하여야 하며 기존의 석탄발전이 자연 소멸된다면 CF(Capacity Factor) 관점에서 소멸되는 설비용량의 몇 배의 재생에너지 단지가 건립되어야 한다. 재생에너지의 발전량 변동에 의한 전력망 혼잡도는 가중될 것이며 전력계동의 안정적 운영은 저해 될 것이다. 따라서 송배전 사업을 수행하는 공기업인 한

전이 재생에너지를 수용할 수 있는 선제적 전력망 보강 및 관리체계 고도화 확립 등의 역할이 중요하다.

정부에서는 정부로 인해 전기료 상승을 상당 부분 억제했고 산업 및 국민 생활에 기여했다고 말한다. 반대로 말하면 타 유럽이나 선진 국가에서는 꾸준히 전기료를 상승해 오면서 그 재원을 재생에너지로의 변환에 대비해서 전력망 보강, 중앙집중식 전력 시스템을 국가 간 연계(Super Grid 망) 및 분산형 전력망 구축 등으로 사용해 왔고 우리 정부는 재생에너지에 대한 보조금으로 전기료가 상승되어 왔다. RPS제도의 기준가격은 결국, 한전이 전기료로 반영하여 소비자로부터 이해를 구하고 대변화(저탄소, 탈탄소, 재생에너지 중심의 변화)의 시기에 준비를 했어야했는데 그러질 못했고 전기료 억제를 통해 각종 산업(제조업, 반도체, 철강, 조선 등)을 지원한 결과를 가져온 것이고 이 바탕으로 해외에서 경쟁력 있는 제품으로 수출을 하게 된 것이라고 봐도 무방할 듯하다. 하지만 이제는 RE100 선언 업체들이 본인들이 재생에너지 사용 100 목표뿐만 아니라 본인들에고 공급하고 있는 부품 및 원자재에 대한 생산을 재생에너지를 사용하라는 압박을 하고 있고 탄소세라던지 하는 새로운 수출 장벽이 생겨나고 있어 재생에너지 사용은 선택이 아니라 필수가 되고 있다.

4.3 국내 해상풍력 인허가와 민원

2021년 5월에 발간된 덴마크-네덜란드 공동연구 보고서 'Accelerating South Korean Offshore Wind Through Partnerships(파트너십을 통한 국내 해상 풍력 발전 가속화)에 따르면 4개의 단지를 해상풍력이라고 언급하고 있다. 본 교재에서는 2개의 단지가 상업용 해상풍력단지로 이야기하고 싶다. 탐라(11년)와 서남해 1단계(9년) 외에는 연안 풍력이 적합하지 않나 판단한다. 보고서의 4개 단지의 평균 개발 기간은 9년이며 본 교재에서 언급하는 해상풍력의 평균 개발 기간은 10년이다.

사업을 기획했던 시기까지 생각한다면 10년(120개월) 이상 장기간 투자 및 비용 부담이 필요한 사업이다. 유럽 기준은 공사 인허가까지 평균 42개월(덴마크 평균 34개월)이다.

국내 해상풍력 사업 기준으로 각종 인허가를 최소 기간 안에 완료한다고 가정하였을 때 착공 전까지 필요한 최소 기간은 약 60개월 정도이며 민원 협상과 인허가 단계마다 지연 및 재심의 일정을 고려하면 약 100개월 안에 종료하는 것도 매우 힘든 일이라 생각된다. 국내 모 해상 풍력 사업에 인허가에 걸린 기간에 대한 예를 Table 4.17과 같이 참고로 공유한다. 이 사업인 경우 해상교통안전진단을 제외한 인허가 중 소요 기간이 장기화된 목록이다.

Table 4.17
국내 모 해상풍력 사업 인허가 장시 소요

구 분	시 작	종 료	인허가 기간	비 고
지구지정 고시	2012.04	2013.12	2.8년 소요	
해역이용협의	2011.09	2013.05	1.8년 소요	
환경영향평가	2011.09	2016.02	4.5년 소요	위원회 심의 5회
경관심의	2012.10	2013.07	0.8년 소요	위원회 심의 5회
군통신협의	2013.05	2013.12	0.7년 소요	
전기사업허가 및 개발사업시행 승인	2017.12	2020.08	2.8년 소요	

인허가 사항이 지연되는 이유는 인허가와 민원의 결합이라고 볼 수 있다.

[민원과 인허가의 결합의 원인 : 사업 지연 사유]

해상풍력사업을 진행 하면서 어민들 혹은 지역사회의 민원등이 항상 해결해야 하는 문제 이다. 민원 보상과 보상 범위 그리고 협상을 진행 하면서 의견조율 및 어떻게 협상해야 할지, 금전적 보상 규모는 얼마 정도가 적절한지 등에 대한 정립과 경험이 없다는게 문제이다. 일부 경험을 바탕으로 이를 분배에 대한 불만, 브로커 개입, 세대 간, 단체 간 갈등으로 정리하면 아래와 같다.

① 분배에 대한 불만 : 상대적 박탈감, Fig 4.11에 도식

☞ 민원인 A씨 3개 단체 보상 VS 민원인 B씨

☞ A단체 협의 완료 → B단체 협의 : 민원인 A씨 정보 공유

☞ 단체 마다 유사한 수준 보상

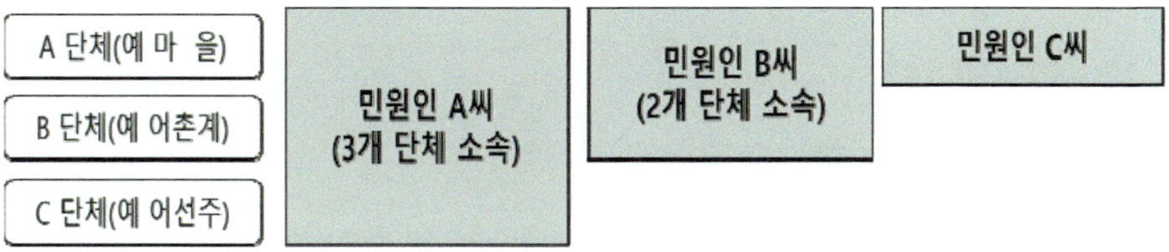

Fig 4.11
분배에 대한 불만

② 브로커 개입 : 협상 내용 왜곡 및 보상비 상승 요인, Fig 4.12에 도식

☞ A단체 : 기업의 조직적 협상 대비 부족한 법률 지식 등으로 인해 무료 혹은 적은 비용으로 브로커에 자문 요청

☞ A & C사업 보상 내용으로 협의 → 단체 공유 : A씨(B사업 보상 요구) → 기존 협의 주체 사임 → A씨 대표 : A & B사업 보상 내용 협의 → B씨 : B & C사업 보상(반복)

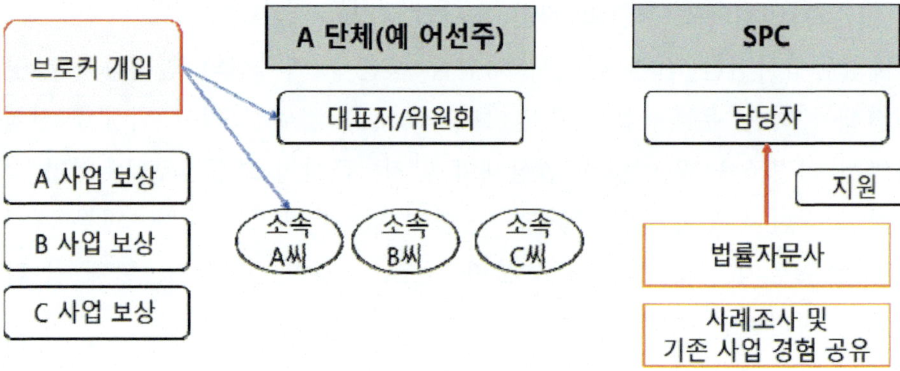

Fig 4.12
브로커 개입의 문제

③ 세대 간, 단체 간 갈등

☞ 노년층(초기 협상 주도, 즉시 현금 보상) VS 청년층(사업 협상 중 배제 협의, 마을 발전사업 등 지속 가능한 발전, 취업 요구)

인허가와 민원이 연결로 인허가 완료 기간 및 보상비에 대한 예측 불가 및 인허가가 진행될수록 동일 사항은 반복된다. 이를 Fig 4.13에 도식하였다.

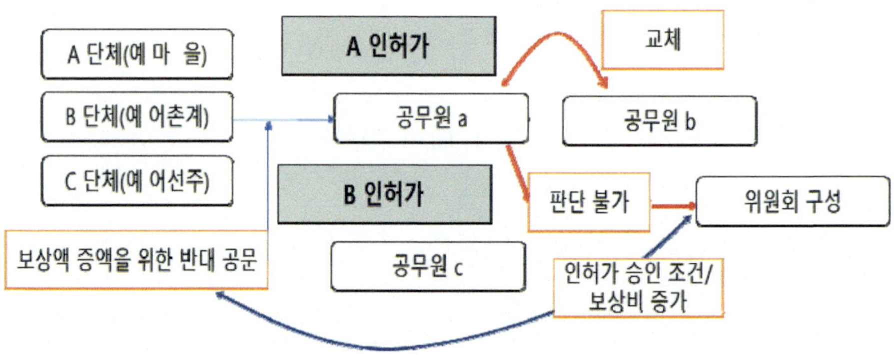

Fig 4.13
민원과 인허가
결합 문제

[제주특별자치도해상풍력의 인허가 진행 예시]

풍력 사업은 크게 전기사업허가(발전사업허가)로 진행할 것인가 아니면 전원개발촉진법의 전원개발사업 승인으로 진행할 것인가 라는 2가지로 구분될 수 있다. 전원개발촉진법은 중앙정부에 승인을 전제로 진행하는 것이기 때문에 공익성에 무게가 많이 실리기 때문에 공기업 위주에 사업에서 보통 진행되는데 최근 몇몇 전원개발촉진법을 통해 개발되는 풍력사업들이 있긴 하나 일반적으로 민간사업자들은 전기사업허가로 진행하면서 사업 규모에 따라 개발행위허가, 시.군관리 계획등에 의거하여 개발된다고 보면 될 것 같다.

전기사업허가로 진행한다면 지방자치단체의 군 관리, 도시 관리계획에 포함되어 진행할 것인가 아니면 개발행위허가로 진행할 것인가에 대한 판단이다. 지방자치단체의 계획에 포함된다면 주무관청이 생기며 인허가에서 각 인허가 부처와의 협의에 지원군을 얻는 것이며 개별행위허가는 민간이 주도적으로 인허가를 진행하여 간다고 판단하면 된다. 일정 규모 이상이 되면 개발행위허가로 진행하기 불가하며 진행 형태에 따라 진행 프로세스가 다르기 때문에 인허가 취득에 걸리는 시간도 다르다.

정부에서 풍력 개발에 대한 권한을 민간에 개방할 때, 제주도는 특별자치도가 되면서 제주도가 주관이 되어 모든 풍력 관련 개발 법안을 자제 발의하여 진행하였고 무분별한 개발을 방지하였다. 지자체마다 조금씩 인허가 기준 등이 다르지만 제주특별자치도의 해상풍력 절차는 전원개발촉진법과 전기사업법을 조합하였다고 판단하는 것이 맞을 것 같다. 한 예로 민원 관련해서 살펴보면 전원개발촉진법에 의거하여 지자체의 주무관청의 도움은 있으나 민원에 대해 분쟁이 지속될 경우 강제 집행 권한(민원 보상 협상 실패 → 피해 보상 용역을 통한 피해 보상액 산정 → 공탁 → 사업추진)은 없다.

제주특별자치도의 해상풍력 인허가 절차에 대해서는 해당 개발 지역의 특이점을 고려 하여 한 예로 Fig 4.14과 같이 도식화하여 인허가 절차도를 먼저 작성하여 관리하는 것이 사업 관리 목적에서 효율적이다.

4. 인허가 절차도

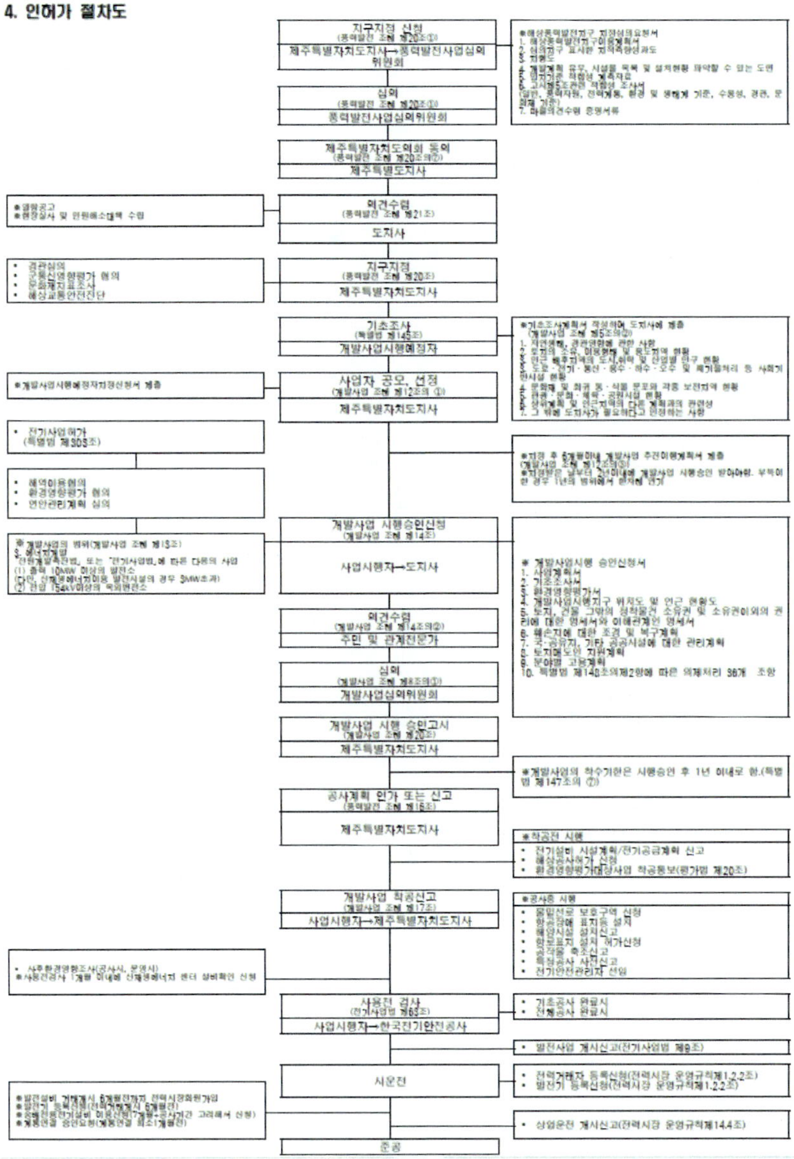

Fig 4.14
제주특별자치도 해상풍력사업 인허가 절차도

두 번째로 각 인허가들에 법적 근거, 인허가 또는 협의 기관, 의제 처리인지 개별처리 인지 여부를 정하는 것이다. 그에 대한 예는 Fig 4.15에 도식하였다.

구분			완료일	근거	사업시행(협의기관)	비고
1	개발사업시행승인신청 및 전기사업 허가		2017.12.26/2017.12.27	제주특별법 제148조, 제303조	전력산업과	도청 미래전략국
2	협의 및 의제	공유수면점사용허가		공유수면관리 및 매립에 관한 법률제8조, 제17조	제주시 해양수산과	
3		도로점용허가		도로법	제주시 건설과	
4		농지전용허가		농지법	제주시 농축산과	
5		개발행위허가		국토법	제주시 도시디자인과	
6	개별 인허가	연안관리계획		연안관리법 제12조	해양수산부	
7		건축허가		건축법 제11조	제주시 건축과	
8		항공장애물 설치제한		공항시설법 제34조	제주지방항공청	
9		해양시설 설치등록		해양환경관리법 제33조	부산지방해양수산청	
10		전력계통연계		전기사업법 제7조	한국전력공사	
11		전력수급 영향검토		전기사업법 제7조	산업부, 전력거래소	
12	개발사업 착공신고			개발사업시행승인 조례 제17조	전력산업과	
13	개별 인가	공유수면 점사용실시계획 승인		공유수면 관리 및 매립에 관한 법률 제17조	제주시 해양수산과	
14		건축착공신고		건축법 제21조	제주시 건축과	
15		공사계획신고		전기사업법 제61조	전력산업과	
16		전원개발사업 실시계획 승인		전원개발촉진법 제5조	산업통상자원부	
17	건설공사				사업자	착공: 개발사업시행 승인1년이내
18	준공 및 사업개시					
19	의제 처리	공유수면 점사용실시계획 준공		공유수면 관리 및 매립에 관한 법률 제18조	제주시 해양수산과	
		건축사용승인		건축법 제22조	제주시 건축과	
		개발행위준공		국계법 제62조	제주시 도시디자인과	
20	개별 처리	전기사업개시신고		전기사업법 제9조	전력산업과	
		전기사용전검사		전기사업법 제63조	한국전기안전공사	
		전력거래자 및 발전기 등록		전력시장 운영규칙	전력거래소	

Fig 4.15
제주특별자치도해상 풍력사업 인허가 계획 예시

사업개발 시에는 인허가 사업 추진 경위를 항목별 일정별로 정리하여 관리하는 것이 중요하다고 판단한다. 이를 통해 진행 이력을 관리하는 것이다. 각 인허가 통과 조건이 향후 터빈 배치 혹은 공사 중에 영향을 미치는 상항에 대해 비고에 정리하는 방법이다. 사업개발 기간이 장기간 이다 보니 담당자는 계속 바뀌게 되거나 과거의 일을 전부 기억하고 있기는 어렵다. 이 경우 인하가 서류 페이지와 사유 등에 대해 정리하여 관리하는 것이 효율적이다.

[해상교통안전진단으로 본 에너지청 설립의 필요성]

인허가를 진행하다 보면 느낄 수 있는 부분 중 하나는 우리나라 법률이 애매모호하다는 점이다. 그 다음으로 담당 공무원의 순환 보직이 너무 빨라 인허가가 진행 되다가 담당 공무원이 바뀌면 새롭게 사업에 대한 이해부터 설명하다 보면 인허가가 지연된다는 점이다. 마지막으로 각 인허가 기관들의 입장에서만 사업을 바라본다는 점이다. 범부처 간 코디네이터 역할을 진행하는 덴마크의 에너지청(Danish Energy Agency)과 유사한 기관이 있어 코디네이터 역할을 해줬으면 하는 것이다. 국내에서도 '풍력발전 보급촉진 특별법안(일명 원스톱 숍 법)'을 발의되었으며 국무총리실 산하에 풍력발전위원회를 신설하고, 산업부가 원스톱 숍 사무국 역할을 맡고 원스톱 숍 조직은 환경부와 해수부, 산림청 등 관계부처, 한국에너지공단과 한국전력 등 관계기관에서 파견된 인력으로 구성될 예정이라고 한다. 여기서 중요한 점은 인력의 파견이라는 점이다. 결국 파견 인력은 결국 본 소속으로 돌아가게 되고 현소속보다 원소속에 충성심이 강할 수밖에 없고 각자 다른 조직에서 파견되어 각 원소속에 이해관계만을 이야기하게 된다면 크게 달라질 것이 없다는 것이다. 또한, 파견기간이 단기간이라 계속적인 교체가 일어날 것이고 장기적이고 심도 있는 사업의 이해에 따른 장기 계획 추진이 어려울 수밖에 없다. 또한, 조직에 덴마크 에너지 청 사례와 다르게 실질적인 경험이 많은 풍력산업계의 참여와 국방부의 참여가 필요한데 이에 대한 언급이나 기사를 확인할 수가 없다.

덴마크의 경우 해상풍력발전 허가 권한은 에너지청이 가지면서 사전조사를 통해 인허가 진행 중 발생할 수 있는 사업 진행 불가의 Risk등에 대해 관리를 할 수 있다는 점이다. 본 교재를 작성하는 도중에 본 법안에 대한 기사와 최종 법안 발의가 발표되었으며 저자가 우려하는 것은 환경부의 발전사업 인 · 허가 핵심인 환경부 환경영향평가 권한은 원스톱 숍에 이관되지 않는다는 점이다.

그리고 어민들과 수산업계에 반발 역시 생각한 대로 발생하였다. 다시 한번 덴마크의 사례롤 확인해 보면 해상풍력발전에 따른 주민수용성 문제에 대한 수용성 확보를 위한 정책과 수산업계 관련 사항이다.

① 구매선택제도 : 지역주민에서 20%이상 소유권 지분을 부여해야 함
② 손실보전제도 : 풍력터빈 건설로 인한 지역주민의 부동산 손실에 대한 경제적 손실을 보상해야 함
③ 덴마크 어업법 및 수산업계 보상

범위 : 케이블 면의 200m 완충지대 및 풍력잔지 지역으로 규정
협의 대상 : 피해 지역에서 어업에 종사하는 어민의 소득 상실에 대한 보상
손실 내역 : 덴마크 수산청 기존 데이터(지역별 어획량) 기준
손실 내역에 대한 확인 : 개발사, 어업협회, 수산청에서 검토 보상
약 2년에서 10년간 기록된 문서상 피해액에 대해서만 지급

해상풍력단지건설 및 운영 단계에 있어 지역 어선이나 어부에게 일자리 마련(O&M 인력으로 교육 배치, 건설 또는 O&M을 위한 선박의 운항을 위한 선원으로 고용 등)으로 대체수입을 제공
해상풍력단지내 다양한 어로 장비를 통한 어업 허용

지역 주민과 특히, 어업, 수산업계와의 상생이며 수산업계나 어업 종사자들을 건설 중에도 어선이나 어부를 활용한 일자리 마련과 준공 이후 단지 내 어업 활동 허용이라는 점이다. 이 점이 가장 중요한 점이다. 이제 국내의 상황을 확인하여 보자. 결론부터 말하자면 준공 이후 단지 내 어업 활동을 허용에 대한 검토가 없다는 점이 수산업연합회의 반발을 불러왔다.

해상교통안전진단의 최종 인허가 승인기관인 해양수산부의 국책과제는 글로벌 해양강국 대한민국을 완성하는 것으로 해양영토 수호와 해양안전 강화, 해운 · 조선 상행을 통한 해운강국 건설, 깨끗한 바다, 풍요로운 어장 형성이 목표인 기관이다.

해상교통안전진단을 통해 느낀 점은 조직의 목적에 의해 해양안전 강화와 풍요로운 어장 형성이 목표가 강하게 작용한다는 점이다. 아래는 한 예로 개발 사업시행승인 보완(해상교통안전진단) 관련 검토 보고서의 내용이다.

해상교통안전진단 도입 배경을 확인해 보자.

① 해상에 설치되는 시설물의 증가로 항해장애물이 증가
② 항만구역에 설치된 각종케이블, 교량 등은 입출항 선박의 높이를 영구적으로 제한하게 되어 향후 항만 운용이나 개발에 장애요인으로 작용
③ 교량뿐만 아니라 선박이 다니는 항로에 조립식 블록을 쌓아 만드는 침매터널을 설치하는 경우 선박의 깊이를 제한하게 되어 선박의 항로에 장애요인으로 작용

해상교통안전진단 시행 시기 결정 배경을 확인해 보자.

- 인천대교 건설사업의 경우 국토해양부와 해양수산부의 주경간장(길이)에 대한 논란발생으로 이후 사업에 대해서는 사업계획승인 허가 이전에 항해 안전 위험요인 확인(해상교통안전진단 시행)을 하도록 함

※ 국토해양부 설계(주경간 450 ~ 550m)와 해양수산부 주장(주경간 700 ~ 1,000m이상, 측경간 250m이상)에 이견 발생 → 주경간 700m 내외로 진행 결론

☞ 인천대교의 경우 해상교통안전진단 미수행(주경간 700m이상으로 설계변경), 상기 건을 계기로 해상교통안전진단 심의 제도가 생김

즉, 해상 교통 안전진단은 각종 개발로 해양 안전에 문제가 발생하고 향후 항만 계획 수립에 장애요인을 사전에 점검하는 것으로 대형선박 이동 경로에 대한 검토였다. 이런 대형선박 위주의 안전 운항과 항만에 대한 개발 제한 조건에 한정되어 발생한 법률이 관리 선박이라는 정의가 삭제(지침 개정('14.12.30), 2017년부터 적용된 기준)되면서 모든 선박의 안전 운항에 대한 검토로 변경되었다. 또한, 해양수산부 인허가 판단 이전 위원회를 통해 의견을 수렴하는데 여기서 전 세계에 있는 모든 선박 규모 또는 국내에 있는 모든 선박, 향후 개발될 모든 선박이 접근 시 안정성을 확보하라는 전혀 합리적이지 않는 조건이 나오게 되며 사업자는 인허가 통과를 위해 어쩔 수 없이 받아들여야 한다.

해상풍력단지에 대한 해상 교통 선행 검토를 확인해 보면 아래와 같다.

① 대정해상풍력 : 13년에 검토를 진행하여 관리 선박이라는 정의가 있었으며 대형 상선 운항에 문제가 없으므로 심의 면제 조치(단, 단지내 터빈 배치로 인한 소형어선에 대한 안전대책 수립 조건)

② 서남해 해상풍력 : 공기업 주도의 국책사업으로 개발사 입장에서 제일 아쉽게 처리된 결과이다. 관리 선박의 정의가 삭제된 이후 처음 진행한 해상교통안전진단 인허가 검토 사업으로 서남해 역시 덴마크의 사례를 충분히 인식하고 있었다. 이에 해상풍력 하부구

조물을 어초 형태의 공법으로 만든다든지 양식장 조성, 운영 중 단지 내 어업활동 보장 등에 대한 설명을 꾸준히 진행해 왔었다. 그러다가 해상교통안전 진단에서 어선의 선박운행 안전이 이슈가되었다. 이에 공기업 주도의 국책사업임에도 불구하고 제도를 개선하고 설명을 하고 어선, 수산협관계자의 상생을 포기하는 사건이 발생했다.

통행금지구역 설정(사업구역과 발전기로부터 500m 구역을 안전지대로 설정 통행을 금지) : 이를 통해 기존에 어업인과의 상생 등은 없던 일이다라는 인식, 행정편의주의 사업, 정부정책의 신뢰 하락을 불러일으켰다.

서남해 해상풍력 사업 전원개발촉진법에 의한 사업 계획 대비 실행 지연('19년 2.5GW 설치 완료 및 상업운전 시행 계획 대비 '23년 현재 60MW 준공) 뿐 아니라 정부 정책 신뢰 하락과 이로 인한 주민수용성 환경 악화를 야기시켰다. 이로 인해 해상풍력단지가 조성되면 조업 구역이 축소되기에 충분한 보상을 요구하게 되어 모든 해상풍력사업의 민원 보상비를 증대시켜 놓았기에 저자는 국책사업으로써 공익성을 상실한 실패한 사업이 아닐까 판단한다. 사업이 지연되었어도 서남해 사업만을 보지 말고 우리나라 해상풍력 사업을 위해 해양수산부와 협의를 통해 덴마크처럼 단지 운영 중 어업활동 기준을 정립하여야 했다고 생각한다. 이것이 에너지청 설립을 찬성하는 이유이며 모든 인허가 권한을 에너지청으로 이관되어야 한다는 저자의 생각이다. 특히, 독립 기관으로써 순환 보직과 파견 근무 형태가 아닌 전문가 위주의 조직 구성과 국내 육·해상 풍력 전체에 대한 인허가 권한 및 추진계획 설정/관리하는 조직으로 커나가길 희망한다.

서남해 해상풍력 사업 이후 진행된 해상교통안전진단 인허가를 진행한 사업인 제주한림해상풍력 사업의 경우를 살펴보면 서남해 해상풍력 사업 이후 어업활동 제한에 대해서는 어선주 협회의 반발이 심했으며 제주한림해상풍력 사업주들의 기본적 입장은 운영 중에는 단지 내 어업활동에 대해서 찬성하는 입장을 갖고 있었다. 이에 해상교통안전진단 인허가 용역 수행 중에도 소형어선의 운항 시뮬레이션을 포함하여 어선주 협회의 의견을 수렴했고 서남해, 탐라, 월정 해상, 제주한림 기상탑 설치 전후 동영상등으로 풍요로운 어장 형성을 설득하였으나 해양수산부 담당 공무원은 이로 인해 소형어선의 풍력단지 진입 시 해양 안전적 측면에서 적합하지 않다는 점을 강조하였으며 서남해처럼 단지 내 운항 금지 조건을 찾아보라고 강조하였다.

법적으로 운항 금지는 공유수면 점사용 허가 구역뿐이며 이를 제정한 것이 해양수산부이다. 민간사업자들이 법을 재정할 수 있을까? 이후 단지 내 안전 운항 조건을 만들어 오라는 요구에 이것이야말로 해양수산부나 정부에서 해결해야 하는 문제라고 민간 사업자에게 이런 용역을 추진하여 보완하라는 조건은 행정편의주의적 의견이라며 수 많은 협의 끝에 힘들게 해상교통안전진단을 통과하였다. 단, 24시간 소형어선이 운항에 대한 안전 운행 조치들이 포함되었으며 이로 인해 O&M 비용이 상당한 상승은 감내해야 하는 상황으로 인허가를 득하게 되었다.

해외 해상풍력 사업을 진행하고 운영하고있는 경험으로는 실제 해상풍력 단지 내 어업 활동을 규제하기가 매우 힘들고 안전에 대한 부분은 충분히 부표설치 장애등 설치 등으로 최소한의 안전장치 설치를 통해 해결할 수 있는 부분은 해결될 수 있을 것이라 본다.

해상풍력은 이제 반드시 가야 하는 산업이며, 해상 풍력 사업을 진행하면 여러 이해 집단의 이해관계가 상충하는 것은 어떻게 보면 당연한 것이라 생각되며 중요한 것은 이해관계 상충이 발생했을 때 이를 어떻게 협의하고 설득하고 해결해 가느냐? 라는 것이 중요한 문제라 할 수 있겠다. 문제는 감추는 것이 아니라 빨리 발굴하여 서로 공유하며 해결책을 제시하여야 한다고 생각 며 이것이 저자가 말하는 원 페이지 보고서의 폐해이다. 이런 상황과 이해관계자의 입장이 원 페이지 보고서로 정부의 의사결정권자들에게 들어가기 어렵다. 본 장의 내용의 주민 수용성 확대(특히, 해상풍력의 수산업 관계자들과의 충돌) 대한 마련을 위해 정부의 중재 진행과 적절한 보상액 산정, 상생의 발판이 되길 바란다.

4.4 국내 해상풍력 활성화를 위한 제언

본 교재에서 언급되었던 내용을 다시 한 번 정리하면서 국내 활성화를 위한 제언을 시작하겠다.

본 교재 준비를 2018년부터 준비하였으나 2023년 현재까지 해상풍력과 관련된 수많은 정책적 변화가 있었다. 교재 개발이 주업이 아닌지라 초기에는 정부 정책에 대한 구체적인 실행 방향이 없음을 걱정하였으며 덴마크의 "해상풍력발전 입지계획"과 덴마크 에너지청의 "One Stop Shop" 제도의 도입이 필요하다 판단했다. 에너지 청 설립이 어렵다면 최소한 원활한 정부 부처 및 지자체 부처 간 협업체계 구축과 조직, 법률체계의 개혁이 필요하다. 또한, 지자체 중심의 사업 추진 및 국민적 동의와 이해당사자들의 이해를 전제로 해야 한다. 이를 통해 다음의 사항들에 대한 전제가 이루어져야 한다.

① 인허가 제도의 개혁 : 풍력사업 특성을 고려하여 병렬 동시 추진으로 인허가 최소화 단축 및 그 결과에 대한 예측 가능성(인허가 종료 시점 및 부대 의견 사항)

② 민원 및 이해관계자들과의 협의로 인해 공정한 보상기준과 산정 방식의 수립

③ 재생에너지사업 추진의 필요성에 대한 국민들의 동의와 이를 통한 전기요금 상승에 대한 이해 → 국내제조업 육성으로 일거리 창출 및 전력계통 보강

지금까지 언급한 유럽의 해상풍력 성공 요인을 정리하면 Table 4.18과 같다.

Table 4.18 덴마크 등 유럽 해상풍력 성공 요인 분석

덴마크 등 유럽의 해상풍력 성공 요인	
인허가 완료 기간 예측 가능성	민원보상비 예측 가능성
인허가로 의한 터빈 배치 변경 가능성 없음	전력 계통 연계에 대한 확신
짧은 인허가 기간	공모 후 착공까지의 기간 예측 가능성

⇓

"말뫼의 눈물"이후 제조업 육성을 위한 유럽 지역 중심의 국책사업 지속 추진으로 유럽 산업계 육성 방안 ☞ 제조업, 건설업, 유지보수업체, 설계, OE, 장비, 제작업체 등

⇓

일관성 있고 지속적인 정부의 정책 방향(목표와 현실적이며 구체적인 실행 목표 수립)	
지역 경제 활성화 중심 전략 (일자리 창출) 어업인 일거리 창출과 단지 내 어업 활동	정부 주도의 지속적인 R&D 투자 국책 사업 중심의 R&D 결과의 공유(기술 확산 속도 증가)
LCOE 절감 방안을 중심으로 지속적인 사업 추진과 규모의 경제 수립 (시장 확대의 정부 정책이 일관성이 중요)	실직적인 산학연 연계 및 주민 수용성 해소를 위한 용역등 (논문, 특허 실적 위주의 과제가 아닌 풍력사업 활성화를 위한 R&D와 이해관계자들과의 고민과 해결 방안 제시)

⇓

선행 해상풍력사업의 성공으로 인한 금융권의 신뢰(낮은 금리 조달)
오랜 주민 수용성 해소를 위한 용역으로 주민들이 협동조합을 설립하여 풍력사업 유치

⇓

자국산업 육성과 경쟁력 있는 프로젝트 생애주기 업체들의 육성으로,
기술 공유와 개발로 프로젝트 생애주기 모든 Risk 예측 가능

⇓

컨소시엄 공모 방식 가능(수익과 지출 확정) 및 입찰 방식
☞ 전력판매가격 고정 입찰 + 보조금 금액(컨소시엄 제시) : 최저가 입찰
→ 현재 : 보조금이 없이도 사업 진행이 가능

첫 번째, 산업계 육성과정이다. "말뫼의 눈물[48]" 로 대표되는 유럽의 제조업의 성장력 약화로 일거리 창출과 제조업 육성 방법으로 오랜 기간 유럽 정부들의 지원으로 풍력산업을 육성해 왔고 결국은 보조금 없이도 자체 시장 형성이 되는 단계까지 이르렀다.

유럽의 육· 해상풍력단지들은 국책사업으로 진행하였고 국책사업으로 자국(유럽연합 차원)의 터빈, 건설사, 운영사, 중장비 운영사 등 관련 제조업 육성을 계속 해왔다. 80년대 계획을 시작으로 Vindeby Offshore Wind Farm(1991), Tuno Knob Offshore Wind Farm(1995) 단지들의 사업 운전 개시를 통해 풍력산업계를 꾸준히 육성해 왔다. 이를 통해 건설업체도 O&M 업체도 장비업체도 경험과 노화우를 축적하여 경쟁력을 확보해 갔다. 이때 가장 중요한 것은 **"일정 규모 이상의 단지들이 꾸준한 착공"**이다.

Table 4.19은 2장에서 설명한 사회기반 투자 유형에 따른 책임 전가의 변화이다.

48) 현대중공업이 2002년 사들인 대형 크레인의 별명이다. 스웨덴 말뫼(Malmo) 지역에 있던 조선업체 코쿰스(Kockums)가 문을 닫으면서 내놓은 것으로 '코쿰스 크레인(Kockum Crane)'이라고도 한다. 당시 현대중공업은 해체비용을 부담하는 조건으로 코쿰스 크레인을 **1달러에 구매**해 울산으로 이전했다. 코쿰스 크레인이 말뫼의 눈물로 불리게 된 것은 울산으로 옮길 때 말뫼 시민들의 반응 때문이다. 당시 수많은 말뫼 시민들이 항구에 나와 크레인의 해체와 운반을 지켜봤으며 **스웨덴 국영방송은 장송곡과 함께 '말뫼가 울었다'는 내용의 뉴스를 보도했다.** 20세기 초 스웨덴은 세계 조선업계의 선두였으며 그 중심에 있던 코쿰스의 파산과 크레인의 이동은 세계 조선산업의 중심이 바뀌었다는 상징성을 보여주는 사건이었다. 이후 한국에서 말뫼의 눈물은 **조선업계의 몰락을 상징하는 표현**으로도 사용되고 있다.

사업추진방식	정부재정시대		PPP		IPP
	국영방식	공영방식	BTL 방식	BTO 방식	민영방식
인허가	정부 또는 지자체 주관 해결				대부분 민간주관해결
민원(사업성)					
건설(Risk)	정부 또는 지자체	공기업 (예산지원)	민간자본		
운영(Risk)		공기업	국가/공기업위탁	민간자본	

Table 4.19 사회기반시설 투자 유형에 따른 책임 전가 변화

정부재정사업에서 PPP사업의 변천을 통해 정부나 지자체가 사업을 추진하면서 감내해야 하는 사업 개발 Risk를 민간업체에 넘겨졌으며 Risk를 감내할 수 있도록 정부재정사업이나 PPP사업 진행 시 많은 건설업 및 O&M 업체들이 육성되었고 이 중간 과장을 통해 일정 규모 이상의 사업이 지속되어 경쟁력 강화를 이룩해갔다.

국내 해상풍력 사업 경우 정부재정시대에서 바로 IPP 사업 시대로 변화하였고 지금 많은 민간업체들이 해상풍력 사업 개발을 진행하고 있다. 저자가 걱정하는 부분은 아직 상업적으로 해상풍력 단지가 건설되어 운영되는 실적이 없고 아직 해상풍력 생태계가 만들어지지 않은 상태에서 특히 해상풍력 공사의 경쟁력이라 할 수 있는 해상풍력 전용 특수선박들의 국내에 없는 실정에서 충분히 민간 기업들이 자체 경쟁력 강화를 할 수 있는 충분한 사업과 시간이 없는 상태에서 너무 빨리 IPP 시대로 넘어 온 것이 아닌가 생각이 든다. 또한, 최근 LCOE 가격 경쟁력 강화를 위한 지원 및 노력 없이 해외사례를 예로 들면서 LCOE가 낮아지고 있으니 무조건 낮추라는 요구를 민간 시장에 하는 것은 바람직해 보이지 않는다. 또한 이런 상황에서 가격 경쟁력을 논하고 시간이 지났으니 LCOE가 떨어졌다는 국내 연구 발표들은 이해를 할 수가 없다.

두 번째, 인허가와 정부 정책과 관련해서는 덴마크의 "해상풍력발전 입지계획"과 같은 제도들이 최근 시행되고 있다. 집적화 단지와 각종 입지 컨설팅 제도들이 그것이다. 과거 국책사업인 서남해나 제주특별자치도의 지구지정제도도 덴마크의 제도를 벤치마킹하여 도입했으나 풍력산업의 성장 과정에서 우리나라만이 가지고 있는 특이성을 무시하고 결과인 제도만을 도입하다 보니 입지 계획 제도가 덴마크에서 실행 됐을 때처럼 효과적으로 시행될지 상당히 우려스럽다.

세 번째, 민원보상과 관련해서는 모든 이해관계자들과의 많은 대화와 타협, 설명을 통해 보상범위와 보상비용을 산정하고 진행되어야 하는데 공공주도였을 때의 발전 사업은 전원개발촉진법이라는 산업부(정부) 주도의 계획과 추진 방식으로 진행되다 보니 해당 지자체에서 주민 설득과 이해관계자들을 배제한 사업 추진으로 진행되다 보니 민간사업자들이 주민 설득과 보상을 진행할 때 이해관자들과의 충분한 의견, 정보 공개, 유관 산업 육성과 사업 추진에 따른 지역 일거리 창출에 의한 경제적 효과 등에 대한 전반적인 기대 효과에 대해 면밀히 이루어지는 것이 아니라 일부 주민들에게 돌아가게 될 이익 위주에 협의만 이루어지는 문제가 있다. 이럴경우 비공개 혹은 특정 민원 위주의 보상이 이루어질 수 있고, 해상풍력 전체적으로 봤을 때도 객관적이고 형평성에 맞는 형태의 보상 프로그램이 만들어져 집행되어야만 덴마크, 유럽과 같은 예측 가능한 보상비 산정, 절차 그리고 보상방법 기준을 만들 수 있고 사회적 공감을 받을 수 있다. 이 부분은 반드시 해결해야 할 숙제일 것이다.

마지막으로 실현 가능한 기술 혁신 방안에 대하여 고민하여야 한다. 해상풍력이 활성화된 영국과 아시아 지역에서 해상풍력이 활성화되는 대만에는 자국 터빈사가 없다. 대신 이들은 자국 제조업 육성을 선택하였다. 터빈의 각종 부품의 생산과 보급에 자국 중소 제조업 활용을 통하여 에너지전환으로 발생하는 비용증가의 많은 분야를 자국 제조업 육성과 일자리 창출로 연결한 결과이다. 이를 통해 국내에서도 과거 외산 터빈사에 의한 O&M 단계에서의 계약 갱신에 따른 비용증가 등의 원인을 제거하였다. 이를 위해 다음의 사항에 대한 정책과 상세 실행 방향 및 지속적인 수행 일관성이 필요하다.

덴마크의 성공 사례 중 하나는 해상풍력생태계라는 관점으로 CAPEX의 OPEX의 모든 분야의 소통과 협력을 통한 LCOE 절감을 위한 지속적인 관심과 R&D 지원에 있다고 본다. 유럽의 경우 최근 해상풍력사업들은 모두 PF사업으로 진행되고 있으나 Table 4.20과 처음에는 정부 주도의 사업 형태에서 점차적으로 민간 영역으로 확대되어 경쟁 구도가 자연스럽게 생겨났고 이를 통해 많은 기술 개발 및 LCOE 절감 방안들이 적용되었다.

<table>
<tr><th>구 분</th><th colspan="2">1단계
[태동기]</th><th colspan="2">2단계
[성숙기]</th><th colspan="2">3단계
[경쟁력확보]</th><th colspan="2">4단계
[세계시장확대]</th></tr>
<tr><td>시 기</td><td colspan="2">1991 ~ 2001</td><td colspan="2">2002 ~ 2011</td><td colspan="2">2012 ~ 2017</td><td colspan="2">2018 ~ 현재</td></tr>
<tr><td>EPC
R&D
지원</td><td colspan="2">소규모
국책사업 및
시범사업 중심</td><td colspan="2">민간사업 R&D
지원</td><td colspan="4">민간분야 자체적 수행</td></tr>
<tr><td>터빈
용량</td><td colspan="2">0.5~2.3MW</td><td colspan="2">2.3~3.6MW</td><td colspan="2">3.6~8MW</td><td colspan="2">8~15MW+</td></tr>
<tr><td>단지
규모</td><td colspan="2">20MW이하</td><td colspan="2">100MW이하</td><td colspan="2">400MW이하</td><td colspan="2">800MW+</td></tr>
<tr><td>PF
수준</td><td colspan="2">Demonstratio
n</td><td colspan="2">Pre-
Commercial</td><td>Small-
Commercia
l</td><td colspan="2">Middle-
Commercial</td><td>Commercial</td></tr>
<tr><td rowspan="3">상부터
빈
1기설
치</td><td colspan="2">20일 이상</td><td colspan="2">2 ~ 7일</td><td colspan="4">1 ~ 1.5일</td></tr>
<tr><td colspan="2">Jack-UP
Barge</td><td colspan="2">WTIV[49]</td><td colspan="4">[WTIV] + 전용운반선</td></tr>
<tr><td colspan="4">Lifting 횟수 줄이기 위한 여러
시공법과 Tool의 개발</td><td colspan="4">건설사 장비 수급 여건 및
Lifting 횟수에 따른 Special
Tool 터빈사 자체개발 및 판매
또는 임대</td></tr>
</table>

Table 4.20
유럽 해상풍력 EPC
절감 변천사

49) WTIV : Wind Turbine Installation Vessel, 해상풍력 터빈 전용 설치선

Table 4.20에서 주의 깊게 봐야 하는 단계는 태동기와 성숙기이며 이 때는 금융 조달 방식의 정식적 PF 수준은 아니고 Demonstration 및 Pre-Commercial 단계 기간이다. 사업비 절감보다 해상풍력산업의 가능성을 더 중요하게 보던 단계이며 몇몇 시범 사업을 통해 해상풍력 EPC 비용에 과다한 부분과 어떤 공정에서 비용을 줄일 수 있을지에 대한 문제 제기 단계라 할 수 있겠다. 그 이후 EPC 비용 절감 가능성을 터빈 설치 단계에서 봤고 그 중 혁신이라고 말할 수 있는 것은 터빈을 몇 Set씩 적재하고 이동하며 설치할 수 있는 WTIV의 출현이며 이를 통한 선 조립(Pre-Assembly) 시공법(해상 작업 일수를 고려한 현장 설치 시 Lifting 횟수의 최소화 및 장비의 용량과 수준에 따른 시공법 선택)을 통한 빠른 시공으로 하여 비용을 줄일 수 있는 방법이 생긴 것이다.

해상풍력 터빈(상부) 설치 공사비의 구성 중 60% 이상의 WTIV의 임대료이며 이 임대 기간을 최소화하는 것이 터빈 설치비용을 절감하는 주요 요소이다.

참고로 해상풍력인 경우 터빈 기초부(Monopile, Jacket 등)를 하부 설치라 하고 터빈 타워, 나셀, 허브등 흔히 우리가 알고 있는 풍력발전기 부분을 상부 설치라 한다. 앞에서 이야기 한 선 조립을 통한 시공기간 단축에 대해 좀 더 자세히 살펴보면 터빈의 구성은 대략 3단 타워와 나셀, 허브, 블레이드 3 Set 이고 이를 각각 하나씩 설치하고 조립한다면 8회의 Lifting이 필요하다. 하지만 타워 전체를 조립, 나셀 허브 및 블레이드 2 Set 조립하며 2회의 Lifting과 마지막으로 블레이드 1 set를 조립하면 총 3회의 Lifts 횟수로 설치를 완료 할 수 있게 되는 것이며 이는 설치 속도뿐만 아니라 바다라는 날씨 변수가 큰 환경에서 효율적인 공사 일정을 조율 할 수 있는 여러 장점이 있는 공법이다.

동일 터빈 모델에 3회와 8회의 Lifts 횟수로 설치한다고 가정하고 20기를 설치한다고 가정하자. Gross Working Day[50] 기준 터빈 설치에 필요한 기간이 5일(8회 Lifts)과 2일(3회 Lifts) 이라고 하며 장비 임대기간 산정을 위한 Net Working Day[51]를 산출하며 아래와 같다. 이 때, 본 가정 단지의 Weather Window는 40%로 산출되었다고 가정한다.

- 8회 Lifts : 5일 × 20기 / 40% = 250일 /30일 = 8.33개월 → 9개월
- 3회 Lifts : 2일 × 20기 / 40% = 100일 /30일 = 3.33개월 → 4개월

3회 Lifts 횟수로 상부를 설치한다면 설치를 위한 WTIV는 4개월로 1년 내에 설치 완료가 가능하다. 8회 Lifts를 고려한다면 9개월로 건설사의 안전 규정에 의한 동절기 작업 불가 기준이나 불가항력적인 날씨 영향으로 인한 공사 가능 일수 등을 고려하면 13~15개월까지 WTIV의 임대기간이 상승할 수 있다. EPC 공급망이 확충되고 충분한 WTIV이 있다고 한다면 2대의 WTIV를 동원하여 약 5개월 만에 설치 완료를 할 수 있지만 최근 해상풍력 단지들이 많아지고 있는 것에 반에 WTIV 건조 및 운영 댓수가 작아 수요대비 공급이 매우 부족한 상황이다. 따라서 한 사업장에 2대의 WTIV를 고려한다는 것은 현실적으로 불가능하다. 또한, 임대 비용적 측면에서는 비슷하거나 더 많은 비용이 들 수도 있다.

그럼 최근 WTIV 수요에 비해 공급이 왜 안 이루어지고 있는지에 대해 좀 더 이야기 해보겠다.

터빈 설치 선박은 Jack-Up Barge 형태와 WTIV 형태가 있는데 Jack-up Barge는 해상풍력 외에 타 해상관련 공사에 장비 활용이 가능하나 WTIV은

50) Gross Working Day : 이상적인 날씨 연속일 때 필요 작업 일수(100% 작업 가능 조건)

51) Net Working Day : 현장 여건(태풍, 파고, 폭염, 안개, 눈, 비 등)을 고려한 평균 작업 일수(주말 및 연휴 등 조건 포함)

해상풍력에서만 활용이 가능하기 때문에 활용도 측면에서는 Jack-up Barge 가 유리한 점이 많다. 그럼에도 불구하고 해상풍력은 WTIV 확보가 핵심이라고 할 만큼 중요해지고 있는 이유에 대해 WTIV 특징을 이야기하면서 설명하도록 하겠다.

WTIV의 특징은 첫째로, 자항식인 선박이다. 즉, 예인선의 도움 없이 자체적 동력으로 이동이 가능하다는 점이다. 둘째로, DP(Dynamic Position)이 포함되어 있다. DP는 터빈 설치를 위한 설치선의 정위치 Setting 시간을 줄여준다. 마지막으로 터빈 SET 3기 이상을 WITV에 적재하여 운항할 수 있고 이것은 날씨로 인한 후속 터빈 보급으로 문제로 인한 장비 임대 기간 연장을 최소화시켜 줄 수 있다.

WITV에 대한 여러 장점이 있고 수요가 많음에도 불구하고 건조되는 WITV 숫자가 적은 이유는 우선 WITV 선박 투자시점에 WITV 사용에 대한 매출 계약이 확정 되지 않기 때문에 투자금 회수 가능성에 대한 높은 리스크를 갖고 투자를 해야 한다는 것이다. 물론, WITV 건조 전 확실한 프로젝트들이 WITV를 임차한다는 확약서를 맺고 진행되는 경우도 있긴 하지만 거의 대부분이 용선 계약에 대한 불확실성을 갖고 투자를 한다. 또 한 가지는 WITV 선박에 대한 운영 노하우를 갖고 있는 회사가 많지 않다는 것이다. WITV 운영에 대한 노하우는 여러 해상 공사 경험을 바탕으로 쌓이는 경험인데 아직 많은 해상 사업이 실행되지 않았기 때문에 아직도 여러 시행착오를 경험하고 있으며 WITV 설치 시 사고 사례도 종종 있다.

마지막으로 Special Tool에 대한 개발 노력이다. 위에서 언급했듯이 터빈 부품 Lifts 횟수에 따라 공기 일정이 달라지고 그에 따라 사전 터빈 조립에 대한 니즈가 크다 사전에 터빈 조립된 상태를 Lift 하여 설치하려면 수직 운반 및 설치를 위한 거치대와 운반 Tool 같은 게 필요하고 이것을 Special Tool이라고 부른다.

Special Tool의 개발과 적용까지 단계를 2단계 Pre-Commercial이라고 부르며 이런 신 장비와 Tool들의 도입과 검증에 따른 Risk로 인한 각종 비용의 상승은 국책사업의 형태로 지원하여 신기술, 신공법의 적용 및 검증을 유도하여 EPC 금액의 절감을 유도하였다는 점이다. 또한, 이 시기에는 해상풍력 전용항만 보강(지내력 및 설치 가능 크레인)이 이루어지고 있었으며 일시적으로 공사비의 상승이 이루어졌다. WTIV 장비 보유사는 선조립으로 장비 임대 기간 축소가 일어났으며 이에 장비보유사의 기대 수익 감소로 장비 임대 비용이 증가가 발생하였다. 성숙기 시기 터빈의 용량증대와 항만 내 선조립 어려운 상황에서 WTIV에 적재 운송된 터빈들 외에는 허브, 나셀, 블레이드 및 타워의 구성품들은 선조립 운송 불가 선단으로 이송되었다. 이에 따라 선조립 장소는 항만이 아닌 WTIV에서 이루어졌다. 이는 설치 용 크레인과 보급되는 터빈의 구성 요소들을 조립하는 크레인들의 추가 탑재로 이루어져 WTIV의 임대 비용 상승을 야기하게 된다.

위의 사례들을 통해 정부의 제언하는 국내 해상풍력 확산과 LCOE 저감을 위한 제언을 정리하면 다음과 같다.

① 권역별 해상풍력 전용항만 설립 계획

- 하부구조물 제작 및 터빈 기자재 부품 등의 조립이 가능하여야 함, 여기서 터빈 기자재란 타워, Rotor Blades, Nacelle 등의 의미하여 유럽의 경우 해상풍력 전용설치선(WTIV; Wind Turbine Installation Vessel)의 대형화와 함께 타워 전체 조립부터 Nacelle+Hub+Rotor의 항만 사전 조립 후 전용설치선 선적으로 현장에서 해상공사 작업 일수를 줄이는 것이 LCOE의 CAPEX 비용절감에 많은 영향을 미쳤음, 터빈의 항만의 선조립(Pre-Assembly)를 위해서는 항만의 지내력 보강 및 조립이 가능한 전용크레인이 항만에 구비되어야 하며 여

기에 항만 주변으로 관련 터빈 및 하부구조물 관련 업체들이 위치하는 것이 중요하다. 또한, 제작 및 설치를 위한 항만이 아닌 통합 O&M 거점항만으로 체계적 보강 및 항만 시설계획이 필요하며 이 부분은 정부가 주도하여야 한다.

- 터빈의 대형화를 고려한 선박 접안이 가능한 설계와 수심 확보 및 배후부지 확보 가능성, 교통(육상운송)이 편이를 고려해야 한다.
- O&M을 고려한 전용설치선과 창고 부지, 터빈 중량 및 효율적 공사 활용을 위한 항만 야적 부지의 충분한 지내력 고려 설계 적용이 필요하다.
- 통합관계센터 : 하역, 야적장, 폐기물 처리 등의 계획적인 공사 관리지원과 유지보수 기간 중 O&M 창고 및 현황 파악 시스템 구축이 필요하며 여러 단지의 O&M비용의 공통요소들을 관리하여 비용이 절감을 이루었다.

② 일정 규모 이상의 단지들이 꾸준한 착공을 통한 규모의 경제

- 항만계획과 연계되며 권역별 해상풍력 단지의 운영 중 관리를 통해 O&M 부품 공유, FSA(Full-Service Agreements) 계약내 터빈 전용 유지 보수 선박[52] 혹은 BOP(Balance of Plant) 전용 유지 보수 선박[53]들의 공유로 OPEX 비용의 절감을 이루어 내야 함, 특히, 해상풍력단지의 터빈의 유지보수는 결국 사람이하기 때문에 유지보수 인력의 피로도 절감을 위해 단지까지의 접근성은 2시간 이

52) 유지보수전용선박 : CTV(Crew Transfer Vassal), CTV+Crew Transfer Vassal Advanced), SES(Surface Effect Ship), SOV(Service Operations Vessel)등 자제와 인력, 크레인 설치 유무와 크기의 정도 규모와 속도의 분류가 있으며 일상점검과 같은 경우 간단한 공구함과 인력은 이동시키는 Daughter Craft 선박도 포함됨

53) 조류배설물 청소, 선박통한 안전 관리, 선박통한 안전장비 유지보수(AIS, 등명기, 레이콘, 비콘 등)의 역무와 재킷 페그물 제거, 해양 부착 생물 관리(일정 두께 이하로 청소, 제거), 재킷 부식과 하부의 세굴 측정, 해저케이블 루트 점검 및 관리 업무를 위한 유지보수 전용 선박

내이어야 유지보수 인력의 충분한 해상 작업 시간 확보가 가능하게 하는 것이고 유지관리 선박들의 개량과 개선을 통해 유의파고의 극복을 통해 접근성을 향상 시켰다는 점이다. 이는 O&M 뿐만 아니라 건설에 있어서도 작업가능일수의 증가를 야기 시켰다.

권역별 통합관계센터 업무 통합 : 규모의 경제 실현으로 해상풍력 단지들의 주간 및 야간 업무의 통합으로 개별 단지의 OPEX 비용 절감

터빈 정지 시 사소한 오류 시 재가동(야간업무)

선박 운행 안전 업무 : 주간 및 야간에 선박 통항 관리 및 사고 발생 시 즉각적인 연락(해경 및 병원) 및 조치 업무(주변 선박 급파)

③ 실용적이며 기술 공유적 R&D 지속 추진

- 실패 공학 육성 및 공유, 실질적이고 기술 공유적 R&D 추진

실패의 경험을 분석하여 누구나 학습할 수 있는 지식으로 활용, 터빈 등의 제품 개발에 국한되지 않고 LCOE 절감 측면에서 신기술 · 신공법이 지속적으로 개발되어야 LCOE 절감이 가능하며 기술개발이 완료되면 보편화 된 산업 기술로 정착 활용 가능해야(국책 사업의 필요성 : 데이터 및 기술 공유, 신기술, 신공법, 신기자재, 신규장비 적용) 한다.

자료 노출을 꺼리고 실패를 감추기 급급한 사회 분위기, 우리나라의 폐쇄적 문화의 빠른 개선이 필요하다.

풍력은 자동차와 조선업과 같은 종합공학이며 제조업만이 전부가 아니며 주민수용성과 같이 인문학적 요소가 문제 해결에 중요한 요소로 작용하기도 한다. 유럽과 같이 이런 주민수용성 해소에 대한 R&D 연구 과제의 포함이 필요하다.

④ 실질적인 산학연 연계와 전문 인재 육성

- 후진국에서 중진국 및 선진국으로 진입하기 초기에는 선진국의 제도, 정책, 기술은 빨리 따라가는 Fast-Mover 전략의 Bench-Marking이 유용하였다. 이 전제는 높은 교육열과 낮은 임금이 뒷받침되어야 한다. 하지만 현재 우리나라는 낮은 임금 국가는 아니다. 산업화 사회 초기에는 지식에 의한 Know-How의 시대라면 현재의 사회는 지식사회로 정보의 공유가 빨라진 Know-Where의 시대이며 생전을 위해 빠른 전환이 필요하며 지금은 Fast-Mover가 되어 국내 풍력사업 활성화를 위한 문제를 해결하여야 함
- 해외의 여건(해상풍력 전용 설치선과 O&M 유지보수선박 장비보유 현황과 경험과 노하우 축척 등)과 지반조건은 우리와 다르다. 풍력사업을 하면서 가장 많이 듣는 말 중 하나가 Site Specific이라는 현지 여건에 따라 다르다는 단어이다.
- 공학은 기초과학에서 발표한 수학과 물리 현상 등은 맞다라는 전제하에 이를 응용하여 신기술 · 신공법 등을 적용하여 업계의 공기나 제조 일자를 줄이거나 원가를 절감시키는 학문이다. 이를 위해서는 실질적인 산학연 연계로 정산업체에 필요한 연구와 기술, 공법 및 장비의 개발이 필요하며 이런 실질적이고 유기적인 정보와 기술의 공유로 산업체에서 필요로 하는 인재양성 및 인력은 산업계에 지속적으로 투입하여야 한다.

⑤ 금융조달 및 금리 문제

- PPP 사업과 같이 사회기반시설 채권 등에 대한 보증을 통해 신용위험 완화가 필요하다. 다행히 "관계부처 합동 2022 정부 업무보고(한국판 뉴딜 탄소 중립 주재), 2021.12.28." 발표에서 금융계와 협업하여 저탄소 산업 · 기술에 투자를 촉진하기로 하였으며 녹색분류체계 적용 시범사업('22년~)과 녹색채권 외부검토 비용지원('22년 총 100개) 등으로 금융계와 함께 올바른 녹색투자를 정착하기로 하였다.

- 금융권 역시 기업이기에 이윤 창출이 목적이자 단기자금을 선호하는 성향은 이해한다. Low Risk Low Return, High Risk Heigh Return이며 기존 담보 대출의 진행방법으로 PF를 바라보는 것은 아니지 고민해 봐야 한다. Risk가 크기에 기존 담보 대출보다 높은 금리를 받는 것이 아닐까? 금융권 역시 PF 사업을 담보 대출보다 높은 이자를 고려하여 전체적으로 확률적으로 접근하는 것이 필요하며 현재와 같이 중재와 대안 제시를 못하고 건설사와 O&M사에서 모든 Risk를 책임지라고 한다면 과감하게 금융개방도 생각해 볼 필요가 있다. 중재와 대안의 제시를 위해서는 기술적, 경제적 실사 등을 외주화 하는 것이 아니라 유럽이나 미국과 같이 금융권 자체의 실사 능력 내제화가 선행되어야 한다.

⑥ 해상풍력 계획에 따른 전력 계통연계 계획

- 전기요금은 민영화하면 안 되는 아주 중요한 공공재이다. 기후변화 대응으로부터 현재의 그린뉴딜 정책에 이르기까지 정부는 일관되게 재생에너지 육성을 이야기 해왔다. 재생에너지로의 변환은 어쩔 수 없는 전기요금 인상을 야기한다.
- "「함께 극복 · 도약하는 산업 강국」 실현 – 2022년 산업통상자원부 업무계획 발표 –, 2021.12.28."에서 (계통) 신재생 확산에 맞춰 안정적 전력망 · 분산에너지 시스템 구축 → 변전소 등 계통 보강 계획 수립(22.上), 분산에너지 설치 의무화(23) 등 체계 마련은 반가운 정책 소식이다.

기존 전력망체계부터 분산에너지까지 개념은 4.5절에서 별도로 설명하고자 한다.

에너지청 수립을 제안하고자 하는 이유는 정부 부처 간 협업체계 구축보다는 하나의 부처에서 모든 것을 처리할 때 업무 진행 속도가 빠르다고 판단하기 때문이다. 또한, 산업화 시기 정부 재정사업으로 중앙 부처 중심의 밀실 계획 후 발표하는 대기업 중심의 방식은 사회의 변화로 더 이상 추진하기 어려운 방식이다. 지자체 이해관계자들과의 소통을 통한 문제 해결 과정, 지역, 지자체와 함께 중소 및 중견기업 육성을 동반한 공동 성장만이 주민 수용성을 해결할 수 있다. 다행이도 "「함께 극복 · 도약하는 산업 강국」 실현 – 2022년 산업통상자원부 업무계획 발표 –, 2021.12.28." 「탄소중립 산업전환 특별법*」 제정으로 "기업과 함께하는 탄소중립"을 제도화하고, 정례적 소통으로 유연한 정책보완 추진을 발표한 것은 다행이라 할 수 있다. 한 걸음 더 나아가면 소통에 의한 간접 체험보다는 산업계 관계자를 개방형으로 채용하여 정책 수립을 추진하는 것과 동시에 담당 공무원들은 일정 기간 산업체 및 민원 해결 과정에 직접 참여시켜 직접 경험을 정책에 반영하는 것이 빠른 탄소중립 실현을 위한 사회 · 경제구조의 대전환 가속화에 도움이 될 것으로 판단한다.

"2021년 11월 26일 [2021 세계 풍력의 날 기념행사] 풍력산업 심포지엄(해상풍력 기반 조성)"에서 발표된 "유럽 사례로 본 한국 해상풍력 산업 육성 과제, 2021.11.26. Blue Wind Engineering"에서 보면 2030년까지 12GW의 해상풍력을 추진한다면 철강 200만톤과 8MW 터빈 기준 1,500대의 터빈과 하부구조물이 필요하며 400 ~ 500 MW 규모의 해상변전소 24기, 해저케이블 물량 375 Km, 해상풍력 전용설치선단 누적 35대이며 건조해야 할 전용 설치선은 약 4~6대 정도이다. 또한, 약 60여대의 O&M 전용 선박이 필요하다. 이를 기준으로 66만개의 일자리가 창출된다고 산출되어 있다. 특히, 현재는 상업 준공된 해상풍력 단지의 수가 미비하여 그 중요성이 인식되고 있지 않지만 66만개 중 약 50%의 일자리는 20년 동안 단지를 운영하는 O&M 단계에서 생산 된다.

한국판 그린 뉴딜의 중요한 축 중 하나가 휴먼 뉴딜이며 사람투자 강화와 교육 혁신으로 디지털 · 친환경 사회를 이끄는 미래인재 양성을 촉진하고 휴먼뉴딜 확산기반을 구축하는 것이다. 특히, 많은 일자리 창출이 일어나는 O&M 분야에 대한 준비는 되어 있지 않다. 이를 실현하기 위해서는 현장의 목소리에 집중한 산학연 연계 프로그램과 인력양성이 중요하다.

탄소 중립의 실현의 사회 · 경제적 대전환을 이야기하는 것이며 이때 전기료 인상이라는 고통이 있지만 신규 일거리 창출과 지역 경제 활성화를 촉진 시킬 것이다. 유럽이나 미국에 비해 우리는 준비가 미비한 것이 현실이며 현재의 과제는 사회적 대 합의를 전제로 하여야 한다.

4.5 전력 계통과 보강 계획

전력계통(Power System)이라 함은 생산된 전력을 안정하게 소비자에게 전달하는 모든 운영하는 시스템으로 정의된다. 전통적인 전력계통 운영이라 함은 생산된 전기를 계통요소(발전기, 송배전선로, 부하)내에서 전력시스템의 주요 변수인 전압, 전류, 주파수 및 전력 품질(국내 주파수: 60±0.2Hz, 전압 : 345kV ±5%, 154kV ±10%)기준내로 운영되도록 관리 하며 혹시 전력 품질 기준에 벗어날 경우 그 영향을 해석하고 즉각적으로 전력 품질 허용치 안으로 들어 올 수 있도록 대처하는 것이다.

전력계통은 발전(Generation), 송전(Transmission), 배전(Distribution), 부하(load)로 구분이 된다. 전기의 가장 큰 문제는 저장이 어렵다는 것이지 저장이 안 되는 것은 아니다. 과거의 대표적인 에너지 저장시설인 양수발전처럼 전기에너지를 타 에너지원으로 변화하였다가 전기에너지로 변화해야 하므로 변화에 따른 에너지 손실과 지리적 문제로 인해 아무 곳이나 세울 수 없는 문제가 있다.

기억할지 모르겠지만 한때는 심야 전기를 이용한 온수 시스템에 대한 전기료를 할인해 주던 때가 있었다. 이런 방법들은 전력계통의 안전성을 확보하기 위해 수요와 공급에 차이를 줄이고자 하는 활동으로 우리나라 전력계통 관리는 중앙집중식으로 관리해 왔다.

중앙집중식 전력공급체계에서 발전소(Generation)는 대규모로 건설되어 진다. 또한 발전원은 LCOE[54] 기준으로 경제성이 우수한 발전원 위주로 건설된다. 이런 발전소가 원자력발전소(Nuclear Power Plant), 화력발전소(Fossil-Fuel Power Plant)인 석탄, 유류, 가스 발전소 들이다. 이런 발전소는 연료 수입에 용이성과 주변 민원으로 인해 해양이나 강 주변에 건설되어지고 전력 소비가 많은 인구 밀집 지역과는 거리가 멀어 대규모 송전망이 건설되어야 한다.

이런 종례의 중앙집중식 전력공급체계 전력 정산방식은 4.1절에 설명하였고 전력망 안정성 측면에서 재생에너지가 추가되면서 전력시장 정산구조와 전력망 구조에 대대적인 변화(전력보강)은 필수적인 요소가 되고 있다.

여러 발전소들의 전력을 한 대 모아 수요처로 보내는 송전망 형태를 Tree형 송전망이라 하고 계통 Concept 중 가장 저렴한 형태이다. 나무 형태라고 하는 것처럼 여러 발전소를 하나의 변전소로 통합하여 받고 나무줄기 역할인 고압송전망이 있고 나무뿌리처럼 하나의 변전소에서 각 전력 소비단으로 내려 주는 형태이다. 이 방식은 전류의 송전 특성상 전력손실을 최소화하기 위해 고전압 송전시설이 필요하며 송전전과 배전전 단계에서 중앙 변전소가 통합하여 송전, 배전을 담당하게 된다. 배전(Distribution)은 고전압의 전기를 수요처에 맞게 변압기를 통해 감압

---

54) 균등화발전원가, Levelized Cost of Electricity), 분자에는 총 투자비와 운연비의 현가화를 적용하고 분모에는 발전량으로 표시하여 1kWh당 단가를 산출

해 소비처에 공급한다. 이러한 방식은 중앙집중식 전력 관리에 기본이 되었다.

이에 대한 변화 과정은 우리보다 일찍 재생에너지를 도입한 유럽의 경우 최근 전기료와 난방비 인상에 따른 물가 상승과 온난화로 인한 기후변화에 대해 큰 경각심을 갖고 재생에너지 사용을 강력하게 시행하고 있고 재생에너지 확대를 위해서는 전력망 보강 없이는 불가능하다고 판단하고 전력망 확충을 위해 많은 노력을 기울이고 있다. 유럽은 재생에너지원이 LCOE 가격을 낮추는 노력과 재생에너지의 단점인 제어가 불가한 부분과 간헐적 전력 공급 부분을 극복하기 위해 장기간에 걸쳐 국가와 국가 간의 전력망 연결과 저장시설의 확충 그리고 재생에너지 전력원에서 타 에너지원의 변환을 의미하는 수소 경제 도입까지 진행하고 있다.

재생에너지의 증가에 따른 전력망 보강계획과 전력망 정산 구조의 변화에 대해서 IEA[55](International Energy Agency)에서 총 전력 생산량 중 재생에너지의 발전량이 차지하는 비중으로 단계별 대응 방안을 제시하고 있다. 이를 VRE(변동성 재생에너지; Variable Renewable Energy)라고 하고 Fig 4.16과 Fig 4.17은 종례의 중앙집중식 전력 체계에 재생에너지원이 추가되면서 나타나는 영향을 보여주고 있다.

55) 국제에너지기구,1976년 OECD 이사회 결의 후 설립, 석유시장, 에너지연구개발 등 업무 수행

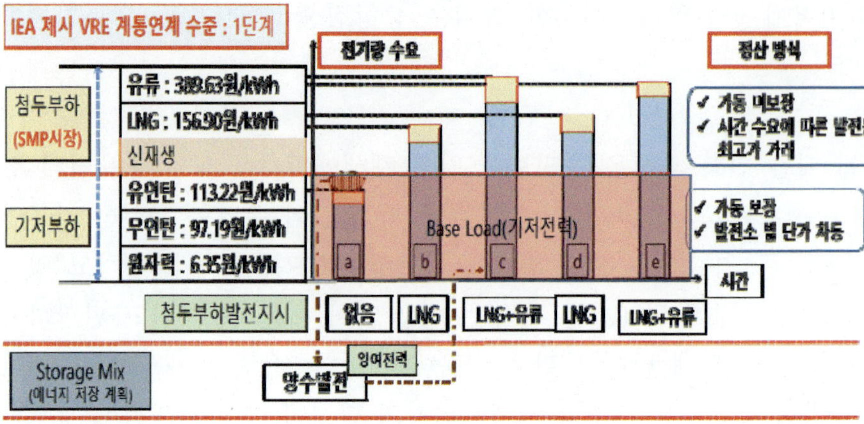

Fig 4.16
종래 전력계통 시스템의 정산방식(VRE 1단계)

VRE 비중이 1~3% 정도의 단계를 1단계로 구분하였고 재생에너지 간헐성이 전력 계통 운영에 영향은 없지만, 재생에너지의 간헐성 문제에 대응을 요구한다. 수요와 공급의 변동에 즉각적 대응을 위한 LNG 발전소의 건립과 BESS[56]를 이용한 전력의 저장계획 수립이 대응 전략이다.

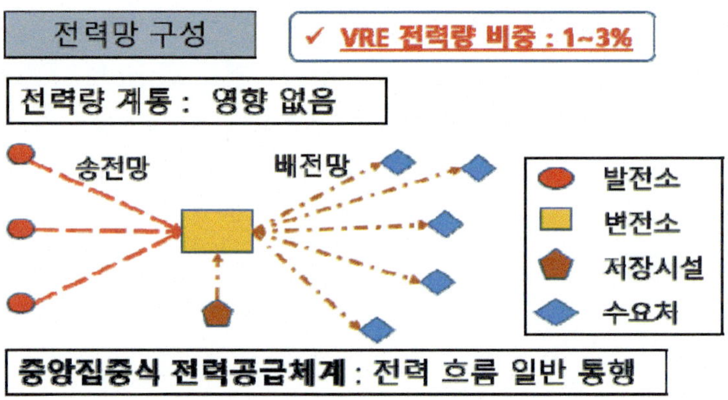

Fig 4.17
VRE 1단계 전력 계통망 보강

56) ESS(Energy Storage System)는 에너지 저장 시스템 전체를 의미하며 BESS는 이런 에너지 저장 시스템 중 배터리(Battery) 기술을 이용한 에너지 저장시스템을 의미한다.

VRE 2단계의 재생에너지발전량 비중이 3~13% 수준에 대해서 설명하겠다. 본 단계부터는 재생에너지 중 태양광에 의한 영향이 전력 계통에 미비하지만 영향을 미치게 된다. 단, 풍력과 태양광이 균등하게 증가해온 유럽과는 다르게 국내는 풍력에 비해 태양광 발전이 급격하게 늘어났으며 이에 따른 영향은 더욱 증가할 것으로 판단된다.

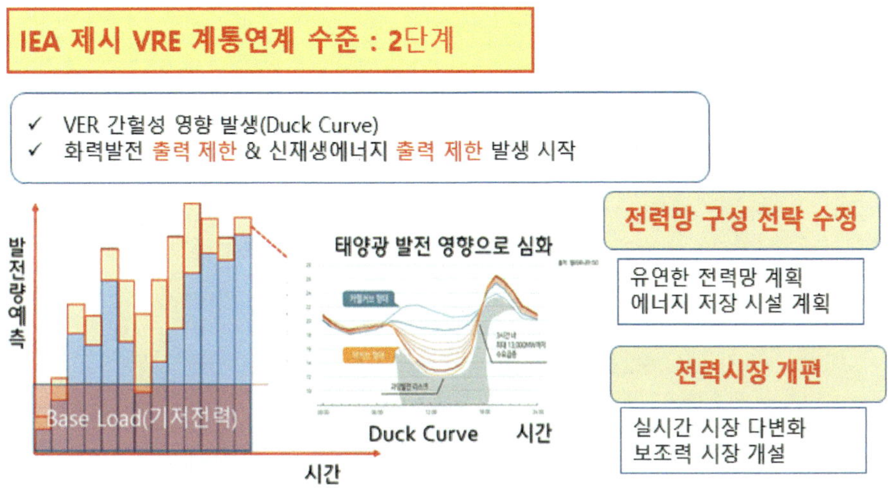

Fig 4.18
VRE 2단계의 재생에너지의 간헐성 문제

태양광 발전은 태양광에 의해 전기를 생산하기에 24시간 중 낮 기간에만 발전이 되고 시간대에 따라 12시 전후에 최대 발전량을 보이며 점차 줄어드는 패턴을 보이게 된다. 이런 이유로 낮 시간대 과잉 발전으로 부하 패턴이 낮에는 낮게 나오고 태양광 발전이 줄어드는 저녁 시간부터는 급격히 부하가 높아지는 곡선으로 마치 오리 모양을 하고 있다고 해서 Duck Curve라 표현한다. 이는 Fig 4.18을 통해 보여주고 있으며 상황에 따라 낮 시간에 기저전력의 출력량 조절과, 재생에너지의 출력량 조절 그리고 재생에너지를 저장장치를 이용하여 부하가 높아지는 저녁 시간으로 출력량을 이동하는 노력이 필요하다.

태양광과 가장 매칭이 잘되는 에너지 저장시설은 BESS이다. BESS는 충전과 방전을 계획적으로 이루어져야만 경제성 확보가 가능하고 태양광 발전은 풍력 대비 발전 예측률이 높고 전력 생산 패턴이 일정하기 때문이다. BESS는 전력망을 운영하는 한전 같은 송배전 사업자들에게는 좋은 선택일 수 있다. 그 이유는 수요 공급 불균형을 잡아 주는 예비력 시장에서의 대기 전력 공급 효과와 전력 품질 제어 등 장점이 많이 있기 때문이다.

중앙집중식 전력망 구성에서 재생에너지의 발전량을 최대한 확보하여 전력 소비자들에게 공급하기 위해서는 많은 수에 BESS가 설치되어야 하고 분산형 전력공급체계(상황에 따른 양방향 전력 흐름)를 고려해 봐야 한다.

또한, 추가적으로 수요에 비해 과도하게 생산되는 전기의 일부를 다른 에너지원으로 변환하는 Sector Coupling이라는 시스템을 도입하는 연구가 필요해 보인다. 과거 소비만 하던 가정과 공장에서는 전기차 충전소 및 태양광 발전소등의 건립으로 전기를 생산, 저장 및 주말과 같이 소비가 없을 때는 발전을 통해 전력망으로 전력을 공급하는 복잡하고 다양한 형태의 전력망 체계가 구축되고 있는 것이다. 이런 전력계통 보강 상황을 Fig 4.19을 통해 설명하고 있다.

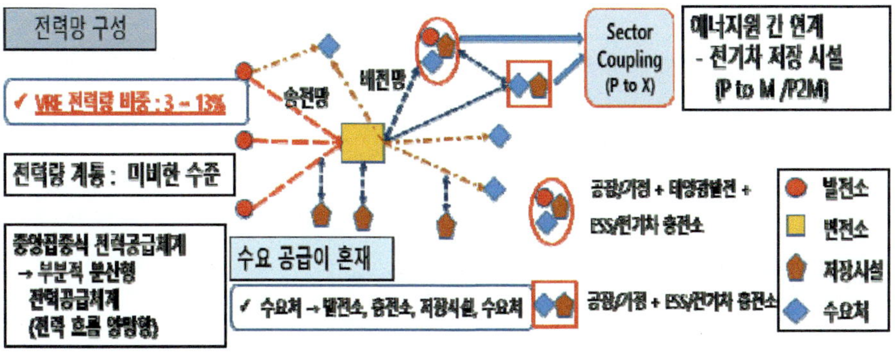

Fig 4.19
VRE 2단계 전력 계통망 보강

VRE 3단계는 재생에너지 비중이 13~23% 수준이며 전력 계통의 운영 패턴을 재생에너지가 결정하게 되는 단계이다. 앞에서 언급한 Duck Curve현상을 고려 할 경우 하루 중 특정 시간대에 재생에너지 비중이 총수요 대비 60% 이상을 차지하고 재생에너지가 전력망 공급의 주력 발전원이 되는 시기이다. 이 단계에서는 분산 형 전력 공급 체계가 확립되어 있지 않다면 Grid Curtailment (전력망 안전을 위한 출력 제한)로 재생에너지 발전소의 생산 가능 전력의 20 ~ 30% 이상을 송전 제한 손실로 발생할 수도 있게 된다.

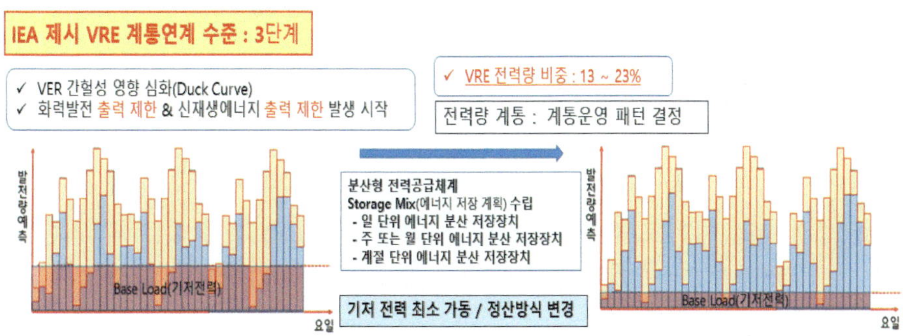

Fig 4.20
VRE 3단계 계통 운영 패턴의 변경

Fig 4.20은 VRE 3단계의 계통에서 공급되는 발전원별로 부하를 대응하고 있는 부분에 대한 변화를 나타내고 있으며 재생에너지 패턴에 따라 계통 운영 형태가 변경되고 이때 재생에너지 소비를 위해 기저전력의 공급량은 감소하게 된다.

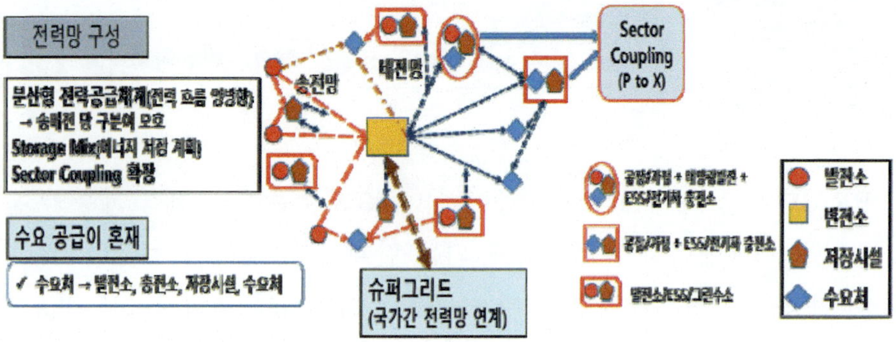

Fig 4.21
VRE 3단계 전력 계통망 보강

Fig 4.21은 VRE 3단계에 필요한 전력 계통 보강 계획을 설명하고 있다. 3단계는 모든 송배전망이 거미줄과 같이 연결되어 쌍방향으로 즉각적인 양방향 흐름이 이루어지며 국가 간 전력망 연계와 에너지별 전력변환이 이루어지는 다중환상망[57](Muti-loop)형식 및 에너지 간 자유로운 전환이 가능한 Sector Coupling이 실현 가능하여야 한다.

마지막으로 VRE 4단계는 모든 전력생산량이 재생에너지로 대체되는 단계이며 이 단계에는 분산에너지의 수소 경제가 실현되어야 하는 단계로 재생에너지 비중이 23% 이상 일 때로 추정하고 있다. 이때는 전기의 수요처가 발전소이기도 하여야 되며 태양광 발전소 외에 수소에 의한 연료전지로 상황에 따라 수소 또는 전기의 생산이 가능한 상태이어야 한다. VRE의 단계가 높아질수록 전력 정산체계 역시 복잡해지며 재생에너지도 공급 주파수와 전압품질에 대한 관리 의무가 주어지게 될 것이다.

57) 다중환상망(Multi-loop): 발전소와 변전소간 또는 변전소 상호간에 연결하는 송전선로를 링 형태로 만들어 한쪽 선로가 고장 나도 우회공급이 가능해 정전을 막는 전력 계통

이제 우리나라도 Sector Coupling과 같은 에너지 섹터(Sector) 간 긴밀한 연계를 통해 전체적인 에너지 사용 효율성을 높이고, 운영의 안정성에 기여할 수 있는 제반 기술 개발이 필요하다고 생각된다. 독일의 경우 Sector Coupling은 에너지전환 정책으로 발전했으며 초기에는 P to G(Power to Grid)와 P to H(Power to Heat)등과 같이 전력을 전기자동차(수송부분) 및 난방으로 활용하는 형태로 발전해오다가 P to X(Power to X)로 다양한 분야로 확장되어 가고 있으며 재생에너지 전력을 다른 형태의 에너지로 변화하여 저장하고, 사용하는 방식으로 Grid망 System을 개발 발전시키고 있다. Sector Coupling을 에너지 변환 형태에 따라 정리하면 Table 4.21.와 같다.

구 분	내 용
Power to Heat/Cooling (P2H, P2C)	전력을 히트펌프 등을 통해 열로 변환하여 사용하는 기술로 냉난방 부문을 전력화하는 기술
Power to Mobility (P2M)	전력을 배터리 등에 저장하여 운송 부분을 전력화하는 기술
Power to Energy Storage (P to S)	전력을 배터리 등에 저장하여 전력분야에 재사용하는 기술
Power to Gas/Liquids (P2G, P2L)	전기를 수전해해서 수소 및 메탄과 같은 가스·액화연료를 생산 및 저장하는 기술

Table 4.21
Sector Coupling(P to X)

위에서 언급한 Sector Coupling 이외에도 재생에너지 확대에 따른 꼭 필요한 기술 개발이 진행되고 있는 분야가 마이크로 그리드[Micro-grid]이다. 마이크로 그리드란? 소규모 분산 전원을 바탕으로 구성된 지역 전력망으로 소규모 지역에서 전력을 자급자족할 수 있는 시스템이라는 광의적 개념이 있다. 좀 더 구체적으로 보면 마이크로 그리드에는 계통 연계형 마이크로 그리드와 계통 독립형 마이크로 그리드로 나눌 수 있다. 독립형의 경우가 울릉도 혹은 가파도와 같이 완전히 독립적으로 계통망 구축되어 전력 수요와 공급을 운영하는 형태이고, 연계형인 경우 제주도와 비슷하게 독립적으로 계통이 구축되어 있지만 상위 계통 망에 접속되어 있어 상위 계통망에 지원을 받으면서 계통을 운영할 수 있는 특징이 있다.

이런 그리드 망을 통하여 다양한 형태의 전력생산시설에서 발전된 전기와 전력 소비 패턴이 다른 소비자들 간에 에너지 저장장치와 같은 추가 설비를 활용하여 효율적인 전력 생산과 소비를 구현하게 되는 기술이 점차 개발되어야 할 것이다.

스마트한 전력망 운영을 위해 전력망의 디지털화가 필요하고 이것은 전력 생산과 소비를 동시에 관리 할 수 있는 기술이 필요하다. 전력망 디지털화라는 것은 통신 네트워크와 자동 제어 기술을 통해 실현되는 것으로 가상발전소(VPP, Virtual Power Plant)와 같이 추가 발전 시설을 구축하지 않아도 전력 수요와 공급 패턴의 최적화를 통해 낭비되는 자원을 없애고 효율적인 전력망을 운영할 수 있게 되는 것이다.

대규모 발전소와 송배전망의 한 방향 흐름으로 전력 공급은 중앙집중식 전력 체계 공급은 확대는 한계에 도달하였다. 대규모 발전소를 건설하는 것도 대규모 송전계통을 건설하는 것도 주민수용성, 환경, 고전압에 의한 전자기파의 인체 영향(밀양 송전탑) 등의 문제로 추진이 어렵다. 또한, 전력 사용 대규모 수요처인 대도시는 지속적으로 전력 사용량을 증가시킨다. 국내의 경우도 수도권으로 전력 사용량은 지속적으로 증가할 것이다.

우리나라의 경우 다중환상망 구조로 전력망이 구축되었으나 급속한 경제 성장과 수도권 집중 전력 사용으로 발전설비의 건설 속도 및 사용량 증가 대비하여 주민수용성 확보 문제로 계통 계획 지연이 발생하고 있다. 또한, 재생에너지 사업이 활발한 호남권 지역인 경우 특히, 주말에는 공장의 휴무 및 수도권으로 복귀하는 주말부부의 주거 형태로 인해 전력 이용의 불균형의 심각할 수 있다. 이런 계통 혼잡을 해결할 수 있는 방법은 발전과 수요의 분산을 유도하고, 분산에너지 전원도 확대하여야 한다. 재생에너지가 주요 발전원으로서 역할과 책임이 부여되어야 되고 이에 따라 전력시장도 개편되어야 한다. 「제10차 전력수급기본계획」에 관련 내용이 포함되어 있다.

「제10차 전력수급기본계획」의 내용 중 주의해서 보아야 될 내용은 최종에너지 대비 전력소비량 증가 추세이다. 이는 냉난방과 수송분야에서도 전력을 이용하고 있으며 데이터센터등의 건립으로 전력 소비는 수도권 중심으로 급격히 증가하고 있다는 사실이다. 또한, RPS 제도하에 태양광의 급격한 LCOE 하락과 개발이 용이성으로 인해 재생에너지 발전량 중 태양광 발전량 비중을 타국가 대비 비중이 높아 변동성이 영향이 크며 또한, 비계량 태양광 발전설비(한전 PPA[58]), 자가용) 역시 급속히 보급되어 Duck Curve 현상과 기상 영향에 따른 전력 수요 변동성은 상당히 증가되어 전력 계통에 상당한 부담을 주고 있다. Fig. 22는「제10차 전력수급기본계획」주요국 태양광 발전 비중을 도식화한 자료이다.

58) PPA(Power Purchase Agreement, 전력구매계약) : 전력시장을 통하지 않고 전력판매자와 구매자가 전력을 직거래하는 당사자간 계약 방식

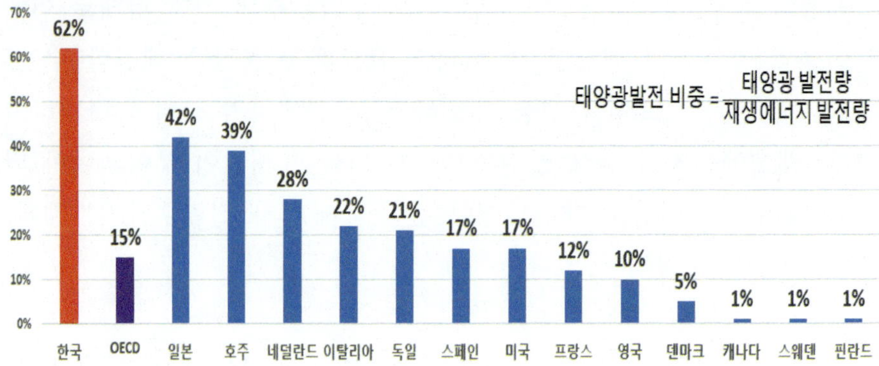

Fig 4.22
주요국 태양광발전 비중('21년 기준, 출처: IEA)

「제10차 전력수급기본계획」에서 에너지 저장 시설과 관련 해서는 재생에너지 변동성 대응, 출력제어 완화 등을 위해 백업설비 26.3GW 확보를 위해 약 29~45조원의 신규 투자를 진행할 예정이며 계획은 아래와 같다.

○ (초단주기) 계통관성 확보 및 전압 안정성 유지 등을 위한 설비
- (단주기) 주파수 유지, 실시간 수급균형 확보 등 변동성 대응 설비
- (장주기) 출력제어 완화, 부하 평준화 등 공급과잉 대응 설비

Table 4.22
연도별 재생에너지 백업설비 구성(누적)

연도	초단주기	단주기	장주기*	
	동기조상기 (GVar)	기타 저장장치 (GW/GWh)	기타 저장장치 (GW/GWh)	양수 (GW)
'23~'26	-	0.05 / 0.03	0.16 / 0.83	-
'27~'30	36.0	1.16 / 0.73	3.1 / 18.47	-
'31~'36	36.0	3.66 / 2.29	20.85** / 124.97	1.75

* DR, 섹터커플링 등 미고려 및 재생에너지 출력제어율 3% 가정
** 제주 장주기 ESS 필요량 0.6GW 포함

전력시장 역시 실시간·보조서비스시장 도입 등 현행 하루전 현물 시장이 제주도를 시작으로 전국으로 확대될 예정이다.

최종적으로 전력계통의 안정화를 위해서 분산에너지 전원의 확대가 절실하며, 분산에너지 정책은 소규모 발전소를 수요처 근처에 다수 설치하여 기존 전력계통의 보강을 최소화하고 양방향 전력 흐름이 가능한 전력망의 구성이다. 여기서, 발전소의 발전단가를 논하던 LCOE 용어의 관점에서부터 환경(무탄소 전원공급)과 전력계통까지 포함한 사회적 비용인 SCOE[59]라는 용어가 새로 생성되었다. 수도권의 소규모 다수의 발전소는 어떻게 확보할 것인가라는 문제가 있다. 과거 제주도와 육지에서 각각 일어났던 대규모 정전 사태 시 주요 대형건물과 시설의 비상발전기 중 가동이 정상적으로 일어난 비율은 20% 정도이다. 즉, 이런 시설의 비상발전기를 상시 가동으로 전력 계통 건설 지연의 한계를 극복하여야 한다. 또한, 비상발전기 설비들의 관리 상태에 따라 대규모 교체가 필요하며 무탄소 전원이어야 한다. 공간의 제한에 상관없이 발전소 용량이 증감 및 에너지 간 변환이 자유로운 것이 수소이다.

분산 에너지 정책은 수소 경제의 실현이다.

재생에너지를 통한 탄소중립은 결국 안정적 전력계통 운영이 핵심이며 안정적 전력계통 운영을 위해서는 전력 수요에 맞게 재생에너지를 생산할 수 없기 때문에 재생에너지를 저장할 수 있는 기술과 재생에너지를 다른 에너지로 변환할 수 있는 기술 개발이 필요해 보인다. 예를 들어 BESS를 통한 일 또는 주 단위로 전력을 저장하여 필요할 때 활용하는 방법과 재생전기를 활용한 그린수소 생산을 통해 수소로 냉/난방, 전력 저장, 수송에 활용, 그리고 전력망 디지털화를 통한 가상발전소 구축 등 재생에너지에 자유로운 에너지 변환이 전제가 되어야 탄소중립을 꿈꿀 수 있을 것 같다.

59) SCOE(Social Cost Of Energy, 전력계통 비용까지 포함한 발전비용)

Chapter 5

비전문가를 위한 재무모델 기본 및 경제성 분석을 위한 기본 개념

5. 비전문가를 위한 재무모델 기본 및 경제성 분석을 위한 기본 개념

프로젝트 파이낸싱(Project Financing) : 민간투자사업에 적용 가능한 타인자본조달 방식은 기업대출과 프로젝트 대출로 구분할 수 있으나, 프로젝트 금융이 일반적이다. 프로젝트 금융은 프로젝트 자체의 ①현금흐름(Cash Flow)을 주요 상환 재원으로 하며, ②프로젝트의 자산을 담보로 하되, 출자자에 대한 소구권이 제한되며, ③특수목적 회사인 Project Company에게 제공하는 금융을 의미한다.

여기서, 안정적 현금흐름(Cash Flow)의 제일 중요하다. 사업의 추진은 결국, 투자비 대비 이익과 기회비용의 차에 의해 실행된다. 우리가 저축금리가 2%라면 대출 금리는 3% 이상이며 대출금으로 사업을 추진하는 사업은 4% 이상이 되어야 금융 산업이 동작하고 사업을 추진하면서 사업에 참여한 모든 이해관계자들이 이익을 보게 된다.

개발이익을 단순히 생각하면 수입과 지출의 차이이다. 보는 관점에 따라 세금을 따로, 생각하기도 하는데 본 교제에서는 계략적 개념이해를 위해 그냥 지출로 포함하겠다.

- 개발이익 : 수입 - 비용 - 세금 [세후이익 (Profit After Tax)]
  수입 - 비용 [세전이익 (Profit Before Tax)]

5.1 풍력 사업의 매출

풍력 사업의 매출은 Table 5.1에서와 같이 연간에너지생산량 또는 발전량 즉, 풍력발전 단지의 풍력발전기에서 발생되는 연간전력생산량(AEP; Annual Energy Production)과 이 전력을 판매하는 전력판매단가로 구성된다. 국내풍력발전의 전력발전 단가는 4장에서 설명한 SMP와 가중치 REC 가격으로 결정되게 된다.

**풍력사업 매출 = 연간에너지생산량(AEP) X
전력판매단가(SMP+가중치 x REC)**

Table 5.1
풍력 사업의 매출

AEP에 대해서는 단위로 GWh/Annual 혹은 MWh/year 등으로 사용하여 다른 표현으로는 우선 CF(Capacity Factor, 이용률)라는 용어를 약어로 사용한다. CF의 단위는 %이다. 여기서, CF(Capacity Factor)는 현금흐름의 CF(Cash Flow)의 약어가 아닌 풍력발전기의 전력발전량의 CF(Capacity Factor)라는 점을 유의하기 바란다. 어떤 자료에는 NCF(Net Capacity Factor) 라고 기입하는 경우도 있는데, 정확히 말하면 CF는 년간 터빈 이용률이 좀 더 맞는 표현이고 CF에서 풍력단지로 구성되면서 발생하는 터빈간에 후류 손실, 전력 손실, 터빈 가동률 손실 등에 손실 전부를 고려하여 순수하고 전력망(Grid)로 전력을 흘려보내는 양을 NCF 라는 순 이용률로 사용한다.

또한, 풍력발전기의 전력발전량 Full Load Hour라는 용어로 표기하기도 한다. Full Load Hour에서의 단위는 Hour이다. 즉, Net Capacity Factor는 정격 출력에 대한 순수 발전량의 비율이다. Full Load Hours(Equivalent Full Load Hours)는 정격 출력 시간에 대한 발전량의 비율이다.

만약, 100MW단지에 연간전력생산량 274.7GWh/Year라고 가정하였을 경우 NCF(Net Capacity Factor)와 Full Load Hours를 산출하면 아래 Table 5.2와 같다.

Table 5.2
연간전력생산량의 표현 방법

가정 조건	100MW 단지, AEP : 274.7GWh/Year
Net Capacity Factor	$\frac{\text{연간전력생산량}(loss\ \text{반영})}{\text{정격출력} \times 8760\text{시간}} \times 100\% =$ $\frac{274.7 \times 10^3}{100 \times 8760} \times 100\% \fallingdotseq 31.4\%$
Full Load Hours	$100MW \times Time = 274.7GWh$ $Time(Full\ Load\ Hour) = \frac{274.7GW}{100MW} = 2{,}747hrs$

여기서 8,760시간은 365일 × 24시간을 의미하며 어떤 경우에는 4년에 한 번씩 추가되는 1일을 고려하여 8,766시간을 기준으로 검토하는 경우도 있다.

5.2 풍력 사업의 지출

풍력 사업의 지출은 크게 CAPEX와 OPEX로 구분이 된다.
CAPEX(Capital Expenditures usually by way of Direct Investment)란 개발 비용, 건설 기간 비용 등을 의미하며 미래의 이윤을 창출하기 위해 지출된 비용으로 개발비, 공사비, 부대경비, 보상비 등(돈을 벌기 위해 투자한 비용)을 의미한다. OPEX(Operating Expenses, always Expressed as Cash. Therefore, Depletion and Depreciation are excluded)란 운영 기간 중 발생하는 비용으로 CAPEX를 통해 취득한 자산을 유지/보수하거나 운영하는데 들어가는 비용, O&M 비용과 SPC 운영비의 합을 의미한다. 여기에 수입이 발생하여 지출하게 되는 세금, 즉, 국가나 지자체에 납부하는 국세나 지방세, 등록세, 인지세, 면허세, 수수료, 부가가치세 등등의 제세공과금이 포함된다.

5.2.1 CAPEX 비용

CAPEX 비용에 대해서 자세히 알아보도록 하겠다. CAPEX를 우리말로는 자본적지출이라고 말하는데 이것은 유형 자산을 구입 후 감가 상각해 나가는 것이 바로 자본적지출의 예라 할 수 있다. 기계장치를 하나 구입한다고 하면, 현금흐름 관점에서는 구입비용을 일시에 빠져나가게 되지만 회계상으로는 그 비용을 자산화시켜 놓고, 손익계산서에 나누어 비용처리를 하게 되는 것이다. 하지만 실제 우리가 여기서 말하는 자본적 지출(CAPEX)라 하는 것은 사업을 하기 위한 총 투자비를 말하며, 총 투자비는 총 공사비, 총 사업비등에 용어가 사용되고 있으며 사업마다 정의의 항목이 조금씩 다르긴 하나 일반적으로 각 용어를 정리하면 아래와 같으며 각 항목의 상세 내역은 Fig 5.1 참고하기 바란다.

① 총 공사비 : 공사비, 부대경비, 보상비, 예비비의 합

② 총 사업비 : 총 공사비(공사비, 부대경비, 보상비, 예비비의 합) + SPC 운영비(상업운전 개시 전)의 합

③ 총 투자비 : 총 사업비(공사비, 부대경비, 보상비, 예비비+ SPC 운영비(상업운전 개시 전)의 합) + 금융비용(건설이자)

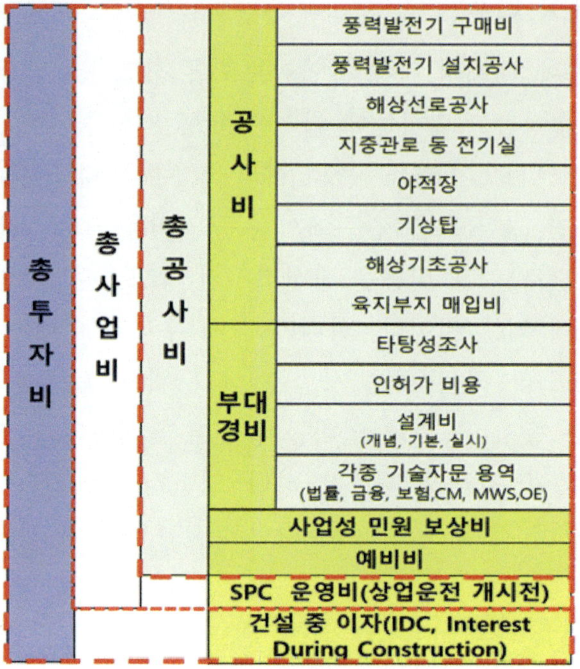

Fig 5.1
해상풍력 사업의
CAPEX 상세 내역

CAPEX 고려 시 개발 비용에 대한 정산 부분이 복잡할 수 있다 그것은 사업 초기부터 개발을 주도한 출자사와 공사 착공 시점에 참여한 출자사들 간에 사업의 기여도와 사업 Risk를 감안하여 사업을 진행한 기회비용은 다 다르기 때문에 High Risk High Return의 경제 원리에 의해 각 단계마다 사업에 들어간 비용을 실비 정산과 사업 Risk를 감안 하여 사업을 추진한 사업 추진 프리미엄을 고려해 비용정산을 진행해야 하고 이 부분이 투명하게 CAPEX로 반영되어야 한다.

4장에서 언급한 것과 같이 국내에서 진행된 해상풍력사업들은 약 10년 정도의 인허가 기간이 걸렸고 이에 대한 기회비용 상실 분과 개발 비용 등 많은 비용이 소요 되었고 실비 정산을 진행한다고 하더라고 모든 비용을 증빙 할 수 없는 것이 현실이라 인건비부터해서 각종 민원 대응 비용 등 CAPEX로 산정하여 비용 정산 시 사업개발 중간 혹은 착공 시점에 들어오는 출자사인 경우 명확한 비용 산정에 어려움이 있는 것이 현실이다.

5.2.2 자금 조달 계획

Fig 5.2는 자기자본과 타인자본에 대한 구성을 나타내는 Fig으로 일반적으로 자기자본과 타인자본은 IDC(Interest During Construction; 건설 중 이자60))를 제외한 총사업비 기준으로 투자한 비용을 말한다.

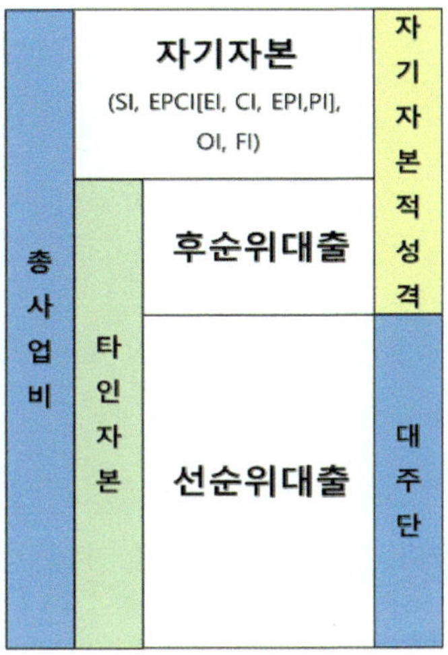

Fig 5.2
자기자본과
타인자본 구성

① 자기자본 : 사업수행을 위해 필요한 총 재원 조달(총 투자비) 금액 중 출자자(주주)가 출자금의 형태로 투자(납입)하는 금액이며, 일반적으로 총 재원 조달 필요 금액 중 1순위로 투입됨

② 타인자본 : 사업수행을 위해 필요한 총 재원 조달(총 투자비) 금액 중 주주가 출자금의 형태로 투자(납입)하는 금액 외에 외부 금융기관 등으로부터 조달하는 차입금을 의미하며, 일반적으로 자기자본 납입 이후에 투입

60) 건설기간 중 발생하는 타인자본에 대한 이자비용, 건설기간 중 SPC의 이자지급 능력이 없으므로 이자금액에 대한 자본화

③ 후순위차입금/후순위대출(주주후순위차입금; Subordinated Debt), 주주대여금(SHL; Shareholder Loan) : 선순위차입금(대출, 대주단 차입)보다는 그 변제에 있어 열위에 있고 자본금(자기자본)보다는 우선순위에 있는 자금조달수단, 수익률 악화, 자기자본 비율이 낮을 경우에 지분 투자에 대한 대안이나 보충안으로 이용되며 사업주는 세금 감면 및 기업재무상의 이유 때문에 지분 투자보다는 부채를 이용하기 위해 후순위 차입금으로 통해 투자하기도 함.

한국형 PF의 경우 자기자본에서 FI(Financial Investor; 재무적 투자자)의 경우 SPC에 일반적으로 보통주가 아닌 우선주로 참여하며 요구수익률을 명기하기도 한다. 우선주로의 참여는 SPC의 자금상환에 문제가 있지 않는 이상 경영에는 참여하지 않으며 대신 FI를 제외한 타출자사와는 다르게 합의된 수익률에 따라 배당을 먼저 받는다. 또한, 해외의 경우 사업개발 초기부터 FI가 주도하여 사업을 개발하거나 SPC 설립시 FI 자금이 바로 투입되지만 한국인 경우 FI 자금의 투입시점은 FI를 제외한 모든 출자사가 자본금을 투입하고 소진된 이후 자본금을 납입하는 경우가 일반적이다.

저자의 생각으로는 자기자본과 후순위 대출을 자기 자본적 성격으로 보는 것이 맞는 것 같다. 선순위 대출과 무엇이 달라서일까? 선순위 대출의 경우 원리금 상환 스케줄에 따라 상환 일정을 반드시 지켜져야 하지만 후순위 대출은 채무 변제순위가 선순위 대출에 비해 열위적 지위 있다는 상대적 개념뿐만 아니라 선순위 차입금을 제공한 선순위 채권자들이 요구하는 일정 조건을 만족하지 못할 경우 원금과 이자 지급이 이루어지지 않는 준 자본 성격의 차입금 성격을 띠고 있다.

후순위차입금은 사업이 현금흐름이 악화되었을 경우 출자금과 마찬가지로 투자금의 회수를 못하는 Risk를 안고 있기 때문에 일반적인 차입금보다 높은 이자율을 요구하며 SPC 운영 중 후순위에 대한 원리금 상환이 지연되면 이에 따른 지연이자가 발생하게 되고 이에 투자자의 배당수입은 하락할 가능성도 있다.

BTO(Build Transfer Operate) 사업같이 수익성이 낮을 경우 FI 참여사들의 요구 수익률을 맞추기 어려운 경우가 있다. 이 경우 FI 참여자들이 후순위 차입금의 수익률까지 합산한 Blended ROE(Return on Equity; 자기자본 이익률) 또는 IRR(Internal Rate Return; 내부수익률) 산출하여 요구 수익률을 맞추는 경우도 있다.

수익성이 우수하지 않은 사업인 경우 원리금 상환 일정에 맞게 상환을 진행하다 보면 출자자들에게 배당이 일어나는 시점이 상업 운영 개시 이후 상당 기간이 지난 시점에 이루어지게 되기 때문에 출자사들도 지분 투자에 비해 초기부터 자금을 회수(이자)가 가능한 방법인 SHL(Shareholder Loan, 주주 대여금)라는 후순위 대출금을 이용하기도 한다.

대출형식은 원리금을 상환하는 것으로 배당으로 수령할 경우 세금을 제외한 금액을 기준으로 지분율에 따라 배당하지만, 후순위 대출은 원리금 상환을 대상으로 하기에 세제 혜택을 누릴 수 있고 배당에 비해 투자금의 회수 시점이 빨라진다. 단, 출자금 Equity 전체를 SHL로 사용하더라도 100% 세제 혜택을 제공하지 않도록 국가별 상이하나 세법에서 과소자본세제에 의거 일정 초과 시 배당금과 동일시 과세하는 점을 확인하여 적정비율을 확인하여야 한다.

대주(금융기관) 입장에서는 Project의 현금흐름이 대출 원리금을 안정적으로 상환할 수 있는지 여부가 중요 하고 그 대출 원리금의 회수가능성을 판단하는 지표로 부채상환계수 DSCR(Debt Service Coverage Ratio)을 이용하여 판단한다.

DSCR은 AEP(Annual Energy Product)의 발전량의 초과확률(Probability of Exceedance, PoE) 분석을 통한 AEP가 특정 확률 수준 이상의 값을 나타내는 수준을 정하며 보통 확률 90%인 P90값 혹은 확률 95%인 P95값에서 DSCR이 1에서 1.3을 만족해야 하는 대출 규모로 대출을 해준다. FI의 경우 어느 정도의 변동은 인정하고 대주단에 비해 High Risk High Return을 요구하기에 금융권의 원리금 상환에 문제가 없다는 전제하에 조금 덜 보수적인 초과확률 75%인 P75 기준으로 현금 흐름을 분석하고 내부수익률을 분석하는 경우도 있다.

대출의 실행 시점은 일반적으로 개발 초기에는 자기자본 위주에 자본 투입을 통해 사업을 개발하다가 개발 인허가 취득 후 착공되는 시점에 선순위 대출과 후순위 대출 등으로 외부 차입을 통해 총 사업비를 조달 받고 사업을 진행하며 사업 진행에 따른 수익은 자기자본 투입한 출자자 일수록 High Risk High Return을 기대하기 때문에 높은 수익을 기대하게 된다.

PPP(Pubic Private Partnership; 민관합작투자사업) 사업(민간투자법)은 자기자본 투입을 기본으로 사업을 진행하고 현금 흐름에 따른 대출 규모가 정해지기는 하나 최소자기자본 비율에 대한 최소 비율 유지 조건이 있다. IPP 사업으로 추진되는 풍력 사업의 경우 이에 대한 정의는 없으나 일반적으로 대주단은 20% 정도의 자기자본 비율을 유지하길 원한다.

대주단은 주주 배당이 대주단의 원리금 상황보다 지급 순위가 후순위이기에 자기자본 지분율이 높을수록 안정적이라고 판단한다. 즉, 사업개발자들의 많은 투자금이 장기간 투자되어 개발되고 건설 완공 후 운영되면서 수익을 발생시키고 대주단 원금 회수가 원활히 이루어져야 주주 배당이 가능하기 때문에 자기자본이 투입된 금액 많을수록 사업을 안정적으로 개발, 건설, 운영한다고 판단하게 된다.

FI를 제외한 사업자의 경우를 보자. 개발하는 모든 사업이 성공하는 것은 아니며 초기에 자금을 투입하고 배당 시점도 늦으며 일정 금액이 지속적으로 회수되는 것도 아니다. 따라서, 가장 높은 Risk를 감당하며 사업을 개발한다. 이에 어떤 보수적 시점에서도 출자사의 수익률은 FI나 대주단보다 높은 수익률을 기대할 수밖에 없다.

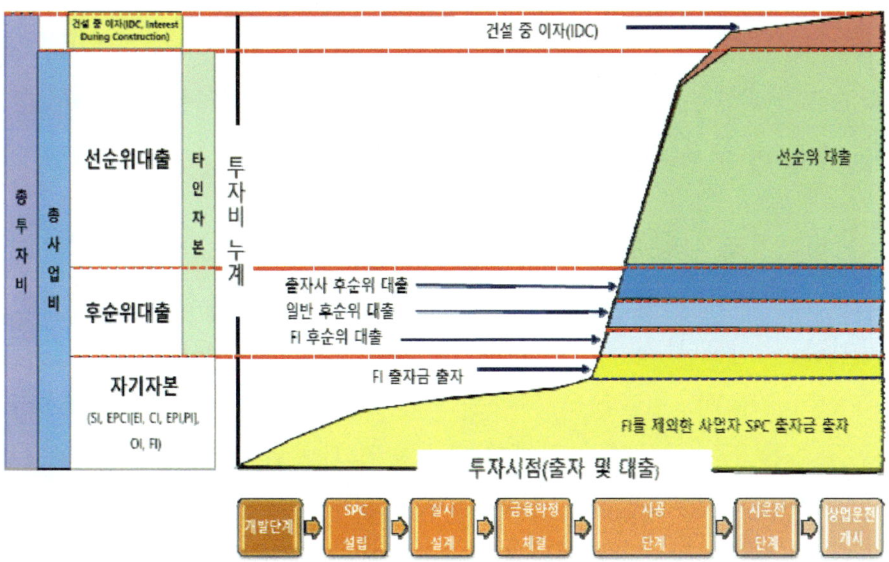

Fig 5.3
SPC 출자금 및 대출 실현 시점(CAPEX 기간)

사업의 현금 흐름이 지속적으로 우수하다면 문제가 되지 않으나 현금 흐름이 악화 될 경우 SPC의 대부분의 의사결정권을 갖고 있는 SI(Strategic Investor; 전략적 투자자)는 대주주라는 의무로 투자 시점에 P-IRR(Project Internal Rate of Return)기준으로 사업성이 나빠지는 것에 대한 고통 분담을 대주단으로부터 강요 받는다.

이때, SI로 참여하는 주주가 EPCI(Engineering, Procurement, Construction Investor, EPC 공사를 전제로 하여 투자하는 투자사)와 OI(Operation Investor) 같은 투자자이면서 그 SPC와 건설 계약 혹은 운영 계약을 통해 수익을 수취하는 SI 인 경우 SPC 사업의 수익성만을 보는 것이 아니라 건설 혹은 운영 계약을 통해 받을 수 있는 수익까지 고려하기 때문에 SPC의 사업성만을 고려하는 의사 결정을 할 수는 없다. 따라서 SI와의 사업 참여시에는 사업 초기부터 여러 경우에 수를 고려하여 각 사의 역할 분담과 명확한 기준을 정하고 사업을 진행할 필요가 있다. SPC의 중요한 의사 결정에 참여하고 사업을 개발했으면 사업이 어려워지는 것에 대한 책임으로 추가 출자나 지분 감자 등 사업 회생을 위한 노력을 해야 한다.

자산투자로부터 수익 증대를 위해 차입자본(부채)을 끌어다가 사업을 진행하는 투자 전략을 Leverage 혹은 Gearing이라 한다. 타인자본 대 자기자본 비율(부채 대비 자본금 비율; Gearing Ratio)이 낮을 경우 Gearing Ratio 비율을 높이라는 요구하는데 Gearing Ratio가 높을수록 양호한 자본구성이라 판단하여 선순위 대출금리가 낮아지며 이는 경영 건전성을 위해 원리금 상황 이후에도 안정적인 자금이 사업에 남아 있어 사업에 지속 가능함을 가져 올 수 있고 필요시 후순위 혹은 배당을 통해 수익 환원이 이루어지면 되기 때문이다.

5.3 경제성 검토

경제성 검토는 사업수행 결과 개발이익 또는 투자이익에 대한 검토이다. 일반적으로 경제성 검토에 수익 정도를 판단하는 지표는 아래의 6가지와 전력사업에 추가적으로 적용되는 LCOE 용어도 존재한다. 여기서, IRR, NPV, LCOE는 풍력사업을 진행한다면 반드시 알아야 하며 IY(Investment Yield; 투자이익)은 출자사로써 목적에 따라 EPCI 또는 OI 경우에만 확인을 하며 IY 수익률은 타 출자사들은 확인이 불가능하다고 보면 된다.

① 회수기간 : PP(Payback Period)

② 이익비용율 : B/C Ratio(Benefit-Cost Ratio) ☞ 민투법이나 기재부 예타시

③ 내부수익율 : IRR(Internal Rate of Return) ☞ 쉽게 설명하면 이자, 가장 중요

④ 투자이익 : IY(Investment Yield) ☞ 할인율 고려와 고려하지 않은 방법에 따라 분류되기도 하며, 본 교재에서는 할인율을 고려하는 방안에 대해 주로 언급

Blended ROE(FI 출자 & 후순위) : FI 배당수익
+ FI 투자 후순위대출 수익률

ROI(Return On Investment) 출자자 투자이익(출자 & 후순위)
: 출자사 배당수익 + 주주대여금(SHL; Shareholder Loan) 수익률

EPCI IRR/ROE : EPC 수행 마진 + 출자사 배당수익

O&MI IRR/ROE : O&M 수행 마진 + 출자사 배당수익

⑤ 순현재가치 : NPV(Net Present Value)

⑥ 손익분기점 : Break-Even Point

⑦ 균등화발전비용[61] : LCOE(Levelized Cost Of Energy)

---

61) 발전소에서 생산하는 전력(kWh)당 소모되는 비용, 투자비, 운전유지비, 연료비,

전력사업에 추가적으로 적용되는 LCOE 용어인 균등화발전비용이란 건설, 운영, 철거의 프로젝트 생애주기 동안의 모든 비용과 이에 따른 발전량을 비교하는 방법으로 1kWh의 전기를 생산하기 위해 필요한 모든 비용을 나타낸다. 각 발전원의 경제성을 비교 고자 할 때 주로 사용이며 수익성 평가에는 이용되지는 않는다. 우리나라의 현재 전력시장 운영형태는 원가반영발전시장으로서 발전비용평가위원회에서 발전사업자가 제출한 발전비용 및 기술적 특성 자료를 심사하여 개개 발전기별로 원가를 고려한 운전비용을 결정한다. 따라서 발전비용평가위원회나 전기사업 허가 시에만 사용되기에 이에 대한 산출방법은 본 교재에서 생략한다. 하지만 발전 및 풍력사업을 한다면 반드시 LCOE 산출방법까지는 이해하고 있어야 한다.

5.3.1 할인율을 고려하지 않는 방법

돈의 시간가치를 고려치 않고 금액의 총량에 근거하여 평가하며, 정확성 및 대표성보다는 간단하고 손쉽게 투자의 결과를 평가할 때 사용하는 방식이 비 할인분석 법이다. 할인율을 고려하지 않는 방법(Non-Discounting Methods of Evaluation)에는 회수기간 법(Payback Period Method), 투자이익률 법(Investment Yield/ Ratio of Earning on Capital), 손익분기 분석법(Break-Even Analysis)이 있다, 할인율을 고려하지 않는다고 한다면 각각의 정의와 산출 방법은 아래 Table 5.3과 같다. 상황에 따라 할인율을 고려하여 각각의 판단기준을 검토하기도 한다.

해체비 등 모등 비용을 포함한 개념으로 에너지원별 발전단가를 비교하기 위해 사용하는 개념이다.

구 분	내용 상세	
회수기간 법 (Payback Period Method)	정 의	총 투입비용이 완전히 회수되는데 소용되는 기간으로 계산
	산출방법	총 투자비용(Investment) /연간순이익(Annual Net Income)
투자이익률 법 (Investment Yield/Ratio of Earning on Capital)	정 의	일정 기간의 이익이 투입된 자본에 대하여 어느 정도의 비율인가를 나타냄
	산출방법	연간순이익(Annual Net Income) /투입자본(Capital Cost of Project)
손익분기분석 법 (Break-even Analysis)	정 의	수입액과 지출이 같은 점을 찾아 손익분기점 정도로부터 투자의 경제성 예측/평가를 수행

Table 5.3
할인율을 고려하지 않는 경제성 평가 방법

5.3.2 할인율을 고려하는 방법

할인율을 고려하는 방법(Discounting Methods of Evaluation)이란 현금의 미래가치와 현재가치의 변환에서부터 시작한다. 이를 통해 현금흐름(Cash Flow)을 작성한다. 현금흐름은 CAPEX와 OPEX 대한 확정금과 변동금액이 얼마정도인지 자금 투입 스케줄을 확정하고 수입이 언제부터 일어나는지에 대한 확정 등을 토대로 수익성을 확인하여 간다. 즉, 현금흐름 파악은 Table 5.4와 같다.

Table 5.4
Cash Flow
작성 기준

구 분	내용 상세
현금 흐름 항목 파악	해당 사업과 관련된 현금흐름 항목의 누락이 없는지 파악 (CAPEX와 OPEX 항목)
현금 흐름의 시기 및 크기	일정 기간 단위로 현금 흐름이 발생시점과 금액의 크기(현금 유입(+)과 현금 유출(-)
현금 흐름의 불확실성	현금 흐름에 내재된 불확실성의 정도

투입되는 자본의 성격에 따라 검토하는 기준 및 수익성 정도가 다르다. 각 자본의 성격에 따른 최소한 만족 기준을 Hurdle Rate(기준수익률) or Cut-off Rate(최저 목표 수익률)이라고 한다. 각 자본의 투자성격에 따라 안정형, 안정추구형, 위험중립형, 적극투자형, 공격투자형으로 분류할 수 있다. 대주단(주로 은행)의 경우 안정형에 투자원금에 손실이 발생하는 것도 원치 않으며 이자손실도 원하지 않은 형태이다. 안정형의 경우가 기대 수익률이 가장 적으며 현금흐름의 변동성은 가장 보수적으로 본다. 이에 수익성의 변동을 최대한 보수적으로 판단하여 풍황 자원 민감도를 초과확률 P90/95 정도의 AEP(연간 발전량)만을 보며 이에 따라 대출 규모와 대출 가능 의사결정을 DSCR(Debt Service Coverage Ratio, 채무 원리금 상환 한도액률) 값을 보고 판단한다.

후순위 대출은 주로 보험, 증권, 저축은행, 연기금 등이 이에 해당하며 수익성의 변동은 초과 확률 P75기준의 ROE(Return on Equity, 자기자본이익률)를 기준으로 주로 한다. 이에 대한 현금 흐름과 이에 따른 최적 목표수익률에 대한 개념을 Fig 5.3에 도식하였다. DSCR과 ROE에 대한 용어 설명은 하단에 설명하였다. 금융자산의 요구 수익률은 무위험이자율 + 위험프리미엄이며 미래수익의 불확실성(변동)에 따름 대가로 변동성을 더 많이 가져갈수록 요구 수익률은 높아진다.

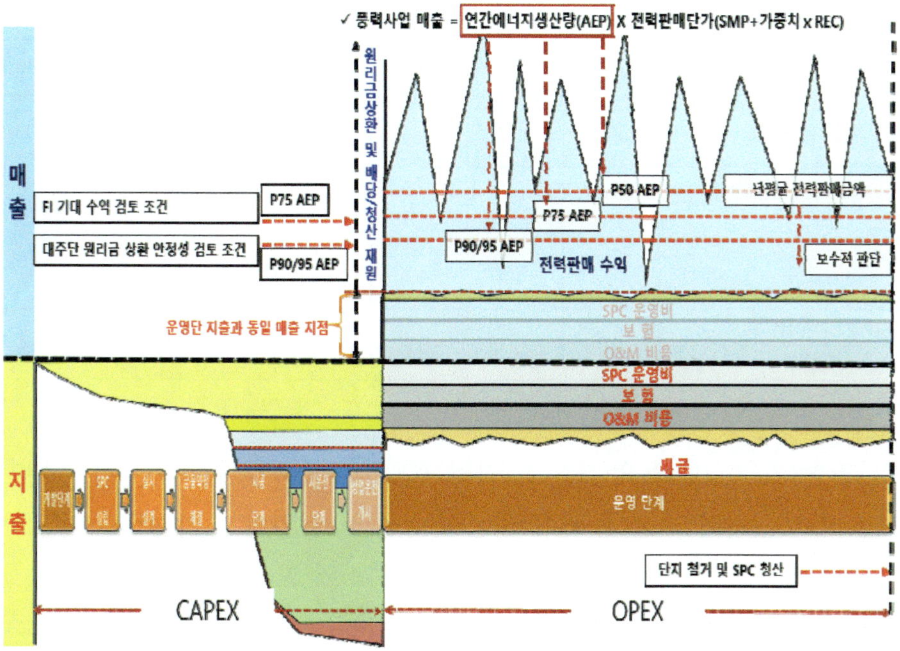

Fig 5.4
Cash Flow의 개념과
Hurdle Rate

현금의 미래가치(Future Value) : 일정 기간 동안의 현금흐름을 미래 특정 시점의 가치로 환산하여 평가하는 과정

$$FV = PV(1+R)^n$$ R : 이자율, n : 기간

현금의 현재가치(Present Value) : 일정 기간 동안의 미래 현금흐름을 현재의 가치로 환산하여 평가 하는 과정

$$PV = FV \div (1+R)^n$$ R : 이자율, n : 기간

[단위 : 억원]

Table 5.5
현금흐름 작성

	건설1	건설2	운영1	운영2	운영3	운영4	운영5	누계
현금유출	500	500						1000
현금유입			300	300	300	300	300	1500
현금흐름	−500	−1000	−700	−400	−100	200	500	500
할인현금흐름	−500	−980	−673	−377	−92	181	444	444

건설 기간 2년 동안 500억 원씩 1000억이 투자되어 운영기간 5년 동안 300억 원의 현금 유입이 발생하는 사업이 있다고 가정하여 현금흐름과 현금유출 및 현금흐름을 작성하면 Table 5.5와 같다. 물가상승률을 2%로 가정하여 할인 현금흐름을 작성하여 Table 5.5의 마지막 부분과 같다.

순 현재가치(NPV ; Net Present Value) = 현금흐름의 현가
− 투자자산의 현가

투자에서 벌어들인 현금흐름의 현재가치가 지출된 현금흐름의 현재가치를 초과하는 크기를 말하며, 순 현재가치가 0보다 크다는 것은 투자를 통해 자산의 증가가 발생했음을 의미하며, 순 현재가치가 마이너스라함은 투자 전에 비해 가치의 순감소가 발생했음을 의미한다. 자본의 성격에 따른 최소한 만족 기준이 다르다는 점을 언급하였다.

Table 5.5에서 단순히 700억 원은 대주단에서의 대출이며 300억 원은 자본금이라고 하고 대주단은 3% 이자를 요구하고 자본금은 5%의 배당을 요구한다고 가정해 보자 이때 법인세는 20%이다. 이런 여러 자본

의 투자금과 수익률의 합을 가중 평균한 것을 WACC(가중평균자본비용 : Weighted Average Cost of Capital)이라고 하며 WACC 값보다 수익률이 높아야 투자를 할 수 있다. 다시 말해 WACC는 기업이 넘겨야 할 최소 수익률이다. 남의 돈을 빌려다가 사업을 위해 쓴 비용이 WACC이니 경영을 잘 해서 그 비용 보다 많은 수익을 내야 수지타산이 맞게 된다.

따라서 사업의 수익 가치를 구연할 때 WACC를 할인율로 보는 것이 맞을 것이다. WACC는 기업이 지급해야 하는 일종의 이자로 해당 이자율만큼 미래의 현금 가치는 할인된다고 인식하는 것이 바람직하다.

WACC=[700억 원/(700억 원+300억 원)×3%]+[300억 원/(700억 원+300억 원) × 5% × (1−20%)] = 3.7%

단, 여기서 이자비용의 감세효과(Tex Shield Effect, 부채로 자금을 조달했을 때 세금이 절약되는 효과, 이자는 비용처리 되어서 면세 됨) 때문에 대출에 따른 타인자본에 대해서 법인세를 고려해 계산된다.

사업의 미래 현금흐름을 추정한 다음, 이에 대해 앞에서 설명한 WACC과 같이 적절한 할인율로 할인하여 현금유입의 현재가치 금액에서 현금유출의 현재가치 금액을 뺀 순현가를 구하는 것이 NPV (Net Present Value, 순현재가치)이다. NPV 가 0 보다 크면 투자 가치가 있는 것으로 이해하면 된다.

WACC를 고려한 현금 유입과 유출은 다음 식과 같이 계산된다.

$$n\text{년차 현금 흐름}_{WACC} = \frac{n\text{년차 현금}}{(1 + WACC)^n}$$

Table 5.6
현금흐름
작성(WACC 기준)

[단위 : 억원]

	건설1	건설2	운영1	운영2	운영3	운영4	운영5	누계
현금유출	500	500						1000
현금유출(WACC)	500	482.6						982.6
현금유입			300	300	300	300	300	1500
현금유입(WACC)			279.5	268.8	260.4	251.4	242.6	1303.7
현금흐름	-500	-1000	-700	-400	-100	200	500	500
현금흐름(WACC)	-500	-982.6	-703.1	-433.3	-172.9	78.5	321.1	321.1

위 계산식을 이용하여 Table 5.5 와 같이 연간 500억 원이 2년간 들고 5년간 운영을 통해 연간 300억 원에 수익을 얻을 수 있는 사업에 현금 흐름에 가중평균자본비용(WACC)을 3.6%라고 하고 실제 현금 유입과 유출 그리고 WACC를 고려한 현금 유입과 유출을 계산하면 Table 5.6과 같이 나올 것이다.

- 현금유출 현가 : 982.6억 원
- 현금유입 현가 : 1303.7억 원
- B/C(Benefit/Cost, 비용 편익) ratio = 1303.7/982.6 = 1.33

운영 5년차에는 WACC 고려 총 현금 유입 합은 1,303.7억 원으로 현재 시점 고려 WACC 누계 유출 값 982.6 억원 보다 크기 때문에 순 현재가치(NPV) 가 0보다 크기 때문에 투자 적격이라는 판단하면 된다.

내부 수익률(IRR; Internal Rate of Return)은 현금 유입의 현재가치와 현금유출의 현재가치를 동일하게 하게 만드는 즉, 현금흐름의 현재가치(NPV)를 0으로 만드는 할인율을 의미한다.

$$순현재가치(NPV) = 초기년현금 + \frac{1년차현금}{(1+IRR)} + \frac{2년차현금}{(1+IRR)^2} + ... + \frac{N년차현금}{(1+IRR)^n} - 초기투자비용$$

Table 5.6의 현금유출과 유입으로 현금흐름의 현재가치(NPV)를 0을 만드는 내부수익률은 12.68%가 된다. 따라서 WACC 3.5% 대비 IRR 12.68% 이므로 추진 적합한 사업이라 판단하고 추진하면 된다.

흔히 사용하는 엑셀을 사용하며 Fig5.5에 대해 NPV, IRR, PI 를 구하는 것을 실습해 보자. 여기서 자본 비용대해서 설명하면 EPC나 O&M 회사의 경우 자기자본만으로 사업을 추진하지 않는다. 대출 혹은 회사채를 발행하여 투자금을 모아 사업을 진행하며 이때 투자금에 대한 이자비율 혹은 WACC을 5%라고 가정하자.

	A	B	C	D	E	F	G	H	I	J	K
1		건설1	운영1	운영2	운영3	운영4		자본이자, WACC	NPV	IRR	PI
2	A 사업 현금 흐름	-1000	500	300	400	100		5%	176.1	14%	0.18
3	B 사업 현금 흐름	-1000	200	400	300	400		5%	141.5	10%	0.14

Fig 5.5
경제성 검토 예제

- NPV산정(G2) : =NPV(H2,C2:F2)+B2, NPV(H3,C3:F3)+B3
- IRR산정(H2) : = IRR(B2:F2), IRR(B3:F3)
- PI(수익성지수)산정(I2) : =I2/−B2, I3/−B3

자기자본이익률(Return On Equity; ROE): 사업에 투자된 자본금으로 어느 정도 수익을 내고 있는지를 나타내는 지표로 ROE가 높다는 것은 자기자본에 비해 그만큼 당기순이익을 많이 내 효율적인 영업활동을 했다는 뜻이기도 하나 ROE가 높다고 무조건 좋은 것만은 아니다.

$$\text{자기자본이익률} = \frac{\text{당기순이익}}{\text{자기자본}} \times 100$$

자기자본보다 부채가 높은 경우에도 ROE가 높아질 수 있다. 부채가 많다는 것은 사업이 부도 날 가능성이 높다는 것이고 따라서, 투자 자본 대비 어느 정도의 수익을 올리고 있는가를 나타내는 수익성 지표 중 하나로 레버리지(leverage, 타인자본을 이용해 자기자본 이익률 상승)효과를 통해 높은 이익률을 나타낼 수 있기 때문에 부채비율과 함께 사업을 판단해야 한다.

현금흐름할인법에 의한 평가는 프로젝트의 본질적 가치를 분석하는 Project IRR과 타인자본 조달에 의한 Leverage로 수익성을 높이는 Equity IRR로 구분할 수 있고, Equity IRR은 투자자 신용에 따라 지렛대가 달려져 Leverage IRR 이라고 부르기도 한다.

우선 Project IRR에 대한 예를 보자.

총투자비가 2,000억 원이 사업이 있다. 자기자본은 총 투자비의 50%인 1,000억 원이며 타인자본은 잔여 50%인 1,000억 원이다. 건설기간은 1년이며 건설기간 중 이자비용은 무시하고 운영기간 10년 동안 년 300억 원의 매출이 발생하고 운영비로 연간 40억 원이 발생하고 운영비에는 물가인상률 3%가 반영된다.

[단위 : 억원]

	건설 1	운영 1	운영 2	운영 3	운영 4	운영 5	운영 6	운영 7	운영 8	운영 9	운영 10
초기 투자비	2,000										
매 출		300	300	300	300	300	300	300	300	300	300
운영비		40	41.2	42.4	42.4	43.7	46.4	47.8	49.2	50.7	52.2
EBITDA[62)]		260	258.8	257.6	256.3	255	253.6	252.2	250.8	249.3	247.8
순현금흐름	-2,000	260	258.8	257.6	256.3	255	253.6	252.2	250.8	249.3	247.8

Table 5.7
P-IRR 산출 예시

할인율(내부요구수익률) 5%로 가정할 때 NPV(순현재가치)는 -33억 원이라 초기 투자비와 영업현금흐름을 할인한 현재가치 환산 시 사업가치가 없고 P-IRR은 NPV를 0으로 만드는 수익률로 본 사업은 미래현금흐름을 현재가치로 환산해 볼 때 4.7%로 내부요구 수익률 5%보다 낮기에 사업 추진 가치가 없다고 볼 수 있다.

다음은 Equity IRR에 대해 예시를 통해 알아보자.

위 P-IRR 산출 예시와 모든 전제조건은 동일하고 다만, 총 투자비 2,000억 원 중 타인자본 1,000억 원을 차입 금리 3%로 조달함으로써 자본비용을 활용한 투자비를 1,000억 원으로 낮추고 이를 통해 수익률을 제고하는 전략이 반영되었다.

62) EBITDA(Earnings Before Interest, Taxs, Depreciation and Amortization : 이자, 법인세, 감가상각비 차감 전 이익)

Table 5.8
E-IRR 산출 예시

[단위 : 억원]

	건설 1	운영 1	운영 2	운영 3	운영 4	운영 5	운영 6	운영 7	운영 8	운영 9	운영 10
Equity 투자비	1,000										
매 출		300	300	300	300	300	300	300	300	300	300
운영비		40	41.2	42.4	42.4	43.7	46.4	47.8	49.2	50.7	52.2
EBITDA		260	258.8	257.6	256.3	255	253.6	252.2	250.8	249.3	247.8
금융비용(-)		30	30	30	30	30	30	30	30	30	30
차입금 상환(-)											1,000
순현금흐름	-1,000	230	228.8	227.6	226.3	255	223.6	222.2	220.8	219.3	-782.2

이때, NPV를 계산해 보면 121억 원으로 흑자로 개선된 걸 알 수 있고 E-IRR(Equity IRR) 역시 9.9%로 P-IRR 대비 개선된 점을 확인할 수 있을 것이다. 결과적으로 이자비용 3%로 차입금을 조달하여 수익률이 제고된 걸 확인할 수 있고, 사업을 추진하는 투자자(주주)의 입장에서는 배당수익 혹은 Equity IRR이 사업을 진행하는 데 있어 중요한 의사결정 Factor 가 된다.

동일한 사업이지만 차입금을 잘 활용해서 Leverage를 통해 수익률이 좋지 않은 사업도 좋은 사업으로 바꿀 수 있는 것이 Leverage의 힘이다. 하지만 차입을 할 때 이자 비용 등 조달조건에 대한 부분은 충분히 검토하고 확인이 필요하며 실제 사업은 위에서 간단히 설명한 것과 같이 단순하진 않다. 하지만 이번 장에서 이해한 내용만 알고 있어도 큰 흐름을 이해하는 데에는 무리가 없을 것이라 생각된다.

하기 Fig 5.6에는 타인자본(대주단)의 대출과 원리금 회수와 자기자본의 출자와 배당에 대한 현금 흐름을 쉽게 이해할 수 있도록 참고 사업의 현금 흐름 그래프를 참고해 봤다. 배당 가능 금액의 100% 배당과 세금에 대해서는 고려하지 않았다는 점은 고려 바란다. 타인자본은 자금의 성격상 수익성도 보수적으로 보고 변동성의 경우도 모든 경우의 수가 발생한다는 전제로 보며 자금의 투입(대출) 역시 모든 자기자본의 투입된 이후 투입된다. 이후 차입 조건에 따라 달라지겠지만 운영 시점 이후부터 상환한다고 했을 때 바로 이자와 원리금 회수가 이루어지며 대주단 원리금 상환이 끝난 후에 자기자본에 대한 배당을 받을 수 있게 설계하는 것이 일반적이다.

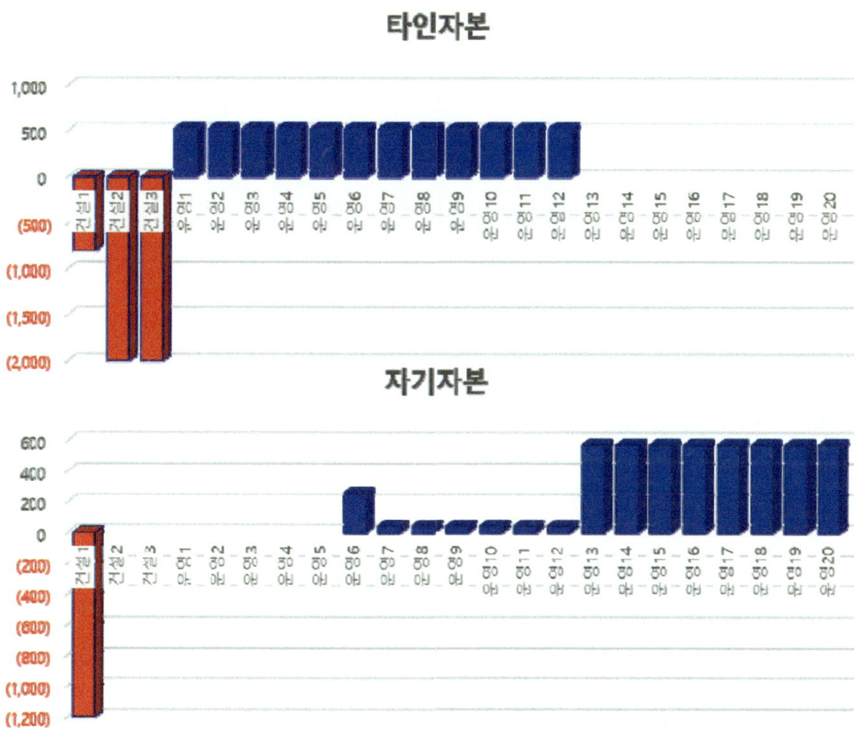

Fig 5.6
타인자본과 자기자본의 투입과 회수 예시

평균적으로 수입이 변동이 없다는 전제를 가지고 설명된 자료들이나 실제로는 앞에 Fig. 3.3에서 설명한 것과 같이 전력생산량은 변동이 있기때문에 실질적으로는 자기자본 회수 부분의 변동은 있을 수밖에 없다.

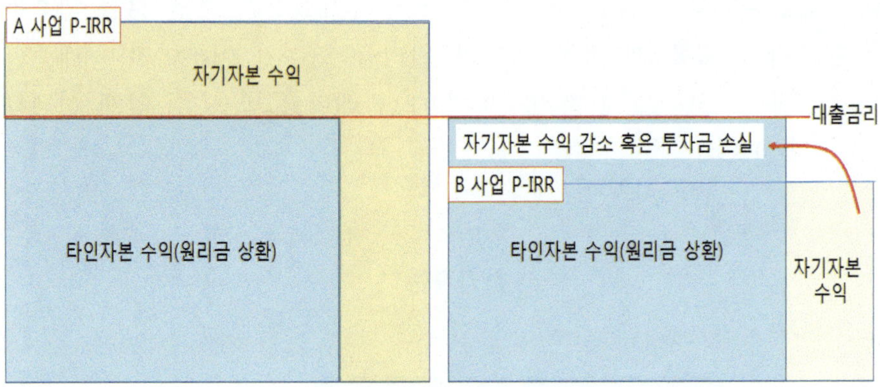

Fig 5.7
자기자본의 레버리지 효과와 자본 잠식

인허가와 민원을 완료하였다 하더라도 원자재 변화에 따른 EPC 공사비용 증가, 전력판매단가 하락 등과 같은 현상으로 Fig 5.7 Fig처럼 자본잠식이 발생 할 수 있다. 대주단의 Low Risk Low Return 정책에 의한 원리금 상환 가능 수익과 규모를 중점적으로 보기 때문에 상대적으로 개발자는 타인자본이 기업경영상 지렛대(lever) 역할을 하는 레버리지(Leverage) 효과를 누릴 수 있다. 이로 인한 앞에서 예를 든 것처럼 수익성이 없는 사업도 수익성을 보상 받는 형태로 추진 할 수도 있고 금융약정 직전에서 사업을 포기할 수 받게 없는 자본 잠식상황을 맞이하기도 한다. Fig 5.7를 상세히 설명하며 다음과 같다.

- A 사업 : P-IRR이 6.5%이고 대출금리가 4%인 경우, 총 투자 금액 대비 년 6.5% 이익이 발생하며 이를 제외한 수익이 E-IRR 수익임(실질적으로 적립금, 배당 조건 등으로 단순 차액보다 적음)

- B 사업 : P-IRR이 3%이고 대출금리가 4%인 경우, 금융권에 원리금 상환을 위해 주주들의 이익 감소 혹은 투자금 손실까지도 발생 가능

국내 해상풍력사업인 경우 개발 기간이 길고 개발 기간 동안 투입된 비용에 대한 자산화가 충분히 이루어지질 않고 사업이 성공률이 높지 않다는 점 등이 개발사가 기대할 수 있는 적정 수익률인가에 대해 고려해야 할 점이다. 위에서 언급했듯이 대주단에서 투자금 회수 시점과 투자자 입장에서의 수익 회수 시점간에 차이등을 고려하고 진행되어야 하며 최근에는 차입금을 자기자본 중간성격의 투자 형태로 상환 우선순위에서는 중순위이지만 초기부터 회수할 수 있는 형태로 진행하는 구도로 사업을 설계해 진행하기도 한다.

이럴 경우, 선순위 대출 조달 금리가 4% 정도이면, 후순위 대출 조달 금리는 5~6% 선정도가 되며, 가장 많은 Risk를 가지고 사업을 개발한 개발자는 그보다 높은 수익률을 기대하고 혹은 수익률에 대한 정확한 이해가 반드시 필요하다고 생각된다.

타인자본은 먼저 투입금을 회수하기도 하지만 배당조건을 내세워 원리금 상환에 여유분을 적립하도록 하며 이를 부채상환충당금/유보금(DSRA; Debt Service Reserve Account)라는 계정에 일정 비율의 이익을 적립하게 하여 매출 변동성에 의해 수익 발생이 줄어들거나 지출이 발생이 일시적 증가된 상황에서도 원리금에 대한 회수에 문제가 없도록 하는 안전장치를 만든다.

총부채상환비율(DSCR; Debt Service Coverage Ratio)은 대주단에서 조달한 자금에 대한 상환금 대비 지불 능력을 의미하는 것으로 대주단의 원리금 상환의 안정성을 판단하는 지표이다. 대주단 입장에서 대출기간 동안 프로젝트에서 나오는 현금이 매년도 원리금을 상환해야 하는 금액 대비 몇 배가 되는가를 비율로서 판단하는 것으로 영업 및 투자활동으로 인한 현금흐름과 차입원리금 상환예정액의 비율로 판단한다. DSCR은 일반적인 선순위 차입금(원리금 미지급 시 채무불이행 사유를 구성하는 차입금)이 기준이 된다. 구체적으로 단순과 누적으로 나누어지며 계산 방법은 아래와 같다.

- 단순 DSCR : $\dfrac{\text{영업 및 투자활동으로 인한 현금흐름}}{\text{차입원리금 상환 예정금액}}$

- 누적 DSCR : $\dfrac{\text{영업 및 투자활동으로 인한 현금흐름} + \text{기초현금}}{\text{차입원리금 상환 예정금액}}$

여기서, DSCR이 1 미만이면 사업으로 인한 현금흐름으로 원리금을 상환하지 못하는 상황을 의미한다. 대주단의 사업 투자 결정 시점에서 DSCR 값을 보고 상환 가능 버퍼(Buffer)를 얼마나 둘지를 결정해야겠지만 보통 DSCR 1.3~1.5 정도를 발생해야 해당 사업을 안정적이다 판단하고 혹은 DSCR 1.3~1.5 정도 될 수 있을 정도로 투자금액과 상환일정을 조정하여 대출하게 된다.

단순과 누적 DSCR의 산출 예시 Table 5.9에서 설명하였다.

[단위 : 억원]

회계년도	1	2	3	4	5	6
기초현금	275	300	100	50	100	150
영업활동 현금흐름	4,000	3,000	5,000	3,500	3,800	3,500
투자활동 현금흐름	10	20	30	20	10	10
차입원리금 상환액	3,000	3,000	3,000	3,000	3,000	3,000
단순 DSCR	1.34	1.01	1.68	1.17	1.27	1.17
누적 DSCR	1.43	1.11	1.71	1.19	1.30	1.22

Table 5.9
DSCR 산출 예시

5.4 재무모델의 이해

재무모델이란, 사업을 숫자로 설명하는 보고서이며 모든 현금 흐름에 대한 현황을 정확히 표시해야하기 때문에 작성기관별로 시트 구성에 차이가 발생하고, 다양한 수식과 순환참조로 구성되어 있고 재무 · 회계 · 세무 지식이 기반이 되어 작성하여야만 한다. 하지만 사업 특성에 대한 이해를 기반으로 EPC 일정과 금액, O&M 조건, 계약 금액 및 개발 비용 실비정산 등 다양한 정보가 Input 정보로 재무모델에 제대로 들어가야 정확한 Output 결과를 도출할 수 있다. 따라서 전문기관에서 재무모델을 만들고 진행하지만 가장 중요한 정보는 사업주로부터 나올 수밖에 없으며 재무모델 결과에 대하여 제대로 분석되었는지에 대한 검토는 반드시 사업주가 해야 한다. 또한, 주요 요소들의 민감도 시나리오 분석 등을 통해 사업개발 초기부터 금융조달 시까지 사업변화에 따른 사업성 변화에 대해서도 지속적으로 분석하면서 개발해 나가야 한다. 최근 다양한 재무모델 교육이 있고 많은 엑셀 재무모델 샘플이 있으니 직접 작성해 보면서 이해를 돕는 것도 좋은 방법인 것 같다.

재무모델은 위에서 언급된 현금흐름이 기본이 되어 작성된다. 보통 재무모델 시트의 앞쪽에는 주요 가정과 결과가 있으며 초기 단계 사업모델의 경우 추가적으로 민감도 분석 시트가 있다. 요약 또는 결과 시트는 재무 모델의 주요 가정치들을 기준으로 Project IRR을 확인하는 시트와 CAPEX 및 OPEX 요약, 배당제한 조건, 투자비 조건, 세금 등에 대한 설명이 들어가며 초기 모델의 경우 변동이 가능하나 금융 약정 시기로 갈수록 재무모델에는 이런 변경 가능 조건들이 확정 조건으로 변경되어 간다. 각 조건 Case에 따른 주요 가정 조건들을 비교할 수 있는 시트가 생성 또는 결과 시트에 연결되어 있을 수도 있다.

이외에도 'Index Sheet'의 물가지수, 'TIC(total Investment Cost)' Sheet의 사업비 내역 자료를 기초로 건설 기간 동안 투입 되는 총투자비가 'TIC(총 투자비)' Sheet에 'Sales(운영수입) 또는 Op. Rev(수요와 판매 가격; 매출)' Sheet, 'OpCost(운영비용)' Sheet가 작성된다. 추가적으로 물가 및 세율에 대한 정보와 배당제한 조건이 들어가며 이에 따른 투자재원에 따른 수익률을 확인할 수 있는 시트가 추가되어 간다. 공사보험료, 금융부대비(관리수수료, 약정수수료, 대리은행 수수료)등에 대한 정보도 입력되어야 한다.

- 관리 수수료 : 주간사 은행의 타인자본 조달 주선 대가(타인자본×수수료율)
- 약정 수수료 : 대주의 잠재적인 자금부담에 대한 대가(기회비용, 미인출잔액×수수료율)
- 대리은행 수수료 : 대리은핸 기능 수행에 대한 대가(연간일정금액)
- 건설보험 : 이행보증, 건설공사, 예정이익상실, 사용자 배상책임 등
- 운영보험 : 완성공사물, 휴지, 예정배당책임, 사용자 배상책임 등

투자비 조달과 관련된 'Funding(재원조달)' Sheet, 'Repayment(상환계획)' Sheet가 작성된다. Tranche(분할발생, 분할차입)라는 차입금의 구분 단위로 선수위의 경우 고정금리와 변동금리, 거치 기간, 상환 기간, 건설 기간 금리 및 운영 기간 금리에 대한 정의와 금액에 대해 구분된다. 후순위 대출도 유사하게 변동금리, 거치 기간, 상환 기간, 건설 기간 금리 및 운영 기간 금리에 대한 정의와 지연 시 추가 가산금리 등이 정보가 포함된다. 상환 방법은 아래와 같으며 현금흐름의 성격을 파악하여 판단하며 기간별로 각각의 방법을 Tranche 별로 혼합을 할 수도 있다.

- 원금균등상환 : 상환기간 동안 동일한 원금을 상환(이자지속 감소)
- 원리금균등상환 : 상환기간 동안 동일한 원금가 이자를 합한 금액이 동일한 금액이 되도록 상환
- 원금불균등상환 : 상환기간 동안 원금상환액이 불균등하도록 상환

이런 데이터들을 바탕으로 'IS'(추정손익계산서)와 'BS'(추정대차대조표)가 작성되며 최종적으로 'CF'(추정현금흐름표)가 작성된다.

- IS(Detail) : Income Statement, 손익계산서

☞ 추정손익계산서를 작성하기 위해 매출액, 매출원가, 판매관리비, 영업외비용, 법인세비용 등을 계산하는 Sheet

- BS(Detail) : 추정대차대조표, Estimated Balance Sheet

☞ 추정대차대조표를 작성하기 위해 법인의 자산, 부채 및 자본의 세부내역을 계산하는 Sheet

- CF(Cash Flow)는 기업회계기준에 의해 작성된 경상 현금 흐름표
- CF(Real)은 사업자체의 현금유입과 유출을 토대로 실질 수익률을 계산, 단순히 현금 유출과 유입으로 구분되어 있으며 타인자본 및 이에 대한 이자 비용은 나타나 있지 않으며 세후 영업 현금흐름에 대한 IRR을 의미

이자와 배당제한 조건 및 지급 흐름에 대한 조건이 필요하다. 기말현금 기준으로 DSRA(부채상환충당금) 사용 여부 파악/상환/적립, 선순위 원리금 지급, 후순위 원리금 지급 여부 파악 후 지급, 배당 가능 현금 파악 후 배당 가능 조건에 따른 배당액 지급 순으로 구성되어진다.

- 배당금산정 : 대주단 확정 조건(상업운전 5년간 배당제한 시 6년차) 충족, 배당 가능 현금이 존재, 각종 적립금(운영단계 예비비 성격) 충족여부, DSRA 일정 금액 이상 적립, 대주단 배당 조건(단순 DSRA 1.× 이상, 또는 누적 DSRA 1.× 이상)을 만족하는 이익잉여금액에 대한 배당

추가적으로 민투법으로 진행되는 재무모델에는 경상 및 불변 IRR로 확인하며 경상(명목)가치(Nominal Value)란, 미래의 어느 시점에 실제로 나타날 화폐가치, 즉 인플레이션(물가상승)이 반영하는 것을 의미하며, 불변(실질)가치(Real Value)란 투자 시점(또는 기준 시점)의 화폐가치로 평가된 가치(불변가격(Constant Price))를 의미한다.

민간 사업개발자(Developer)로 방향을 잡았다면 반드시 재무모델과 관련된 강의를 수강하기 바란다. 또한, 반드시 재무모델을 처음부터 작성해 보길 권장한다.

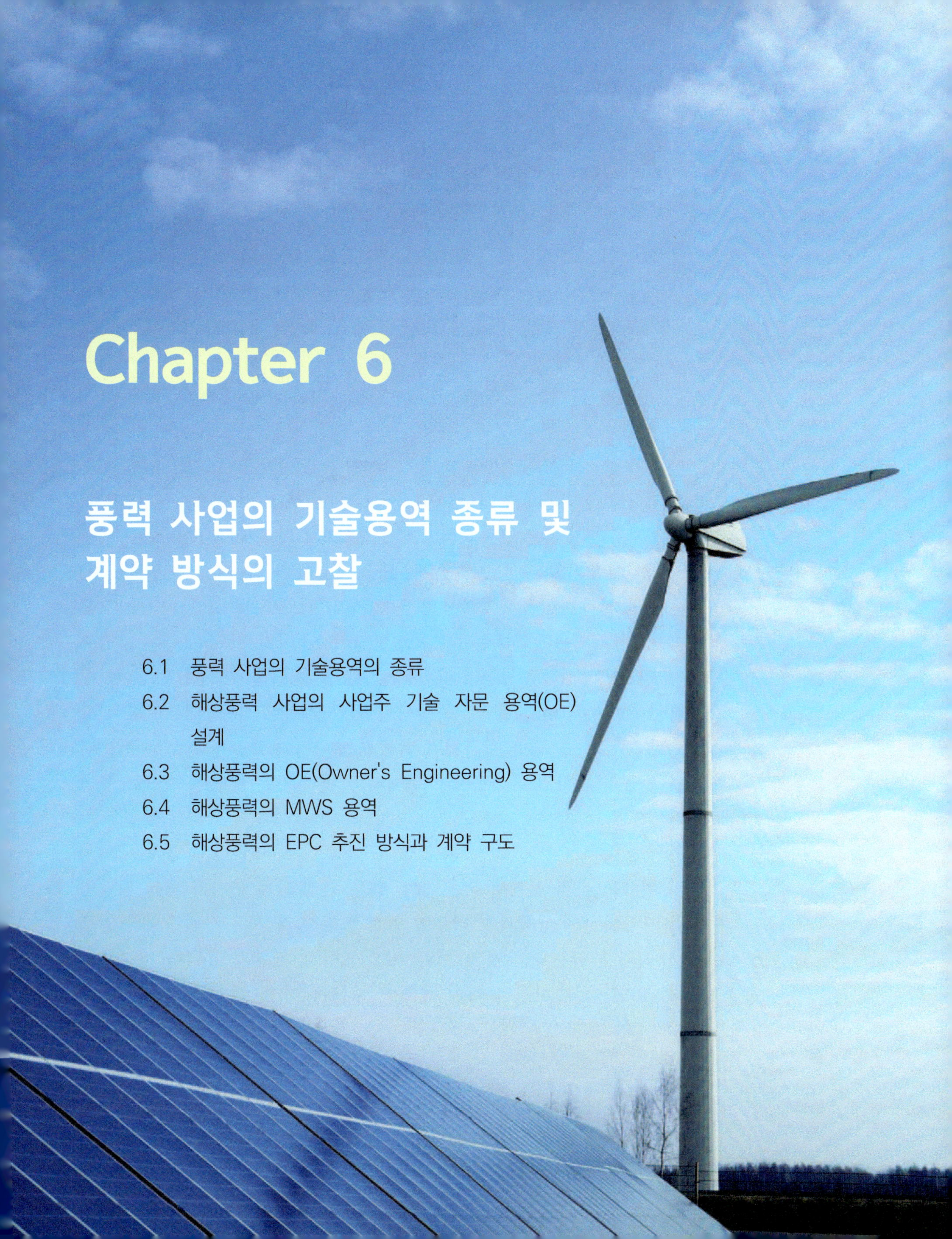

Chapter 6

풍력 사업의 기술용역 종류 및 계약 방식의 고찰

6. 풍력 사업의 기술용역 종류 및 계약 방식의 고찰

풍력 사업을 진행하다 보면 개발 초기부터 건설, 운영 단계까지 각 단계별로 외부 전문 기관에 기술용역 서비스를 통한 전문적인 관리가 필요한 경우가 많다. 전문 개발사인 경우 각 단계마다 본인들이 중요하다고 생각되는 부분에 역량을 내재화하여 직접 수행하는 경우도 있지만 모든 단계를 내재화된 역량으로 수행하는 회사는 많지 않다.

풍력 사업을 진행하는 일반적인 경우는 사업특수법인인 SPC(Special Purpose Company)를 설립하여 그 SPC에 사업주 혹은 출자사가 전문역량과 노하우를 지닌 적임자를 파견 혹은 고용 하여 SPC를 운영하게 된다. 이때, SPC와 사업주 간 경영지원협약(Secondment and Management Supporting Agreement) 혹은 개발 지원 계약을 체결하여 법률적, 행정적으로 명확히 한 후 SPC 운영에 직접 개입하게 되는 경우가 일반적이다. 이런 경우 SPC는 사업주에게 소정의 Management Support Fee를 지급하기도 한다. SPC 대부분이 Paper Company로 구성되어 있기 때문에 SPC 내부에서 직접 수행할 수 있는 조직을 갖추기가 힘들고 출자사가 보유하고 있는 전문지식을 활용하여 사업을 진행하기 위해서는 위와 같은 방법이 가장 효율적이다.

이 외에도 사업 단계별 혹은 SPC 업무 진행 단계에 따라 모든 적정인력을 보유하여 수행하기 어려우며 법적 또는 기타 사유로 발주처의 업무를 대행해야 하는 기술용역 계약 체결을 통해 진행되어야 하는 부분도 있다. 이런 풍력 사업의 기술 용역의 종류에 대해서 알아보자.

6.1 풍력 사업의 기술용역의 종류

기술용역은 크게 SPC의 자문/대리인/조언자(Adviser)로서의 역할과 SPC의 책임 부분까지도 전가하여 공기, 안전, 품질, 재정적 책임 및 사고 시 발주처의 책임까지도 전가하는 Risk(책임/시공자형)방식이 있다.

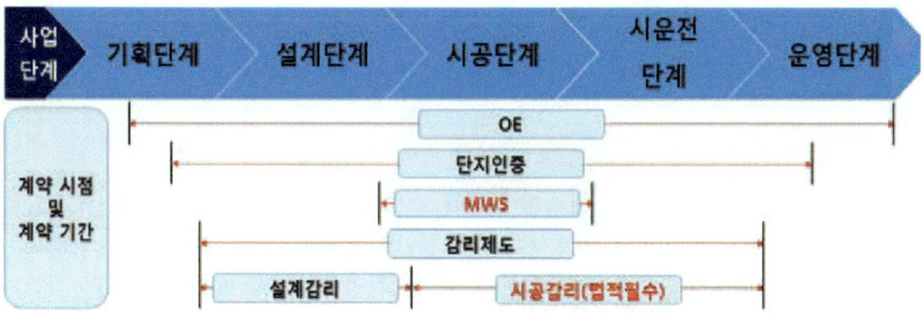

Fig 6.1
해상풍력 기술 용역

Fig 6.1에서는 사업의 생애주기 중 기술용역의 종류와 해당 용역의 적용 가능 기간을 도식화하였다. 여기서 우리나라에서 법적 필수로 반드시 시행하여야 하는 기술용역은 시공감리이며 해상풍력사업인 경우 MWS(Marine Warranty Survey)라는 기술 용역이 있는데 이것은 법적 필수는 아니지만 해상풍력 건설 보험 가입을 위해서는 반드시 수행해야 하는 역무이다. 육상풍력과 해상풍력의 기술용역 중 크게 차이나는 부분이 단지 인증 수행유무와 MWS 유무이다. 각각의 기술용역의 정의를 Table 6.1에 정리하였다.

Table 6.1
해상풍력
기술용역 정의

구 분	정 의
OE (Owner's Engineer)	사업주를 대신하여 건설관리 전반을 수행하는 전문 기술인력, 계획 공기 및 원가를 준수하여 계약 관리를 지원하며 사업주가 요구하는 품질과 안전을 확보하기 위함
단지 인증	해상풍력단지의 성공적인 건설을 위함, 풍력발전기 사고, 인명의 안전, 재산보호를 위해 제3자가 국제기준 또는 인정받는 기준에 따라 풍력발전기의 안정성을 독립적으로 검증하고(형식인증) 풍력발전기와 지지구조물 등이 설치될 사이트 조건(풍황, 해상조건, 지반, 단지배치 및 기타요건)에 적합한지를 검증하는 과정
MWS	재 보험사 (Re-insurance Company)의 지정을 받은 제3자 기관이 해상 시공 (구조물의 수송/설치/해저 Cable 부설 등)을 심사 및 평가하는 업무
감리 제도 (CM)	시공책임형 건설사업관리 : 시공 이전 단계에서 건설사업관리 업무를 수행하고 아울러 시공단계에서 발주처와 시공 및 건설사업관리에 대한 별도의 계약을 통하여 계획, 관리 및 조정을 하면서 미리 정한 공사금액과 공사기간 내에 시설물을 시공하는 것

건설관리자(CM : Construction Manager)의 경우 품질제고, 비용절감, 공기단축 등의 목표를 달성하기 위해 건설사업 전 단계에 걸쳐 효율적이고 전문적인 관리 활동을 수행하는 것으로써 여기에 VE(Value Engineering) 제도가 추가 도입되어 국내에서는 법률화되어 있다. OE(Owner's Engineer)의 경우 유럽에서 유사한 시기에 발전되어온 제도로 CM+VE가 결합된 형태로 이해하면 된다.

구 분	품질관리 안전관리	공기관리 원가관리	계약관리 (EPC)	객관성 (제3자)	법적 요구 사항	비 고
OE	○	○	○	中	X	OE 검토 결과의 최종 의사결정은 발주처 사항
단지 인증	○	X	X	上	X	단지인증 수행시 PJT 가치 및 신뢰성 향상
MWS	○	X	X	上	X	보험 가입을 위한 필수사항 해상운송 및 시공에 한정
감리 제도 (시공)	○	X	X	中	○	국내 해상풍력 관련 시공 감리원 Pool, 역량 부족 및 감리원의 고령화

Table 6.2
기술용역의 역무별 책임한계 및 국내 현황 분석

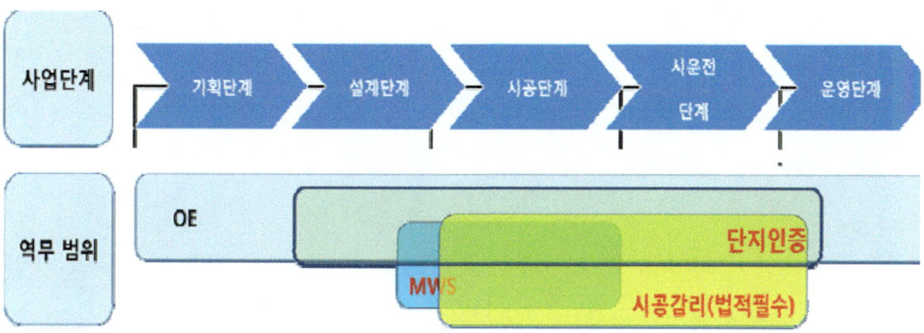

Fig 6.2
해상풍력 기술 용역 역무의 중첩 검토

6.2 해상풍력 사업의 사업주 기술 자문 용역(OE) 설계

OE(Owner's Engineer ; 사업주 기술 자문 용역)란 사업주를 대신하여 건설 사업 관리 전반을 수행하는 전문 기술인력 집단을 지칭하며, 계획 공기를 준수하면서 사업주가 요구하는 품질 확보를 위해 사업주가 고용한 전문기술인력을 지칭한다.

국내의 책임 감리용역과 유사하고 미국 건설사업 관리협의(CMAA; Construction Management Association of America)에서 이야기하

는 건설 사업관리(CM; Construction Management)제도와 VE(Value Engineering)를 포함한 개념으로 이해하면 된다. 발주처의 입장에서 기획, 타당성 조사, 분석, 설계, 조달, 계약, 시공관리, 감리, 평가, 사후 관리 등 사업 전반의 공기, 원가, 품질 등을 책임지는 용역 서비스이다.

6.2.1 한국형 CM 개념

국내 감리제도의 기원은 미국의 건설사업관리 즉, CM(Construction Management)을 도입하여 1997년「건설산업기본법」에서 법제화함으로서 공식적으로 도입되었다. 이 법 제2조의 정의에 의하면, 건설사업관리는 "건설공사에 관한 기획 · 타당성조사 · 분석 · 설계 · 조달 · 계약 · 시공관리 · 감리 · 평가 또는 사후관리 등에 관한 관리를 수행하는 것이다."라고 정의는 되어 있다. 하지만 국내에서는 사업 전 주기에 대해서 CM을 두지는 않는다.

「건설산업기본법」 제2조 제9호에 의하면, '시공 책임형 건설 사업관리'란 종합공사를 시공하는 업종을 등록한 건설업자가 건설공사에 대하여 시공이전단계에서부터 건설 사업관리 업무를 수행하고 아울러 시공단계에서 발주처와 시공 및 건설 사업관리에 대한 별도의 계약을 통하여 계획, 관리 및 조정을 하면서 미리 정한 공사금액과 공사 기간 내에 시설물을 시공할 수 있도록 하는 것을 말한다. 즉, 건설사업 전 단계에 걸쳐 효율적이고, 전문적인 관리 활동을 위하여, 설계 감리 및 책임감리 등의 제도가 운영되고 있으나, 대부분 품질위주의 시공 책임형 건설 사업관리 방식에 그치고 있고 법적으로도 시공 직전에 계약(필수 요소)하는 것이 일반적이며 발주처의 대리인(Agent)입장에서 건설시설물의 설계와 시공업무 전반을 관리해 주는 용역 위주로 업무를 수행한다.

6.2.2 실질적 CM 개념

미국건설사업관리 : 건설공사의 기획에서 유지관리까지 전반에 걸쳐 (수행단계) 발주처의 입장에서 발주처의 요구사항을 대신하는 용역을 수행하는 발주처의 대리인(책임감리 용역)으로 프로젝트 전 과정을 효율적이고 경제적으로 수행하기 위해 각 부문의 전문가들로 구성된 사업관리자(CM : Construction Manager) 또는 CM 전문 기업이 발주자에게 통합된 관리기술을 제공한다.

- 수행단계 : 설계사전단계(Pre-Design Phase), 설계단계(Design Phase), 입찰단계(조달단계: Procurement Phase), 시공단계(Construction Phase), 유지 · 관리단계(시공사후단계 : Post Construction Phase)

CM의 기본 역무는 아래와 같다.

- 계약관리(Contract Administration)를 통한 SPC 계약 Risk 최소화
- 안전관리(Safety Management), 원가관리(Cost Management), 공기관리(Time Management), 품질관리(Quality Management)를 통하여 설계부터 시운전까지의 단계에서 원가와 공기 절감의 최선의 안 모색

6.2.3 VE의 개념

원가분석기법으로(Cost Analysis Technology)으로 1940년대 미국 민간 기업에서 개발되어 미국육군공병단에서 1950년에 이 기법에 대한 가치를 인정하고 계약조항으로 수용되면서 공학(Engineering)으로 승화 → 우리나라에는 1980년대 초에 국가계약법령 및 계약예규 등에서 명문으로 이에 대한 동기 부여 조항을 두고 있다.

VE는 Value Engineering의 약자로서 국내에서는 '가치공학'으로 알려져 있으며, VA(Value Analysis : 가치분석)이라고도 불린다. 여러 전문분야의 협력으로 프로젝트의 기능을 분석하고 대안을 창출하는 체계적

인 노력을 의미한다. 최저의 생애주기비용(LCC ; Life Cycle Cost) 시설물의 기획단계에서부터 폐기처분 시까지 모든 비용 즉, 계획·설계비, 운용관리비, 폐기물 처분 비용을 합한 것으로 시설물의 생애에 필요한 모든 비용을 말하며, LCC 분석이란 총 생애주기비용(LCC)을 최소화할 수 있는 대안의 비교를 통한 의사결정기법을 의미한다.

VE의 원개념과 현재 사용되고 있는 개념은 아래와 같다.

- 원 개념 : 제품이나 제조과정 또는 제조행위에 기여하지 않는 요소를 식별하여 제거하는 장치로서, 결국 제품을 최소비용을 생산하는 방법을 개발하기 위한 설계 및 생산과정을 분석하는 기법
- 현재 개념 (1) : 당초의 자재비 또는 설비비에 대한 절감방안을 포함하여 공사비의 효율성 측면에서 설계의 구성요소를 분석하는 과정
- 현재 개념 (2) : 프로젝트의 기능에 대한 체계적 · 창조적 기법을 활용하는 특수한 원가관리기법, 또는 최소생애주기비용으로 필요한 기능, 성능 및 신뢰성을 달성하는 최선의 방안을 결정하는 운영

설계 변경 제안 사유는 아래와 같으며 EPC(Engineering, Procurement & Construction)사에서 제안하여 건설 기간 단축, 건설비용 절감 등 발주처의 경비절감을 가져오는 효과를 얻을 경우 그에 대한 대가에 대해서 그 절감된 비용에서 일정 부분을 EPC사인 시공자에게 귀속시켜 보상받게 하는 개념이다. 이는 발주자와 시공자에게 모두 이익이 되는 행위로 VE 조직은 설계의 경제성 등 검토에 따른 비용절감액과 성능 평가, 기능평가 등 모든 분석 자료를 사업주인 발주처에 자료를 공유하고 협의를 통해 진행되어야 한다.

- 공기 단축이 가능하다고 판단되는 경우
- 발주처의 공사비 및 유지 · 관리비를 절감할 수 있는 경우
- 공사목적물의 효율성 또는 가치를 증대시킬 수 있는 경우

6.3 해상풍력의 OE(Owner's Engineering) 용역

6.3.1 OE 용역 추진 방향

해상풍력사업의 OE 용역 추진의 필요성과 기대 효과는 아래와 같다.

- EPC 업체의 해상풍력 설계 및 시공 역량 체크 : 해상풍력발전 설계에 대한 검증 및 시공 방법/절차에 대한 사전 계획 점검 및 검증이 필수
- 공사 환경 고려 : 사업 지역 범위 내 수심의 변화를 체크 하며 계절에 따른 풍자원에 특성을 파악하고 해수면 지질 조건을 파악하고 해상 공사 가능 기간 산출 및 적절한 장비 사용 제원 파악 등을 통해 환경에 따른 공사 기간, 장비 사용등에 대한 해상공사 경험이 많은 전문기술용역 자문이 필수
- SPC의 사업수행 전문성 및 EPC社의 설계 · 시공 검증 보강 방안 마련 필요
- OE 계약을 통한 체계적 Risk 관리 : 계획 공기 준수, 과설계 방지로 수익성 확보하여 사업의 건전성 및 안정성 확보(설계도서 및 시방서 등 검토)
- 사업주 입장에서 건설관리 전반을 수행(계획 공기 및 원가를 준수, 계약관리 지원, 사업주가 요구하는 품질과 안전을 확보)하기 위한 전문기술용역 필요
- 전문 기술용역을 통해 사업 전반의 상시 기술 지원 체계를 구축하고 사업단계 별 체계적 Risk 관리로 사업의 건전성 및 안전성 확보 및 비용과 공기 절감 방안 마련 필요

- 해상풍력 관련 기술용역 중 필수사항은 MWS(보험가입을 위한 필수 사항)와 시공감리제도(법적필수)가 있으나 계약 시점이 시공단계 직전이며 품질과 안전 관리에만 중점을 두고 있음 ⇒ 사업전반의 관리 불가 및 이해관계 상충시 기술적으로 협의를 이끌어내기 위한 기술 지원 필요
- 對 대주단 협상력 강화 : 사업주와 대주단 기술적 이해관계 상충 시 사업주 입장을 대변할 객관적인 전문 기술 용역사 선정 필요

이에 따라 추진된 OE 용역의 Fig 6.3과 같이 고려 기간은 설계, 시공, 시운전 단계의 역무에 한정하여 추진하였다. 추진 역무에 대한 요약은 Table 6.3과 같다.

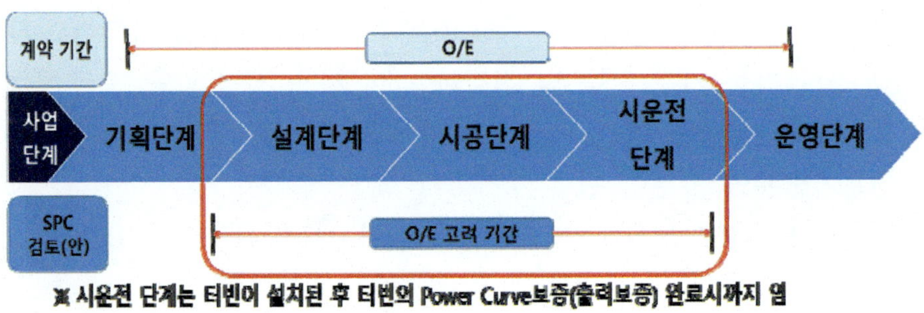

Fig 6.3
해상풍력 사업주 기술 자문 용역 추진 기간

구 분	역 무
주기기 관련	○ Power Curve보증(출력보증) 검증 ○ 풍력발전기 RCA[63] 제조검사 ○ 기자재 이송 및 설치 안전성과 적정성 검토
설계	○ 설계코드 정립, 설계 인자 적정성 검토(사이트 평가 및 설계근거 평가) ○ 설계 검증, 과설계 방지, 선정 자재 및 제작 가능 여부 검토 ○ 원가 및 공기 절감 방안 모색 ○ MWS 및 (시공) 감리 기준 부합 검토
시공	○ 공정관리, 공기 지연 시 만회 대책 마련 지원 ○ 원가관리 및 기성고 적정성 평가 지원 ○ 시공방법, 장비조합 및 간섭 검토(안전과 품질) ○ MWS 및 (시공) 감리 이슈 발생 시 대응 지원 및 관리 방안 검토
기타	○ 발주처 책임 부분 헷지 방안 마련 ○ EPC, O&M, PPA[64], MWS, 감리계약등 주요 계약 기술사항 검토 및 검증

Table 6.3 해상풍력 기술용역의 주요 업무

OE 업체를 선정 하는 기준은 여러 기준이 있을 수 있으나 가장 기본이 되는 것은 CM 주요 5대 관리 업무 관리 (계약, 원가, 공기, 품질, 안전)를 기준으로 판단하는 것이 기본적이며 그 기준은 아래와 같다.

□ 계약관리(Contract administration 또는 Project administration)

- EPC계약 시점부터 국제 표준에 맞는 주요 계약 조건에 대한 부분이 계약 조건에 포함될 수 있도록 조언을 하는 것부터 영문계약서와 국문계약서 등에 능숙해야 하며 EPC 계약서 검토 용역 수행할 때 법률자문사와 협력 하여 협상 검토를 진행해야 함
- 계약관리 중점 관리 대상

63) RCA : Root Cause Analysis, 발생 원인을 분석하여 문제의 근본 원인을 판별하고 제거하는 체계적인 분석 방법

64) PPA : Power Purchase Agreement, 전력 구매 계약

- 설계 · 시공 일관계약(EPC Turnkey)의 발주처 책임 부분 대비책(Hedge) 방안 마련
- EPC Turnkey 방식 인지 분리 발주 방식인지에 대한 조언과 그에 따른 발주 방식 별 관리 방안 마련
- EPC 금액에 대한 적정성 평가 및 설계 방식에 대한 기술 검증
- 입찰 진행 시 입찰 주도 및 입찰 제출 서류 기술/금액 평가
- EPC 계약에 명시되는 기성금 지급방법, 계약이행 보증금과 하자보증금의 금액, 지체보상금액 등 적정성 평가
- EPC 계약서 후 신기술 및 신공법에 의한 설계변경 검토 ⇒ 원가절감방안
- 공사 시행 중 발생 할 수 있는 발주처 귀책에 따른 Change Order 검토 비용 검증

□ 안전관리(Safety Management), 원가관리(Cost Management), 공기관리(Time Management), 품질관리(Quality Management)

▪ 설계단계 : 설계도서(설계도면과 시방서)의 검토 및 승인 ⇒ 원가, 공기, 품질, 안전관리를 수행함 (BOP 설계도면 평가, 자재, 시방서 등 포함)

※ BOP(Balance of Plant) : 주기기 이외의 설비로 주기기 기초 부분, 육 · 해상 케이블 및 전기실(육상변전소) 등

※ 설계도서는 반드시 건설 감리 업체의 기준과 Marine Warranty Survey의 국제 기준을 준수하여 검토하도록 조치

▪ 건설단계 : 공사원가, 공기, 품질 및 안전 관리 지원, 시공감리제도와 Marine Warranty Survey 협업 지원 체계 확립

※ 시공 중 OE. 시공감리, MWS에 대한 SPC의 체계적 관리 방안 수립

- 시운전 단계 : 터빈 Power Curve보증(출력보증) 단계 기술적 이슈 발생 시 SPC 지원

6.3.2 OE 계약서의 기술 사항

Fig 6.2에 설명한 것과 같이 각 용역별로 역무의 중첩이 많이 있으며 초기에 각 용역별 역무를 사업 추진 현황에 따라 정리하고 역무가 중첩인 경우 그 역무에 대한 필요 여부를 판단하여 발주처인 SPC에서 수행할지 아니면 시공사인 EPC 사가 진행할지 아니면 또 다른 제3자 기관을 통해 수행할지에 대한 검토가 필요하다. 또 만약 역무가 중첩이 될 경우 중첩되는 역무에 대해서는 누가 이끌면서 역무를 수행할지에 대해 정리하고 계약서 명확히 업무 범위를 정의해야 한다. 그렇게 해야지만이 추후 역무를 수행 하는데 있어 R&R(Role & Responsibility, 역할과 책임)이 명확해진다.

Table 6.4부터는 Table 6.12까지는 사업주 기술자문용역(OE)의 입찰안내서 중 과업지시서 역무와 상세 역무에 대한 내용이다. OE가 기술자문을 수행하는 단계별 주요 역무에 대한 업무 리스트를 몇 예시로 정리하여 공유한다. 본 교재에 수록된 기술역무는 완벽하다고 말할 수는 없으나 본 자료를 참고하여 각자 사업에 맞는 형태로 변형하여 활용하면 좋을 것 같다. 여기서 해상풍력 프로젝트 인증에 대한 부분은 아직 활성화되지 않았고 필수적인 부분이 아니라 추가로 기입하진 않았다.

Table 6.4. 해상풍력 기술용역의 개발 단계(EPC 계약 체결 전) 주요 역무

수행단계 및 구분	세부업무	OE 역무
1. 일반 수행업무		
1) 사업주 기술 지원	(1) 대주단 기업실사 관련 자료준비 및 대응	지원
2. 설계단계		
1) 사이트 조건 평가		검토
2) 설계근거 검토		검토/승인
2. 계약관리		
1) EPC 계약 체결	(1) EPC 계약서 작성 지원 및 검토	검토
	(2) EPC 계약을 위한 제반 서류 검토	검토
	(3) EPC 계약협상 회의참석 및 지원	검토
	(4) 공사비내역서 검토 등 EPC 가격 적정성 검토	검토
	(5) EPC 계약서 최종안 검토 및 서명 지원	검토
	(6) EPC 공정표 검토 및 기타 필요한 사항	검토
2) O&M 계약체결		작성
3) MWS 계약 지원 체결 및 관리		작성
4) (시공) 책임감리 계약 체결 지원 및 관리 : 건설, 전기 등		작성

Table 6.5. 해상풍력 기술용역의 건설 단계(EPC 계약 체결 이후) 주요 역무 I

수행단계 및 구분	세부업무	OE 역무
1. 일반 수행업무		
1) 사업관리	(1) O/E 업무보고서	작성
2) 사업주 기술 지원	(1) 회의 관리	지원
	PRM(사업추진회의)	참석
	DRM(설계검토회의)	주관/회의록
	사업소 공정회의(시공/시운전)	참석
	(2) 사업주 요청 기술사항에 대한 검토	주관
2. 설계단계		
1) 설계 검토	(1) 기초 및 지지구조물 설계	검토/승인
	(2) 해저 Cable 배치 및 시공 설계	검토/승인
	(3) 기본 설계 및 시공방법 검토	검토/승인
2) 설계 기성 검사(분기별)		검토
5) 지지구조물 설계평가		검토/승인
6) 설계 관련 도서 검토		검토/승인
7) 품질관리	(1) 품질관리 추진계획 수립 및 관리	검토/승인
	(2) 품질관리/품질보증 계획서	검토/승인
8) 안전관리	(1) 잠재적 안전위험요소관리	별도작성
9) 환경관리	(1) 환경관련 법령 검토	별도검토
	(2) 잠재적 환경위험요소 관리	별도관리

Table 6.6. 해상풍력 기술용역의 건설 단계(EPC 계약 체결 이후) 주요 역무 II

수행단계 및 구분	세부업무	OE 역무
3. 시공단계		
1) 지지구조물 제조 검토		검토/승인
2) 이송 및 설치 검토 및 검사		검토/입회
3) 시공관리	(1) 설치절차서 및 지침서	검토
	(2) 현장변경요청서	검토
	(3) 기기설치 및 계기 조정 지침서	검토/승인
4) 설계관리	(1) 현장설계변경 관리	검토/승인
4. 부분준공, EPC준공, 시운전		
1) 사업관리	(1) 운전지침서	검토/승인
	(2) 보수지침서	검토/승인
	(3) 하자보수 방안 제시	검토
	(4) O/E 종합용역 보고서	작성
2) 시운전	(1) 시운전 수행 계획서, 시운전 절차서	검토/승인

Table 6.7. 해상풍력 기술용역 상세 Ⅰ

구분	업부분야	세부업무	사업 상세 역무	OE
1. 일반사항				
	1) 사업관리	(1) O/E 업무보고서	○ 용역 보고서를 작성하여 발주청에 제출	작성
	2) 사업주 기술 지원	(1) 회의 관리	○ 사업관련 설계기술 회의, 사업추진회의, 주간 공정회의 등에 참석하여 현안사항 해결을 위한 기술지원과 민원에 대한 해결방안을 제시하는 등 적극적인 협력 ○ 회의 자료의 준비, 회의 소집 및 진행사항 기록 및 회의록 작성 후 발주자에게 보고 (보고서 작성 및 기록 보관)	지원
		PRM(사업추진회의)	○ 월1회, 설계/구매/시공/시운전 관련 전사회의	참석
		DRM(설계검토회의)	○ 필요시, 설계현안 점검회의	주관/회의록 작성
		사업소 공정회의(시공/시운전)	○ 시공 단계 : 시공착수 후 격주 ○ 시운전 단계 : 매주	참석
		(2) 대주단 기업실사 관련 자료준비 및 대응		지원
		(3) 사업주에 의해 요청되는 기술사항에 대한 검토		주관

Table 6.8. 해상풍력 기술용역 상세 II

구분	업부분야	세부업무	사업 상세 역무	OE
2. 설계단계				
	1) 설계 검토	(1) 기초 및 지지구조물 설계	ㅇ 경제성 및 시공성을 감안한 최적의 하부 기초형식 선정	검토/승인
		(2) 해저 Cable 배치 및 시공 설계	ㅇ 경제성 및 시공성을 감안한 최적의 해제케이블 배치 및 시공 검토	검토/승인
		(3) 기본 설계 및 시공방법 검토	ㅇ 기본설계 및 시공방법에 대한 자료 검토 ㅇ 건설비용의 절감, 시공의 용이성을 고려한 조언 ㅇ 설치선 및 설치선단 검토 및 선정	검토/승인
	2) 사이트 조건 평가	(1) 일반사항	ㅇ 풍력발전단지의 외부환경조건, 전기 및 지반 특성이 설계문서에 정의된 설계인자와 맞는지를 확인하는 것을 목적으로 하며, 국제적 규격의 의하여 각 설계인자가 적정방법으로 관측이 되고 평가되었는지를 평가	검토
		(2) 해상작업일수 검토	ㅇ 해상용의 경우 해상조건 및 작업 가능 (Weather Windows) 및 대기 시간(Weather Downtime)검토	검토/계약 반영

Table 6.9. 해상풍력 기술용역 상세 III

구분	업부분야	세부업무	사업 상세 역무	OE
2. 설계단계				
	4) 기본 사업 공정관리	(1) 공정관리기준 수립	○ 총 사업기간, 설계기간, 시공기간, 예산조달, 각종 사업여건을 고려하여 최상위 단계의 공정관리 계획을 수립	검토
	5) 설계 기성 검사(분기별)		○ 설계 용역의 진행상황 및 기성 등을 검토	검토
	6) 지지구조물 설계평가		○ 지지구조물(타워, 하부구조 및 기초)의 설계가 승인된 설계근거에 적합여부를 검토	검토/승인
	7) 설계 관련 도서 검토		○ 설계기준서(일반, 분야별), 설계 계산서, 설명서, 공사설계서 등 각종 설계도서, 각종 도면(각종 승인용 도면), 배치도, 설비구성도, 계통도 등 각종 계통구성도서, 기자재 규격 등 각종 규격도서	검토/승인
	8) 품질관리	(1) 품질관리 추진계획 수립 및 관리		검토/승인
		(2) 품질관리/품질보증 계획서		검토/승인
	9) 안전관리	(1) 잠재적 안전위험요소관리		별도작성
	10) 환경관리	(1) 환경관련 법령 검토		별도검토
		(2) 잠재적 환경위험요소 관리		별도관리

Table 6.10. 해상풍력 기술용역 상세 Ⅳ

구분	업부분야	세부업무	사업 상세 역무	OE
3. 구매단계				
	1) 구매관리	(1) 일반사항	○ 기자재 구매기술규격서, 기술규격 평가, 계약용 기술규격서	검토/승인
4. 시공단계				
	1) 지지구조물 제조 검토			검토/승인
	2) 이송 및 설치 검토 및 검사			검토/입회
	3) 시공관리	(1) 설치절차서 및 지침서		검토
		(2) 현장변경요청서		검토
		(3) 기기설치 및 계기 조정 지침서		검토/승인
	4) 설계관리	(1) 현장설계변경 관리	○ 설계도서와 현지여건이 상이한 부분에 대한 내용 파악(현지 여건 조사) ○ 시공자가 제출한 실정보고 내용의 적정성 검토 ○ 발주청에 설계변경을 위한 공사 실정보고 제출	검토/관리

Table 6.11. 해상풍력 기술용역 상세 V

구분	업부분야	세부업무	사업 상세 역무	OE
5. 부분준공, EPC준공, 시운전 및 성능 시험				
	1) 사업관리	(1) 인수, 인계 계획서	ㅇ 시설물의 인수·인계 계획 검토 및 관련업무 지원	지원
		(2) 운전지침서		검토/승인
		(3) 보수지침서		검토/승인
		(4) 하자보수 방안 제시	ㅇ 공사 준공 후 발주청과 시공자간의 시설물의 하자보수 처리에 대한 분쟁 또는 이견이 있는 경우, 검토의견을 제시 ㅇ 공사준공 후 발주청이 필요하다고 인정하여 하자보수 대책수립을 요청할 경우 이에 협조	검토
		(5) O/E 종합용역 보고서		작성
	2) 시운전 및 성능검토 관리	(1) 시운전 수행 계획서, 시운전 절차서		검토/승인
		(2) 성능시험		선택사항
		(3) 성능시험 결과		선택사항

Table 6.12. 해상풍력 기술용역 상세 Ⅳ

구분	업부분야	세부업무	사업 상세 역무	OE
6. 계약관리				
	1) EPC 계약 체결	(1) EPC 계약서 작성 지원 및 검토	○ 계약발주 준비지원, 계약방법 결정, 소요예산 산정, 계약서 검토 및 계약지원, 기타 필요한 사항 ○ 평가기준 제시 및 계약절차를 수립, 업체 선정 적정성 기준 마련하고, 계약 절차수립(프로젝트 조건에 따라), 계약조건, 과업지시서 작성 등의 지원업무를 수행	검토
		(2) EPC 계약을 위한 제반 서류 검토		검토/승인
		(3) EPC 계약협상 회의참석 및 지원		검토
		(4) 공사비내역서 검토 등 EPC 가격 적정성 검토		검토
		(5) EPC 계약서 최종안 검토 및 서명 지원		검토
		(6) EPC 공정표 검토 및 기타 필요한 사항		검토
	2) MWS 계약 지원 체결 및 관리		○ 계약발주 준비지원, 계약방법 결정, 소요예산 산정, 입찰설명서 작성, 입찰서 검토 및 계약 지원, 기타 필요한 사항	작성
	3) O&M 계약체결		○ 계약발주 준비지원, 계약방법 결정, 소요예산 산정, 입찰설명서 작성, 입찰서 검토 및 계약 지원, 기타 필요한 사항	작성

6.4 해상풍력의 MWS 용역

6.4.1 MWS 용역 추진 방향

MWS(Marine Warranty Survey, 해사검정보증인)란? 보험자(보험사 혹은 재보험사 (Re-Insurance Company)) 가 피보험자(사업주 혹은 SPC)가 가입한 보험목적물 혹은 설비에 대해 위험의 존재 유무나 공사 공정에 대해 직접 참여 하지 않고 기술적 위험성을 판단하지 못하기 때문에 해양플랜트분야의 전문적인 엔지니어링 기술, 경험, 보험지식을 갖춘 MWS(해사검정보증인)을 별도로 고용하여 보험사 이익뿐만 아니라 피보험자(사업주)와의 이익까지도 보호하는 업무를 수행하는 기관을 말한다. MWS 는 3자 기관으로써 해상 시공(구조물의 수송/설치/해저 Cable 부설 등)을 심사 및 평가하는 업무 역무를 수행 한다.

- 해양공사보험에서 외부 전문 Survey 수검은 필수조건
- 보험개시 전 Survey 절차 및 일정에 대해 보험사 확정 통보
- Document Survey / Site Attendance Survey

해상운송, Cable 및 터빈 설치 등 주요작업에 대해서는 Site Survey가 필수이며, Document Survey의 경우 별도의 인증 절차는 없으며 국제적 기준만 준수하면 된다. 각 업무별로 Surveyor의 조사 및 부족한 부분에 대해서는 권고를 통해 최소한에 안전 규정을 충족하라는 지침이 내려진다. 만약 Surveyor 권고사항에 대해 권고를 받아드리고 실시하지 않을 경우 보험사는 그 권고된 공사에 대해서 공사 중 발생하는 사고에 대해서는 보상하지 아니한다.

Marine Warranty Survey의 계약 시점은 EPC 계약이 끝나고 보험계약을 체결 하는 시점과 사업 착공 전 시점에 맞춰 계약하는 것이 일반적이다. 따라서 EPC 계약 전인 개발 기간 중 Marine Warranty Survey

국제 기준에 미달하는 설계도서가 작성된 경우 향후 보험이 커버(Cover) 할 수 없는 가능성이 있기 때문에 개발 단계부터 수행하는 모든 설계 도서들은 MWS 국제 기준에 만족하는 형태로 작성되어야 하고 이것은 OE가 국제 기준을 준수할 수 있도록 검토하고 지시되어야 한다.

실제 해상 풍력 개발, EPC 계약, 건설관리 경험을 통해 해상풍력사업에서 MWS 가 수행하는 업무와 그에 따른 영향을 주관적 입장에서 정리해 보면 아래와 같다.

- 재보험사 입장을 대변하여 품질과 안전에 문제가 있는지를 감독하고 사고 발생 가능성이 있는 것을 사전에 방지하는 기술 용역을 제공
- 공사 개시 전 MWS Survey 절차 및 일정 등에 대해 EPC 업체와 협의 하고 각 업무 별 Survey를 통해 문제점 발견 권고 조치를 수행 → 권고사항이 받아들여지지 않은 상태로 공사를 시행 할 경우, 보상 보험 미적용
- MWS는 국제 기준에 따른 운송, 공사 방식에 대해 진단하기 때문에 현지 사정과 효율적인 방식에 대해 EPC社와 입장이 다르며 공기 단축과 비용 절감에 대해서는 검토 고려 대상에서 크게 고려하지 않는다. 따라서 공기 지연에 대한 사업주의 사업 일정 지연 문제보다 안정규정 미 준수로 인해 발생할 수 있는 안전사고에 대해서 더 큰 관심을 보이고 업무를 진행한다.

□ Lesson-Learned

- 조기 발주를 통해 예측 가능 변수 및 위험요소를 최소화 하고 불필요한 요소에 대해서는 사전 제거 필요
- 국내 상황에 맞는 제언 및 대안 제시 역무를 추가 할 필요 있음

- MWS 조건을 사전에 인지하고 사업 초기부터 MWS 기준을 적용하여 공사 관리 품질과 안전을 확보하여 사전에 MWS에서 안전문제를 제시하면서 사업일정을 지연 시키는 Risk를 사전에 제거 필요

MWS는 보험의 감리 또는 인증업무를 주로 수행 하는 업체들이 주로 수행하기 때문에 국내의 경우 국제 표준화된 공사 진행 절차를 충분히 숙지하고 있지 않다면 MWS에서 요구하는 것들이 불편하거나 공사 수행 전 절차 문서들에 대한 준비로 인해 공기가 지연될 수도 있다. 이런 부분을 사전에 방지하기 위해서는 MEC(Marine Engineer Consultancy) 업체를 사전에 고용하여 기획 및 준비 단계부터 착공 전까지 투입되어 국제 표준에 맞는 문서 작업, 시공의 최적화, 고품질유지 등의 역무를 수행시키는 것도 하나의 방법 중 한 가지이다.

이를 위해 MEC에서 수행 할 수 있는 주요 역무는

- 국내 실정에 맞는 해상 시공부분 공정의 최적화와 문서작업
- 도급사 / 하도사 입찰안내서에 포함될 기술관련 요구조건 및 관련 내용 작성
- 인터뷰 / 서면 등을 통해 협상대상으로 선정된 도급사 / 하도사의 실제 업무역량 및 기술능력 평가
- 착공 전 준비단계에서 예상 가능한(잠재적) 위험요소 및 해상 시공 부분 관련 사안에 대한 제언과 권고
- OE등이 제출한 기술관련 문서 검토 및 국내 상황에 맞는 제언 및 대안제시
- EPC, 도급사, 하도사가 작성 / 제출해야하는 각종 공사문서의 작성에 필요한 관련 규정 및 Guidelines제시
- EPC, 도급사, 하도사가 작성 / 제출해야하는 각종 기술문서의 예제를 제공하여 문서 작성시의 시행착오 / 작성시간 축소

6.4.2 MWS 용역 입찰안내서 기술 사항

기획, 착공준비 및 제작 단계에서의 적정품질 유지 및 불필요한 비용 증가 방지 등을 포함한 공정 최적화와 함께, 착공부터 시공완료 시점까지 중요도 혹은 위험도가 높은 공정들을 선별하여 공정 / 시공과 관련된 문서들의 검토와 승인 및 현장검수 / 진행승인을 통해 예측 가능한 변수의 제거 / 최소화와 위험요소 사전제거, 적정 공기관리를 수행함으로써 사업주의 이익을 도모한다.

Off-Site Works 역무

- 국내 실정에 맞는 해상 시공부분 공정의 최적화 작업 지원
- EPC사 / Subcontractors 입찰안내서에 포함될 기술관련 요구조건 및 관련 내용 작성
- 인터뷰 / 서면 등을 통해 협상대상으로 선정된 EPC사 / Subcontractors의 실제 업무역량 및 기술능력 평가 지원
- 기초구조물 / TP(Transition Piece)의 제작 검수 및 문서 검토, 개선이 필요한 사항들에 대한 제언 (상시 현장업무 확인)
- 착공 전 준비단계에서 예상 가능한(잠재적) 위험요소 및 해상 시공부분 관련 사안에 대한 제언과 권고
- OE 및 감리 등이 제출한 기술관련 문서 검토 및 국내 상황에 맞는 제언 및 대안제시
- EPC사, Subcontractors가 작성 / 제출해야하는 각종 공사문서의 작성에 필요한 관련 규정 및 Guidelines 제시 및 자문
- EPC사, Subcontractors가 작성 / 제출해야하는 각종 기술문서의 예시 및 참고자료를 제공하여 문서 작성 시의 시행착오 / 작성시간 축소와 적정품질의 문서작성 지원
- 시공관련 문서(계산서, 절차서, 도면 등)의 검토 및 승인

- MWS의 참석이 요구되는 각종 회의 참석 / 회의 참석 후 회의록 (Minute of Meeting) 발행
- 시공 중 발생하는 여러 돌발변수에 대한 Project Management 및 Technical Advice
- 해상시공과 연관된 공정검토

○ 보고서 발행

1) MWS가 입회한 주요 작업에 대한 현장보고서

① 기초구조물 선적 및 출항 총 4건

② TP 선적 및 출항 총 2건

③ 기초구조물 해상설치 총 4건

④ TP 해상설치 총 2건

⑤ 내외부망 FAT(Factory Acceptance Test) 현장 입회 총 1건

⑥ 내외부망 선적 및 출항 총 2건

⑦ 내부망 포설 및 입상 총 3건 -〉 케이블 종류별 1건

⑧ 외부망 포설, 입상 및 육양 총 3건 -〉 케이블 종류별 1건

⑨ 풍력발전기 기자재 선적 및 출항 총 3 Components

2) 연간 진행상황 현장보고서 년 1회

3) 특별보고서 (현장 사고 발생, 위험요소의 발견 등) 총 3회

4) 최종보고서 (전자파일 및 3부 제본 제출)

○ On-Wite Works 역무 육상현장

- 기초구조물, 풍력발전기, 내외부망 등을 납품예정인 협력사가 보유한 공장, 제작장, 선적장소, 임시 야적장 등의 예비검수, 타당성 평가 및 제언
- 기초구조물 [1회(초도) + 3회(MWS판단)] / TP[1회(초도)]의 제작 및 결과물 현장검수 및 제언

- EPC사 / Subcontractors를 통해 전달받은 투입 가능한 선박 후보군 (예인선, 운송부선, 해상크레인, 포설선 등)의 선행검수, 적합성 평가지원 및 조언
  - 후보군에 선정된 선박들에 대한 선행 적합성 평가 지원 및 조언
  - 투입예정인 각 중요 선박들에 대한 적합성 검수, 제언 및 승인
  - 기초구조물, TP, 풍력발전기 자재, 내외부망 등의 선적 현장 검수 및 진행승인
  - 기초구조물, TP, 풍력발전기 자재, 내외부망 등의 출항준비 검수 및 승인
  - 내외부망의 공장 승인 검사(Factory Acceptance Test)참관 및 승인
  - 내외부망 현장 검수 제언 및 진행승인
  - 내외부망 포설/입상 현장 검수 및 진행승인

○ On-Site Works 역무 해상현장

- 기초구조물, TP, 풍력발전기의 해상설치 현장 검수, 제언 및 진행승인
- 내외부망 포설 / 입상 현장 검수 및 진행승인
- 풍력발전기 설치를 위해 동원되는 Jack-up Barge의 현장내 이동, 재거치(Re-location)에 대한 준비상황 검수, 이동 및 재거치 진행승인

6.5 해상풍력의 EPC 추진 방식과 계약 구도

6.5.1 공공주도 VS 민간주도 해상풍력 이슈

앞에서 이야기 했듯이 민간 주도의 PF(Project Finance) 사업은 SOC(Social Overhead Capital, 사회기반시설)사업의 발주형태에서부터 시작하여 정부의 재정지원 방식으로 발전하면서 민간주도의 PF 사업으로 변화해

왔다고 설명하였다. 최근 해상풍력사업은 주민수용성 문제 등으로 사업이 지연되는 Risk를 줄이고자 개발이익의 지역공유와 주민수용성 확보를 위해 공공주도로 사업을 추진하는 방식으로 진행하려는 움직임이 늘고 있다. 하지만 공공주도의 사업이 갖고 있는 문제점도 많이 있다. SOC 사업의 역사를 통해 공공분야에서 공공주도로 사업을 추진할 경우의 문제점을 확인해 보고 해상풍력 산업의 활성화 방안에 대하여 고민해 보고자 한다.

개발 단계에서 공공주도의 장점이 분명있지만 건설단계에서는 적기에 착공 가능한지와 개발, 건설 예산 초과와 공사 중 공기 연장 현상인 Cost Overrun과 Time Overrun 등 공공주도로 진행했을 때 발생할 수 있는 문제를 생각해 보고자 한다.

최초 공공분야(정부, 지방정부, 공기업)의 발주 형태는 개발에서부터 기본설계까지의 개발 과정을 거쳐 실시 설계 입찰, 설계 진행으로의 결과물인 물량산출까지 진행하고 그 이후 공사 입찰을 진행하여 최저가로 낙찰된 업체가 시공을 하게 되는 형태이다. 이때, 현장 여건인 지반 조건이 설계로 인한 추정과 실제 조건이 상의 한 경우 혹은 설계 오류로 인한 경우(실질적 적용 불가 공법 적용 등) 등 시공을 수행하는 업체는 설계 문제 발생 시 설계 책임은 이를 수행한 업체에 있고 이것은 발주처의 잘못으로 인지하여 공기 지연이나 공사비 증액이 발생하게 된다. 이런 예측 불가 상황이 발생하면 변경 사유 보고, 적정성 판단 및 책임소재 규명 등에 있어 신속성보다는 절차의 공정성을 더 따지게 되며 이로 인해 사업이 지연되는 경우가 많이 있다. 이런 절차의 공정성은 추진단계를 늘어나게 하며 각종 절차와 입찰, 평가 등의 사유로 속도감 있는 사업 추진이 어렵게 되었다.

이런 현상은 우리나라도 해외에서도 반복된 어쩔 수 없는 현상이며 영국에서 2002년에 발생 된 Mort Mac Donal 보고서와 National Audit Office의 2003년 보고서의 Cost Overrun과 Time Overrun 결과를 보면 알 수 있듯이 비용과 기간 연장이 공공주도 사업과 민자 사업이 얼마나 차이가 있는지를 Table 6.13과 Table 6.14과 같이 비교해 봤다.

Table 6.13
재정사업(공공주도)과 민자사업(PF사업) 분석

구 분	비용 준수 사업	공기 준수 사업
재정사업(공공주도)	27%	30%
민자사업(PF사업)	78%	76%

Table 6.14
재정사업(공공주도) 비용 및 공기 초과 범위

구 분	비용 준수 사업	공기 준수 사업
재정사업(공공주도)	24~66%	4~39%

국내의 경우도 "Cost Overrun and Cause in Korean Social Overhead Capital"의 논문에 국내 도로, 철도, 공항 및 항만의 경우 계획 대비 실제 공사비는 공공분야가 수행할 경우 대부분 공사비가 초과되고 있다는 것을 알 수가 있다. 이를 Table 6.15로 정리하였다.

Table 6.15
국내 재정사업(공공주도) Cost Overrun

구 분 [재정사업(공공주도)]	공사비 초과사업	증가액 평균 (실제금액/계획금액)
Road	138건95%	128.6%
Rail	16건 100%	181.1%
Airport	2건 100%	202.2%
Port	5건 100%	150.9%

고대에는 설계시공 일괄 방식으로 대형건축물 및 구조물들이 시공되었다. 산업혁명 후 설계 및 시공이 분리가 되었다. 이를 일반적으로 전통적인 방식 발주형태라 한다. 고대의 발주처 위주의 설계시공에서 전문업체 위주로 변경되었고 이에 발주처, 설계사, 건설사로 업무와 책임이 이관되었다. 이런 분리 발주는 EPC Risk의 분쟁이 원인이 되었고 이로 인해 SOC 사업은 공기와 비용이 증가가 발생하게 된 근본 원인이 되었다. 또한, 발주처, 설계사, 건설사의 각 주체간 법정분쟁으로 인해 사회적 비용만 증가하게 되었다. 이에 고대의 설계 · 시공 일괄방식이 EPC 계약 형태가 재등장하게 되었다. 이런 현상이 발생하는 이유를 사업 진행 단계별 EPC 진행 절차에 따라 EPC Risk와 함께 설명하도록 하겠다.

6.5.2 설계단계

사업개발 단계를 설계의 관점으로 보면 Fig 6.4와 같이 정리할 수 있다. 전기사업 신청을 위해 개념 설계 진행 단계부터 전기사업 신청이나 허가를 득한 이후 인허가 진행 단계에서 각종 인허가 조건들로 계획은 수 없이 변경되게 된다. 또한, 기간이 길어질수록 터빈 위치 변경과 터빈 기종에 변경이 반복되게 된다. 이때, 개발사로써 필요하고 갖추어야 할 능력은 이런 개념 설계와 예비 설계를 자체적으로 수행할 수 있는 능력(In-House)이며 기본설계와 실시설계를 수정 관리하고 문제 발생 시 빠르게 대응책을 찾을 수 있는 능력을 기본적으로 갖추어야 한다고 생각한다.

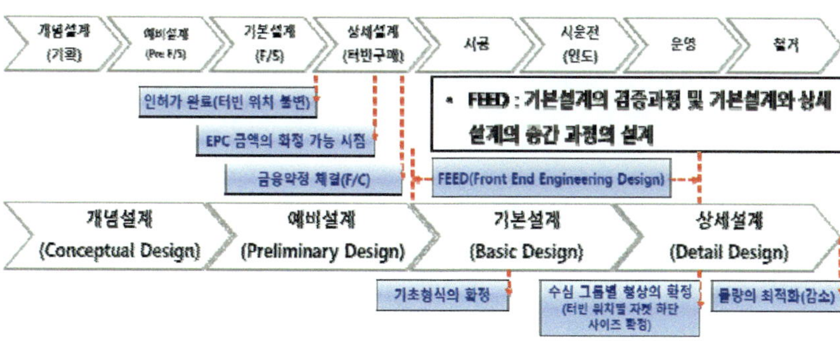

Fig 6.4
해상풍력 사업주 기술 자문 용역 추진 기간

인허가 완료 시점 이전에는 터빈 기종이 선정되어야 하며 인허가가 완료됐다는 말은 터빈 위치 확정과 터빈 기초 형식이 확정됐다는 뜻이다. 기본설계 단계에서는 터빈 기초형식에 대한 개념 타입(Type)이 결정되며 실시설계 단계에서는 수심별 기초의 초기 설계 형태가 확정된다. 이때가 매우 중요한 단계이다.

왜냐하면, 수심별 기초 형상이 확정되어야 건설사에서는 물량의 변동에 따른 비용 변동 Risk가 없게 되며 그 설계 물량을 바탕으로 하여 EPC 금액을 산출할 수 있다. 이에 해외에서는 기본설계와 실시설계 단계에서 EPC 금액 상한을 제시할 수 있고 물량의 최대치를 예측할 수 있다. 이 단계를 FEED[65] 설계라고 하며 FEED 설계 이후에는 선정된 EPC사를 통해 FEED 설계 과정을 검증하고 이후 과정은 EPC사의 책임하에 설계를 진행하면 된다.

또한, 이후 상세설계 완료 시까지 충분한 시간적 여유가 있어야 정교한 검토와 최적 설계를 통해 물량을 최적화할 수 있고 이것을 비용 절감으로 이어지게 된다. 여기서 EPC 사는 왜 상세설계 중간 과정에서 설계에 대해 검증하고 나머지 상세설계를 진행하는 것일까? 이는 발주처가 수행한 설계 결과에 대한 검증 작업과 향후 실제 공사 진행 시 지반 조사 값이 정확히 반영되어 설계되었는지 혹은 추정치와 실제가 다름으로 발생하는 물량의 변경, 설계 오류 등의 Risk를 최대한 줄이고자 하는 것이다.

65) FEED: Front End Engineering Design, 기본설계, Plant의 설계/건설/운영에 필요한 비용/기간/소요인력등을 추산할 수 있도록, 개념설계를 바탕으로 핵심 부분의 대략적인 설계 단계

6.5.3 해상풍력 EPC 계약구조

[설계 · 시공 분리 발주 방식]

해상풍력 EPC 공사 계약 구조 중 분리 발주 형식으로 추진할 때, 업체 선정 과정과 업체 선정 계약 방식에 대해 알아보도록 하겠다. 전통적 방식은 설계 · 시공을 분리 발주하는 방식으로 주로 공공분야에서 실시하고 있다. 설계 업무와 시공업무가 분리되어 발주되는 형식으로 상황에 따라 시공 역무 중에서도 각 공사 구간을 분리하여 발주하기도 한다. 이 방식의 경우 사업 진행 중 민원이 발생하여 공사가 중지되거나 인허가 진행 시 사전검토 미진으로 사업 진행 불가 시 개발비용은 발주처에서 부담하게 된다. 단계별로 사업이 추진되며 발주처는 설계와 시공에 대한 상세한 내용을 알 수 있다는 장점은 분명 존재한다. 하지만, 설계와 시공 시점이 다르고 각 담당 업체가 다름으로 인해 효율적인 공사 수행이 어렵고 문제 발생 시 설계와 시공간에 결함 문제를 파악하기 힘들고 규명에 대한 역무는 발주처에서 주관해서 진행해야 하는 부분도 있고 명확하게 규명하기도 쉽지 않다. 또한, 다수의 설계 변경 및 공기 관리에 대한 어려움도 발생하기도 한다. 발주처의 예산 상황으로 인해 사업을 단계 별로 추진 할 수도 있으며 단계 별 진행시 예산 문제로 인해 단계 간 공사 수행에 시차가 발생하거나 적기에 설비 공급이 되지 않아 중복된 역무를 시행해야 하는 경우도 발생할 수 있다. 이에 따라 한 업체가 설계부터 시공까지 진행하면서 공기 단축에 대한 노력을 기울이는 형태의 발주는 아니며 책임감 있는 완공을 기대하기 어려울 수도 있다. 설계 · 시공 분리 발주 방식의 발주처, 설계 및 시공사와의 관계를 도식화하면 Fig 6.5와 같다.

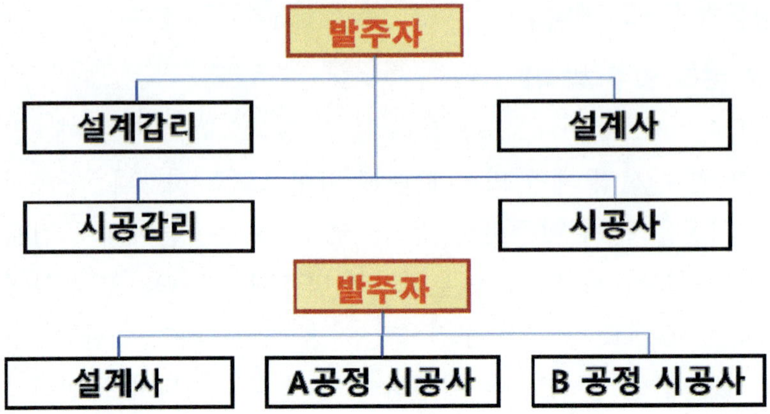

Fig 6.5
발주처, 설계사 및 시공사 관계도 I

일반적인 풍력사업은 PF로 진행하는 민간 주도의 사업이 대부분이며 이때 발주처는 SPC가 되는 경우가 많다. SPC의 인력구성은 개발 초기와 설계 및 시공단계에서는 출자사로부터 파견된 직원들로 대부분 구성될 수밖에 없다. 왜냐하면, SPC는 단일 목적회사로 설계와 시공 검토가 끝나면 관련 인력과 조직은 SPC에서는 더 이상 필요가 없기에 SPC 자체 고용은 현실적으로 불가능한 형태이다. SPC 내부에서 충분한 경험과 지식을 바탕으로 사업 개발 및 EPC 계약 체결, 시공 관리 등을 할 수 없다면 외부 기관을 활용하는 것도 좋은 대안이며, 이에 따라 CM(Construction Management, 건설 사업 관리), OE(Owner's Engineering, 발주처를 위한 프로젝트 기술 관리 용역) 같은 업체들이 재생에너지 산업에서 많은 역할을 하고 있는 것이다.

[설계 · 시공 일괄 발주 방식]

설계와 시공을 통합하여 단일 기업에게 발주함으로써 설계와 시공업무를 함께 수행하도록 하는 턴키 계약방식(Turn Key Base)이다. 일반적으로 시공사에서 대표로 모든 업무를 총괄하기 때문에 설계와 시공 업무 간 의사소통이 원활하다. 이에 설계 변경이 용이하며 실시 설계 도중 예상하지 못한 상황이 발생했을 때 유연하고 빠르게 대처할 수 있는 장점이 있고 공기, 품질 및 성능 등의 결함 시 책임 추궁이 용이하다는 장점이 또한 존재한다. 특히, 적기 준공 지연에 따른 발주처 손해보상에 대해서 명확히 계약서에 지급 조건으로 명시 할 수 있어 실제 공사 지연 시 보상해야 하는 범위가 구체적이며 이에 따라 일괄 발주 방식에서는 Cost Overrun과 Time Overrun 발생 빈도가 낮다. 일괄로 수행하는 EPC社가 유능하지 않으면 공기, 품질 및 성능 등이 차질을 초래할 수 있다는 문제도 있다. 이것이 80% 이상 대출로 이루어지는 PF 사업 진행 시 대주단의 책임 준공 요구와 준공 및 성능 미달에 따는 발주처에 지급해야 하는 고액의 보상금 지급 문제등으로 일괄 턴키 계약을 수행할 수 있는 업체는 대주단에서 신뢰할 수 있는 Major 건설사 혹은 수행 경험이 많은 업체만이 참여 가능한 이유이다.

일괄 발주 방식은 한 업체가 모든 역무를 수행하기 때문에 공사 수행 간 품질관리와 업무 공정관리 및 일정관리 업무에 대한 부분이 발주처와 시공사 간 상호 견제와 균형이 꼭 필요하고 이 부분을 감리업체 고용을 통해 관리 감독이 이루어져야 한다. 국내 해상풍력 사업을 보면 아직 초기 단계라 경험이 많은 업체들이 없기 때문에 많은 부분을 해외 경험 있는 업체들에게 의지하고 있는 실정이며 초기 개발 단계에서부터 경험이 많은 해외 OE를 선정하여 진행하는 경우가 일반적이다. 만약 감리 및 발주처의 경험과 지식이 충분하다면 법적 필수가 아닌 OE를 선임하여 추진할 필요는 없다. 단, 감리계약은 국내법상 법적 필수이기에 반드시 수행하여야 한다.

유럽의 경우 해상풍력의 LCOE를 절감하기 위해 EPC 계약 구도까지도 연구를 진행하였으며 여기서 바로 보는 주요 이슈는 분리 발주(Multi-Contractor)에 의한 입찰과 단일 발주(One Contactor)에 의한 계약구조가 중 어떤 방식이 LCOE 절감에 도움이 되는 계약 형태인가이다.

결론은 초기 해상풍력 도입기 및 성숙기에는 One Contractor 방식의 LCOE 절감 측면에서 유리하다였다.

FIDIC[66] "Silver Book" Turnkey Project에 따르면 One Contactor 방식의 EPC 계약 장점은 아래와 같다.

- Only One Contractor(책임 명확화/SPC 인력 및 업무의 최소화)
- No Interface Risk(조기 준공 가능하며 이에 따른 EPC社 보상금 필요)
- Usually Fixed Price(예비비 최소화 가능)
- Contract Management and Control by EPC Contractor

단점으로는 Only One Contractor의 EPC 계약 금액 상승이었다. Multi-Contractor Price 대비 비용 20% 상승이 발생한다는 점이다. 이를 아래에서 자세히 설명하도록 하겠다.

EPC 비용 증가에도 왜 One Contractor EPC 계약이 LCOE 절감에 유리하였을까? 이는 초기 해상풍력 도입기에는 Capex 상승에 주요한 요인이 EPC 비용 상승이고 이것은 공사 기법, 공사 장비 등 여러 가지 건설 및 관리 Risk를 EPC사에 전가하여 반영하였기 때문이다. 이는 초기 단계 건설에 대한 Risk 파악하고 관리할 수 이는 최적의 업체는 건설사이기 때문이다. 충분한 경험과 능력이 있는 인력이 충원되지 않은 발주처(SPC)는 비용 상승과 공기 지연을 유발하기 때문이다. 이에 해상풍력 발생 초기에는 Capex 비용으로 고려한다면 One Contractor 방식이 초기 해상풍력 시장에는 적합하다는 것이다. 이를 Fig 6.6으로 표현하였다.

---

66) FIDIC(Federation Internationale des Ingenieurs Conseils): 국제 컨설팅 엔지니어링 연맹, 1913년에 전세계 컨설팅 엔지니어링 업계의 공동의 이익을 증진시킬 목적으로 설립

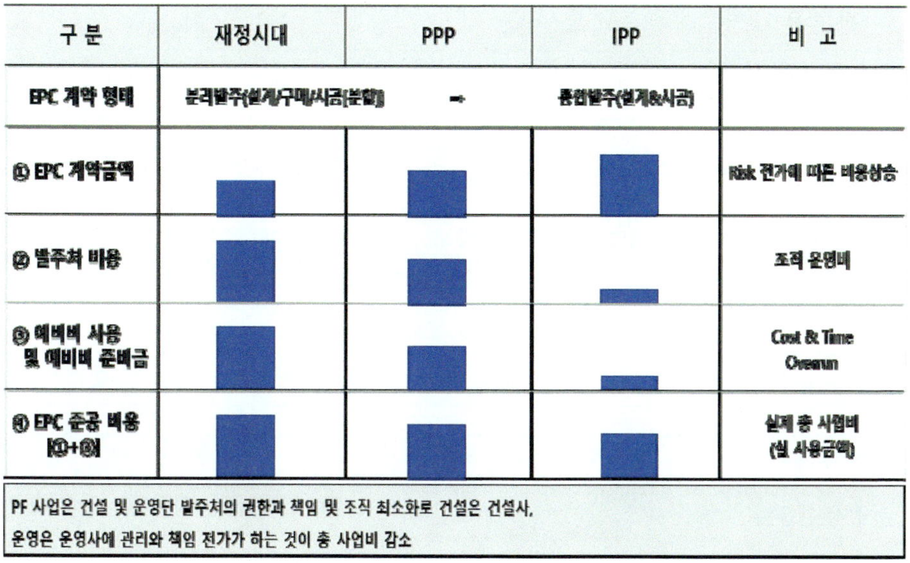

Fig 6.6
EPC 계약 방식 변천 및 총 사업비 변화

[공동계약(Consortium 계약)]

일정한 사업을 여러 사업체가 공동으로 시공하거나 분담하여 시공하는 방식의 도급계약 형태이며, 이를 통하여 기업연합이나 합작투자를 통해 기술협력이 가능하고 시공에 대한 위험을 분담함으로써 책임을 분담하는 형태이다. 공동계약 방식에는 주계약자 방식, 공동이행 방식, 혼합이행 방식 등이 있고 공공분야에서 국내법상 공동계약 방식으로 허용되는 것은 공동이행 방식과 분담이행 방식이다. 공동계약의 특징을 정리하여 Table 6.16과 Table 6.17로 정리하였다.

Table 6.16
공동계약 방식 Ⅰ

구 분	주계약자	공동이행
공동수급체 구성내용	주계약자가 모두 관리	출자 비율에 의한 구성
개 념	구성원별 공사 수행 주계약자 모든 계획 관리 및 조정 이행	공동으로 출자 및 파견 공사수행 및 각 구성원의 출자 비율에 따라 공동 책임
구성원의 책 무	계약 의무, 하자담보 주계약자 책임	계약 의무, 하자담보, 연대 책임
참여 조건	주 계약자만 모든 필요 면허 보유	공동이행자 모두 모든 필요 면허 보유
하도급	주계약자진행	공동이행 모두 동의

Table 6.17
공동계약 방식 Ⅱ

구 분	분담이행	혼합이행
공동수급체 구성내용	공사를 분담하여 구성	각 공동계약 방식 중 필요한 사항을 계약 쌍방의 합의로 결정 혼합방식 적용 – 공사 수행자간 수평관계로 유지하여 주계약자의 하도급 관계에 의한 비용 상승 억제 공사 : 분리 발주(분담이행) 개념 책임 : 주계약자 조건(Major사들의 EPC 비용에 비례 책임 준수, EPC 대표사와 SPC 간 단일 소통 방식) -일부 육상 공사의 경우 법적으로 분리 발주 조건
개 념	도급 받은 공사를 구성원 별로 분담하여 이행	
구성원의 책 무	분담업무별 의무와 하자담보 책임	
참여 조건	역무에 따라 필요 면허 보유	
하도급	각자 분담 공사에 따라 진행	

공공분야에서 공동이행만 수용하는 이유는 지분율에 따라 EPC 수행 조직을 구성하기 때문이며 이는 Major 기업들만을 독식과 소수업체의 단합을 방지하고자 중견기업의 육성 차원에 대한 부분도 있다.

해상풍력의 경우 이를 수요하기 어려운 구조이며 One Contactor방식의 EPC 계약은 주계약자 방식을 의미한다. 저자는 해외에서 해상풍력 EPC 공사를 발주처 입장에서 One contractor 방식과 Consortium 방식으로 수행해 봤었다. 풍력 사업 공사인 경우 보통 Consortium 방식으로 진행한다는 것은 터빈 제조사와 건설사가 각각 터빈 공급과 BOP(Balance of Plant)공사로 나누어하는 경우가 많으며 다른 Plant 공사 대비 각 사의 역무에 대한 부분이 명확한 측면이 있어 One Contractor 방식과 크게 장단점이 있지는 않다. 하지만 공사 여건과 발주처의 사업 관리 역량에 따라 선호하는 방식은 분명히 존재할 것 같다. 발주처의 사업 관리 역량이 된다면 결과적으로는 분리발주 형태가 일반화 될 것이다.

좀 더 구체적으로 공사비용 산출에 대해 살펴보면 크게 공사비는 직접공사비 + 간접공사비 + 건설사 이윤으로 구성되는 데 이때, 계약 구도에 따라 간접 공사비 혹은 관리비 측면에서 살펴 볼 필요가 있다. Fig 6.7과 같이 일반적으로 일괄 계약 방식으로 One Contractor 방식으로 계약을 체결하여 EPC Turn Key 발주를 하게 된다면, 터빈 제조사나 건설사 중 한 곳이 주계약자가 되어 계약을 체결하게 되고 그 주계약자 밑에 하도업체로 터빈 제조사나 설계/시공 업체들이 따라붙게 된다. 이런 방식으로 진행할 때 주계약자는 하도업체 관리와 준공 보증 책임을 근거로 첫째로, EPC 원청업체의 관리 현장 조직과 이에 따른 법적필수 항목들(안전관리비등)로 인해 약 10% ~ 20%의 비용 상승 발생한다. 둘째로, EPC 원청업체 EPC 책임 비용과 이윤, 다년공사의 물가상승률 및 원자재 가격 변동 Risk 등을 고려하게 되면서 10% ~ 20%의 비용 상승이 발생하게 된다. 즉, 계약 단계가 해당 EPC 수직 관계도 증가할수록 해당 분야는 약 30% ~ 40%이 비용 상승이 발생한다. 터빈과 건설을 일괄 수행하는 것은 분리 발주에 비해 결과적으로 전체 건설공사비의 약 20% 비용 상승이 발생하게 되는 것이다.

Ex) 분리 계약 발주 시 : 터빈 100 + 건설 100 = 200
일괄 계약 발주 시 : 터빈 100 + 건설 책임 비용 30 + 건설 100 = 230
혼합 계약 발주 시 : 터빈 100 + 건설 100 = 200[발주처 EPC Risk 감소]
(혼합 계약 발주 시 발주처의 계약과 협상 능력이 중요)

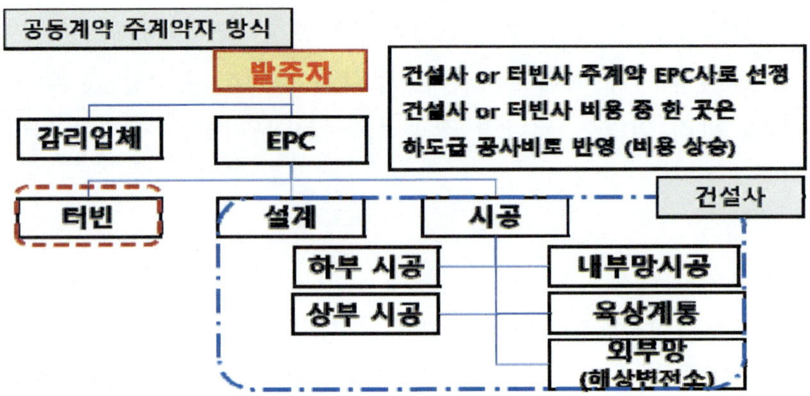

Fig 6.7
발주처, 설계사 및 시공사 관계도 II

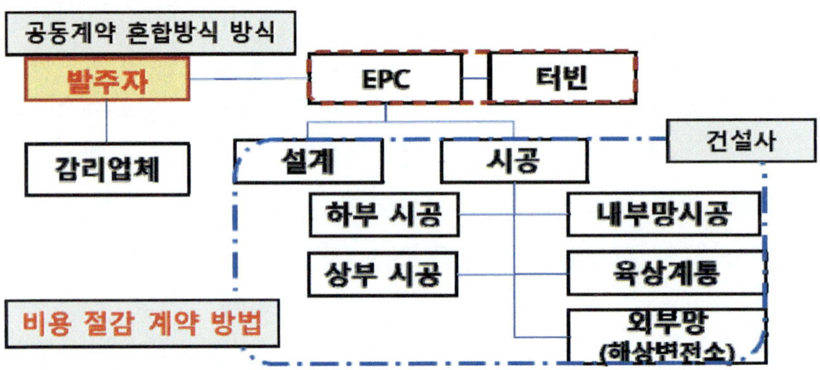

Fig 6.8
발주처, 설계사 및 시공사 관계도

Fig 6.8는 공동계약(Consortium)의 주계약자 방식과 혼합이행 방식에 대해 관계 도를 도식화한 Fig이다. 혼합이행 방식으로 진행했을 때 단일 방식 대비 비용 절감이 가능한 이유는 분담이행과 같이 역무 구분과 역무별 공사비용을 단순 합계로 산정하여 체결할 수 있도록 하기 위함이다. 분담이행 방식의 Risk 라 할 수 있는 부분은 역무 명확히 분담되지 않고 시공사 간 작업 공간과 작업 투입 등에 대한 조율과 작업 지시가 원활하지 않아 발주처의 관여 정도가 크게 필요하거나 분담 이행시 역무별 공백이 발생하고 시공에 대한 모든 책임이 공동 계약자로 가지 않을 경우 사업주가 책임져야 하는 부분이 클 경우라고 생각된다. 이 경우 공사에 대한 부분을 예비비로 추가 발주해야 하는 문제가 생길 수도 있고 이것은 또 다른 비용 상승에 요인이 될 수가 있다. 마지막으로 공사 하자나 분쟁 발생 시 책임 소재 파악과 책임 전가에 대한 부분이 어렵다는 부분이다.

하지만, 저자의 생각으로는 풍력 산업에 있어서는 위와 같은 분담이행 방식 Risk 가 다른 공사 대비 상대적으로 낮다. 그 이유는 터빈 제조사의 역무가 명확하고 풍력 단지 공사가 블록 시공과 비슷한 사전 제작 후 현장 조립 형태이기 때문에 책임 소재도 명확히 할 수 있고 관리적 측면에서도 다른 공사 대비 간단한 부분이 있다고 생각된다. 분리 발주로 인한 예비비의 상승은 어쩔 수 없는 일이다. 하지만, 예비비는 재무 모델에서 매년 소진되는 것으로 작성되지만, 실제로 발주처의 건설 시 관리 능력에 따라 사용되지 않거나 계약 조건들로 예비비의 최소화가 가능하다. 사용되지 않은 예비비는 결과적으로 주주 이익으로 환원된다.

사업의 본질적인 Risk는 변하지 않는다. 단지 Risk를 누가 책임지고 관리해 나가면서 사업을 추진할 수 있느냐 이며 만약 그에 대한 책임을 전가 받은 쪽에서는 그 Risk에 대한 부분을 비용으로 인정해 주어야 한다는 것이다. 문제는 수많은 Risk 들이 계량화할 수 없고 금액 산정에 있어서 그 Risk를 어떻게 보느냐에 따라 같은 Risk도 큰 비용으로 산정될 수 있다. 따라서 적정 금액의 산정과 인정 부분이 어려운 부분이며 이것을 얼마나 계약 구도 혹은 방식으로 경감 할 수 있느냐가 중요한 부분인 것 같다.

참고 문헌

01. 민간투자사업 업무 매뉴얼, 2006년 1월, 기획예산처, 한국개발연구원
02. 함께 만드는 더 나은 미래 민산투자사업, 기획재정부, 공공투자관리센터
03. 서울시 도시계획용어사전 : 사회간접자본(Social Overhead Capital)
04. 민간투자사업의 효율성 평가 - 민자고속도로와 재정고속도로의 추진단계별 비교를 중심으로 –, 서울대학교 행정대학원 공기업 정책학과 석사논문, 채연태, 2012
05. 사회기간시설에 대한 민간투자법 [시행 2019. 3. 14]
06. SOC 민간투자사업의 경제성 분석에 관한 연구(–인천국제공항고속도로, 천안–논산고속도로 사례중심으로 -), 엄주현, 2006년, 석사논문, 홍익대학교
07. 민간투자사업의 효율성 평가(- 민자고속도로와 재정고속도로의 추진단계별 비교를 중심으로 –), 채연태, 2012년, 석사논문, 서울대학교
08. 재해위험 개선 및 이주대책사업 시행 지침 개발을 위한 연구용역 보고서, 2008년, 소방방재청
09. 전면적 규제완화로 민간투자 확대(기획재정부, '15.04.08) : 붙임
10. 민가투자사업 활성화 방안(기획재정부, '15.04.08)
11. 민간투자사업(기획재정부, 공공투자관리센터(KDI))
12. 민간투자사업 업무 매뉴얼(기획예산처, 한국개발연구원, '06.01)
13. 우리나라 민간투자사업의 수익률 결정요인 분석, 주재홍, 2008년, 박사논문, 중앙대학교
14. 2013 민간투자사업 종합평가 2015.01 기획재정부, KDI 한국개발연구원

15. 민간투자사업 활성화 방안, 2015. 4. 8 기획재정부
16. 전면적 규제완화로 민자투자 확대(보도자료), 2015. 4. 8 기획재정부
17. 재해위험 개선 및 이주대책사업 시행 지침 개발을 위한 연구용역 보고서, 2008년, 소방방재청
18. 부동산 프로젝트 파인낸싱 Risk 프리미엄에 관현 연구(보증료율 결정모형을 중심으로), 2018, 김병국, 건국대학교, 박사학위 논문
19. 우리나라 민간투자사업의 수익률 결정요인 분석, 2008, 주재홍, 중앙대학교, 박사학위 논문
20. 프로제트 파이낸싱 Risk 평가모형에 관한 연구, 2009, 류근문, 건국대학원, 박사학위 논문
21. 프로젝트 파이낸싱이 적용된 사회간접자본시설에서의 재무적 Risk 분배 방안, 2004, 권혁동, 중앙대학교, 석사학위 논문
22. 프로젝트파이낸스 제10판, 반기로, 한국금융연수원, 2018년
23. CM은 프로젝트 성공의 전력이다, 이복남 · 이현수 · 김예상 · 김한수, 건설경제, 2017년
24. Construction Management A to Z 2nd Edition, 한미글로벌, 보문당, 2013년
25. 전력거래소, https://www.kpx.or.kr/
26. 민간발전협회, http://www.ippa.or.kr/renewal/index/index.php
27. 발전차액, https://www.knrec.or.kr/business/rps_support.aspx, 한국에너지공단 신 · 재생에너지센터 홈페이지
28. 공급의무화, https://www.knrec.or.kr/business/rps_support.aspx, 한국에너지공단 신 · 재생에너지센터 홈페이지

29. 신 · 재생에너지 공급의무화 제도(RPS)의 현황과 개선과제, 2018.11.14., 국회입법조사처
30. Offshore wind market report: 2022edition, Walter Musial, Paul Spitsen,
Patrick Duffy, Philipp Beiter, Melinada Marquis, Rob Hammond, Matt
Shields, NREL, Golden, 2022
31. 제주한림해상풍력발전사업 예비타당성조사 보고서, 딜로이트 안진회계법인, 2017.11
32. 보도자료, 해상풍력 3대 강국을 위한 첫걸음 내딛어-서남해 2.5GW 해상풍력 종합추진계회 수립 및 협약 체결-, 2011.11.11., 지식경제부
33. 신에너지 및 재생에너지 개발、이용、보급 촉진법 시행령(연혁법령) [별표3] 연도별 의무공급량의 비율
34. 산업부 보도자료 "신 · 재생에너지 공급의무화제도(RPS) 의무공급 비율 상한을 10%에서 25%로 대폭 확대! -「신 · 재생에너지법」 개정법률안 공포 -" 2021.04.20.
35. https://www.mal-eum.com/rps (RPS 설비 현황)
36. 전력시장 및 RPS 관련 참고자료, 2020.03, 한국전력공사
37. 2020 신 · 재생에너지 백서, 한국에너지공단 신 · 재생에너지센터, 산업통상자원부
38. 덴마크 에너지청 해상풍력발전 관련 보고서 주요 내용, 2018, 한국에너지 정보 문화 재단
39. 덴마크 해상풍력발전의 성공 요인 분석, 2018.08, 서울대학교 환경대학원 오진경, 석사학위논문
40. 제8차 전력수급기본계획, 2017.12.29, 산업통상자원부
41. 재생에너지 3020 이행계획(안), 2017.12, 산업통상자원부

42. 재생에너지산업 경쟁력 강화 방안, 2019.04.04, 관계부처 합동
43. 한국판 뉴딜 종합계획」, 2020.07.14, 관계부처 합동
44. ACCELERATING SOUTH KOREAN OFFSHORE WIND THROUGH PARTNERSHIPS, 2021.05, 덴마크-네델란드 공동 연구 보고서
45. 제10차 전력수급기본계획, 2023.01.13, 산업통산자원부
46. 인허가 업무 관련 법규 및 절차검토서, 제주한림해상풍력(주)
47. 개발사업시행승인 보완(해상교통안전진단) 관련 검토, 제주한림해상풍력(주)
48. 유럽사례로 본 한국 해상풍력산업 육성 과제, 2021.11.26. Blue Wind Engineering
49. 관계부처 합동 2022 정부 업무보고(한국판 뉴딜 탄소 중립 주재), 2021.12.28.
50. 「함께 극복 · 도약하는 산업강국」 실현 - 2022년 산업통상자원부 업무계획 발표 -, 2021.12.28.
51. Renewable 2020 Global Status Report
52. 투자개발사업의 재원조달과 사례(민간투자사업 실무을 위한), 이윤재 · 황우권, 2010년
53. 건설계약관리론, 박준기, 건설경제, 2018년
54. 기술용역 추진과 O&M 계약 추진 관련 자료, 제주한림해상풍력(주)

저/자/소/개

김 준 철

제주대학교 공과대학 메카트로닉스전공(공학사)
제주대학교 대학원 메카트로닉스전공(공학석사)
Lahmeyer International 근무(2008 ~ 2009)
STX 중공업 근무(2010 ~ 2011)
삼성물산 상사부분 근무(2011 ~ 2019)
ST인터내셔널 근무(구 삼탄, 2019 ~ 현재)

고 정 우

제주대학교 해양과학대학 토목환경공학전공(공학사)
제주대학교 대학원 토목해양공학과(공학석사)
제주대학교 대학원 풍력특성화협동과정(공학박사)
DL E&C 근무(구 대림산업, 2013 ~ 2021)
제주한림해상풍력 파견근무 (2018 ~ 2020)
현대건설 근무(2021 ~ 2023)
㈜애월해상풍력 근무(2023 ~ 현재)
저서 : · 기상탑 설치 및 관리방안
· 풍력발전단지 개발 기본서
· 풍력발전단지 개발 심화서
· 풍황 자원 조사(풍력발전단지 개발을 위한)
· 육 · 해상 풍력발전단지 개발을 위한 풍황자원 조사 실무서 (Windographer 프로그램 활용)

문 봉 수

충남대학교 전기공학과(공학사)
서울대학교 대학원 전기공학과(공학석사)
고려대학교 에너지환경대학원(그린스쿨) (공학박사)
한국전력공사 근무(1987-2019)
제주한림해상풍력 근무 (2019 ~ 2022)
㈜애월해상풍력 근무(2023 ~ 현재)

허 종 철

인하대학교 공과대학 기계공학과(공학사)
인하대학교 대학원 기계공학과(공학석사)
인하대학교 대학원 기계공학과(공학박사)
제주대학교 공과대학 기계공학과 교수(1984 ~ 2020)
제주대학교 공과대학 기계공학과 명예교수
/ 산학협력단 전문연구센터 전문연구위원 (2020 ~ 현재)
저서 : · LCOE 저감을 위한 해상풍력 유지보수 전략
· 풍황 자원 조사(풍력발전단지 개발을 위한)
· 육·해상 풍력발전단지 개발을 위한 풍황자원 조사 실무서 (Windograper 프로그램 활용)
· 풍력발전사업 이론과 실체
· 손으로 만드는 풍차 가이드
· 풍력공학입문

이 동 욱

중앙대학교 공과대학 토목공학과(공학사)
중앙대학교 대학원 토목공학과(공학석사)
한양대학교 대학원 토목공학과(공학박사)
대한건설정책연구원(2007~2007)
제주대학교 해양과학대학 토목공학과 교수(2007~현재)
저서 : · 제주와 바다(제주 Sea Grant 교육 홍보 시리즈)
· 건설관리(건설VE)개론
· 토목공사표준일반시방서

오 정 배

한양대학교 기계공학과 학사(1983)
Pennsylvania State University 기계공학과 박사(1993)
펜실버니아주립대학교 기계공학(공학박사)
효성중공업(2009 ~ 2010) 상무
GL Garrad Hassan(2010 ~ 2013) 한국지사장
블루엔지니어링(2014 ~ 현재) 대표
UNIST 기술경영전문대학원 (2020 ~ 현재) 초빙교수
저서 : · 해상풍력 유지보수 기술
· 알기 쉬운 풍력 유지보수 기술
· LCOE 저감을 위한 해상풍력 유지보수 전략

풍력발전사업 개발 기초 이론

초 판 인 쇄 | 2023년 9월 25일
초판2쇄발행 | 2025년 4월 4일

저 자 | 김준철·고정우·문봉수·허종철·이동욱·오정배
발 행 인 | 이성범
발 행 처 | 문운당
주 소 | 서울시 종로구 혜화로5길 16 (명륜1가 45-3)
전 화 | (02)762-6010
팩 스 | 영업 (02)745-0265 / 편집 (02)762-8758
홈페이지 | http://munundang.co.kr
이 메 일 | 영업 munun2@daum.net
편집 munundang@naver.com

ISBN 979-11-5692-679-5 93530

정가 28,000원